数理工学基礎シリーズ
|廣田 薫|大石進一|大西公平|新 誠一|監修|

確率過程の数理

廣田　薫
生駒哲一
［著］

朝倉書店

まえがき

　指ではじいて投げ上げたコインは，床に落ちて跳ねたり回転したりしながら，最終的には表か裏のいずれかの面を上にして静止するであろう．では，このとき，「床の状況，コインに関する情報，投げ上げたときの初速など，必要な情報はすべて提供するから，コインを投げ上げた直後に表か裏のいずれが出るかを正しく言い当ててほしい」と要求されたら，それに答えることはできるだろうか．「コインという物体の運動方程式をたて，投げ上げの初期条件や，床などの境界条件を考慮して，その運動方程式を解けば答えが求まるはずだ」と主張はできるであろうが，現実的には複雑すぎて，いくら高速高性能な計算機を駆使してもその要求に応えることはきわめて難しい．しかし，そのような困難な問題にまともに取り組む代わりに，「正しい解を求めることは現実的には不可能である．ただし，表と裏のどちらが出るかは平等で半々である」という発想のもとで，占いや賭が成立している．このような発想から生まれたのが，確率の概念である．

　同様にして，コインを何回か投げ続けたら，その全てにおいて表が出ることはどの程度ありうるだろうか．このような確率的試行の一連の流れは，確率過程としてとらえて定式化することができる．その確率過程の枠組みのもとで理論を発展させれば，たとえば日々変化していく電力や上水の需要の分析，株価や外貨交換レートのトレンド予測など，種々の応用に広げることができる．

　本書は，理工系大学の学部高学年から大学院の学生および企業における技術者を対象として，このような確率過程の数理を基礎から応用まで学んでいただくためのテキストあるいはサブテキストである．また，高等学校の数学および理工系大学教養課程の数学の知識を持っていれば，独学でも本書を学ぶことができるように執筆しているので，独習書あるいは数名で行う輪講書としても最

適である．ただし，数理的思考の訓練にあまり馴染んでいない初学者が，本当に本書を独学で学ぼうとする場合には，「学問に王道は無し」を肝に銘じて取り組むべきである．しかし，おそらく1年くらいはかかるであろうその努力の後には，確率過程をしっかり学んだという充実感と，身の回りの問題への応用に取り組む自信が培われるであろう．

　本書の構成について述べる．1章では，直感的にわかりやすい組合せ論的確率から，数学的に整備された測度論的確率までを，具体的確率分布の多数の例も含めて学ぶ．2章では，加法性測度としての確率からより一般的なあいまい測度を理解した後で，それらを用いた評価問題にも取り組んでみる．3章では，本題の確率過程の定式化を行ったうえで，基本的解析ツールとなるパワースペクトルの概念を学ぶ．4章では，最もよく用いられる定常線形過程について解析する．5章では，自己回帰モデルなどを中心とするモデル推定論を学ぶ．最後の6章では，状態空間推定からカルマンフィルタやトレンド予測などの応用手法を学ぶ．なお，(一部には計算機を使うことも要求される) 多数の例題や章末の演習問題は，解答も添付してあるが，学習した学力の確認のためにも，ぜひ自ら解いてみることをおすすめする．

　また，本書を世に送り出すにあたっては，多くの方々のお世話になった．執筆が遅れがちの筆者らに，根気強く対応していただいた朝倉書店編集部，原稿作成の段階で入力作業などに協力していただいた東京工業大学 高間康史助手や秘書の堀川・星野・長谷川・青野さん，参照させていただいた多数の書籍や論文の著者の方々（たとえば1章では，東京工業大学 佐藤拓栄名誉教授が1972年に行われた講義「確率統計学」の講義録を参照引用させていただいた）の助けがなければ，本書を完成することはできなかった．ここで，改めて深謝御礼申し上げます．

2001年9月

廣田　薫
生駒哲一

目　次

1. 確　率 ··· 1
　1.1　組合せ論的確率 ··· 1
　1.2　確率分布 ·· 7
　1.3　可測空間と確率測度 ··· 16

2. あいまい測度と評価 ·· 21
　2.1　確信度 ··· 21
　2.2　エントロピー ·· 24
　2.3　各種あいまい測度 ·· 28
　2.4　評価 ·· 37

3. 確率過程 ··· 48
　3.1　確率過程とは ·· 48
　　3.1.1　確率過程の定義 ·· 48
　　3.1.2　確率過程の分布 ·· 54
　　3.1.3　確率過程の特性値 ··· 56
　　3.1.4　確率過程の例 ··· 59
　3.2　定常過程 ·· 65
　　3.2.1　定常性の定義 ··· 65
　　3.2.2　自己共分散関数 ·· 69
　　3.2.3　標本平均と標本自己共分散 ·································· 72
　3.3　パワースペクトル ·· 75

3.3.1 フーリエ積分とスペクトル 75
3.3.2 定常過程のスペクトル 88

4. 定常線形過程 93
4.1 白色雑音 93
4.2 線形システム 94
4.3 線形過程 104
   4.3.1 移動平均過程 106
   4.3.2 自己回帰過程 113
   4.3.3 自己回帰–移動平均過程 123
4.4 定常線形過程のパワースペクトル 126

5. モデルの推定 132
5.1 最尤法 132
   5.1.1 尤度関数 132
   5.1.2 カルバック–ライブラー情報量 134
5.2 自己回帰モデルの推定 135
   5.2.1 自己回帰モデルの尤度 135
   5.2.2 最小二乗法 137
   5.2.3 ユール–ウォーカー法 138
5.3 モデル選択 140
   5.3.1 情報量規準による次数の決定 140
   5.3.2 レビンソン–ダービンアルゴリズム 142
5.4 その他の推定法 152
   5.4.1 統計的推測 152
   5.4.2 ベイズ推定 155

6. 状態空間モデルと状態推定 159
6.1 状態空間モデル 159
6.2 状態推定 170

　　　　　　　　　　　目　　　次　　　　　　　　　　　v

　　6.2.1　カルマンフィルタ ··· 174
　　6.2.2　平　滑　化 ··· 180
　6.3　非定常時系列のモデル ··· 182
　　6.3.1　トレンドモデル ··· 182
　　6.3.2　季節調整モデル ··· 191
　　6.3.3　時変係数ARモデル ·· 198

演習問題の解答 ·· 201
文　　献 ·· 221
索　　引 ·· 223

1 確率

本章では，古典確率論あるいは初等確率論として知られる組合せ的確率について学んだあとで，代表的な確率分布を具体的に示す．そして，現代数学で通用する測度論的確率論の基礎を学ぶ．

1.1 組合せ論的確率

確率の考え方の芽生えは，17世紀にパスカル (B.Pascal) とフェルマー (P.de Fermat) の間で，カルタ遊びに関する場合の数の組合せ的な考え方の手紙がやりとりされたという事実などに見られる．それらの考え方を集大成したものとして1812年に発表されたラプラス (P.S.Laplace) の論文 "Théorie analytique des probabilithés (確率の解析理論)" がよく知られている．ラプラスの確率論は，今日では古典確率論とも呼ばれているが，決して古い過去のものではなく現在でも日常生活で使用している確率の基本的考え方を与えるものである．

確率統計現象において，一般に実験や試みのこと (たとえばサイコロをふることなど) を**試行** (trial) という．この試行により得られる結果を**事象** (event) と呼ぶ．議論の対象となる考えうる最大の事象を**全事象** (whole event) あるいは**標本空間** (samle space) と呼び，伝統的にそれを Ω という記号で表す．また，事象の中でそれ以上分解できないものを**根元事象** (elementary event) あるいは**標本点** (sample point) といい，いくつかの事象の統合としてできている事象を**複合事象** (compound event) という．たとえば，サイコロをふって，ある一つの目が出るという事象は根元事象であり，偶数の目が出るという事象は複合事象である．そして1から6のいずれかの目が出るという事象がこの場合の全

事象あるいは標本空間 Ω である．標本空間 Ω は集合であるから，そこでは各種の集合算が考えられる．

- $A \subset B, B \subset A : A$ と B は等しい
- $A^c : A$ の**余事象** (complementary event) $\cdots$ 事象 A に対し A が起こらないという事象
- $A \cup B : A$ と B の**和事象** (union) $\cdots$ 事象 A か事象 B のどちらかが起こるという事象
- $A \cap B : A$ と B の**積事象** (product) $\cdots$ 事象 A と事象 B が同時に起こるという事象
- $\emptyset :$ **空事象** (null event) $\cdots$ いかなる根元事象も含まない事象
- **ド・モルガンの法則** (de Morgan's law)

$$(A \cup B)^c = A^c \cap B^c \tag{1.1}$$

$$(A \cap B)^c = A^c \cup B^c \tag{1.2}$$

$A \cap B = \emptyset$ のとき事象 A と事象 B は互いに**排反的** (exclusive) な事象であるという．

例題 1.1 次の積事象をド・モルガンの定理を用いて余事象と和事象で示せ．

$$A_1 \cap A_2 \cap \cdots \cap A_n$$

解答

$$A_1 \cap A_2 = (A_1^c \cup A_2^c)^c$$
$$A_1 \cap A_2 \cap A_3 = (A_1^c \cup A_2^c)^c \cap A_3 = (A_1^c \cup A_2^c \cup A_3^c)^c$$
$$A_1 \cap A_2 \cap \cdots \cap A_{n-1} \cap A_n = (A_1^c \cup A_2^c \cup \cdots \cup A_{n-1}^c)^c \cap A_n$$
$$= (A_1^c \cup A_2^c \cup \cdots \cup A_{n-1}^c \cup A_n^c)^c \quad \square$$

集合として示された事象に対して**確率** (probability) を次の公理を満たすように対応させよう．

CPr1) どの事象 E にも必ず確率と呼ばれる 1 以下の一つの負でない実数

$P(E)$ が割り当てられる.
$$0 \leq P(E) \leq 1 \tag{1.3}$$

CPr2) 全事象あるいは標本空間の確率は 1 である.
$$P(\Omega) = 1 \tag{1.4}$$

CPr3) 事象 E_1, 事象 E_2 が互いに排反的な事象ならば ($E_1 \cap E_2 = \emptyset$)
$$P(E_1 \cup E_2) = P(E_1) + P(E_2) \tag{1.5}$$
が成立する.

確率論のいろいろな定理は，これらを基礎にして導くことができる.

例題 1.2
$$P(E) + P(E^c) = 1 \tag{1.6}$$
を示せ.

解答
$$E \cap E^c = \emptyset, \qquad E \cup E^c = \Omega$$
であるから
$$P(E) + P(E^c) = P(\Omega) = 1 \quad \square$$

例題 1.3
$$P(A \cap B) = P(A) + P(B) - P(A \cup B) \tag{1.7}$$
を示せ.

解答
$$A = A \cap (B \cup B^c) = (A \cap B) \cup (A \cap B^c)$$
$$B = B \cap (A \cup A^c) = (B \cap A) \cup (B \cap A^c)$$
であるから
$$P(A) = P(A \cap B) + P(A \cap B^c)$$

$$P(B) = P(A \cap B) + P(B \cap A^c)$$

よって

$$P(A \cap B^c) = P(A) - P(A \cap B)$$
$$P(A^c \cap B) = P(B) - P(A \cap B)$$

これを

$$P(A \cup B) = P(A \cap B^c) + P(A \cap B) + P(A^c \cap B)$$

の右辺に代入して

$$P(A \cup B) = P(A) + P(B) - P(A \cap B)$$

よって

$$P(A \cap B) = P(A) + P(B) - P(A \cup B) \quad \square$$

ある条件のもとでの確率,すなわち**条件付き確率** (conditional probability) というものを,前述の公理に照らし合わせて定義してみよう.

単純化して2回の試行を行う場合を例にとれば,1回目の試行で A_i という結果が得られたという条件のもとで,2回目の試行で B_i という結果の得られる確率を考えようというのである.

この場合,1回目の試行で A_i が得られ,2回目では B_j が得られるという結合確率を考え,これを $P(A_i, B_j)$ と書くことにする.$P(A_i, B_j)$ は1回目に A_i が得られる確率 $P(A_i)$ と,A_i が得られたという条件のもとで2回目に B_j が得られると考えた条件付き確率によって決まると考えるのが自然であろう.

そこで,この**条件付き確率** (conditional probability) を逆に $P(A_i, B_j)$ と $P(A_i)$ を用いて次のように定義するのである.

$$P(B_j|A_i) = P(A_i, B_j)/P(A_i) \tag{1.8}$$

ただし,ここで $P(A_i) > 0$ であると仮定する.

例題 1.4 この $P(B_i|A_i)$ が前述の公理を満たしていることを示せ.

解答

CPr1) について

$P(A_i, B_j)$ も $P(A_i)$ も確率で $P(A_i) > 0$ だから当然 $1 \geq P(A_i|B_j) \geq 0$.

CPr2) について

2回目の試行で得られる事象の集合を $\{B_1, B_2, \cdots, B_m\}$ とすると

$$A_i = (A_i \cap B_1) \cup (A_i \cap B_2) \cup \cdots \cup (A_i \cap B_m) \qquad (1.9)$$

だから

$$\begin{aligned} & P(B_1 \cup B_2 \cup \cdots \cup B_m | A_i) \\ &= \frac{P(A_i \cap B_1) \cup (A_i \cap B_2) \cup \cdots \cup (A_i \cap B_m)}{P(A_i)} \\ &= \frac{P(A_i)}{P(A_i)} = 1 \end{aligned} \qquad (1.10)$$

CPr3) について

2回目の試行で得られる事象 E_1, E_2 が排反的なら

$$P(A_i, E_1 \cup E_2) = P(A_i, E_1) + P(A_i, E_2)$$

より明らか. □

次に式 (1.8) を書き換えると

$$P(A_i, B_j) = P(A_i) \cdot P(B_j|A_i) = P(B_j) \cdot P(A_i|B_j) \qquad (1.11)$$

となる. これは A_i と B_j の同時に生ずる確率が,実は A_i の生ずる確率 $P(A_i)$ と, A_i が生じたという条件下で B_j の生ずる条件付き確率の積になっているということを示しており,乗法定理と呼ばれている.

同様にして多数の条件がある場合についても,条件付き確率が定義でき

$$\begin{aligned} & P(A_i, B_j, C_k, \cdots, Y_l, Z_n) \\ &= P(A_i) P(B_j|A_i) P(C_k|A_i, B_j) \cdots P(Z_n|A_i, B_j, \cdots, Y_l) \end{aligned} \qquad (1.12)$$

を示すことができる. ここで $P(Z_n|A_i, B_j, \cdots, Y_k)$ は $A_i, B_j, \cdots, Y_k$ の条件のもとでの Z_n の確率を与える条件付き確率である.

これを書き換えると次のようにもなる.

$$P(Z_n|A_i, B_j, \cdots, Y_l) = \frac{P(A_i, B_j, \cdots, Y_l, Z_n)}{P(A_i, B_j, \cdots, Y_l)} \qquad (1.13)$$

式 (1.9) において，$B_1, B_2, \cdots, B_n$ が互いに排反事象であるとすると

$$P(A_i) = P(A_i, B_1) + P(A_i, B_2) + \cdots + P(A_i, B_m) \quad (1.14)$$

と書けるので条件付き確率の定義式 (1.8) は式 (1.11) と式 (1.14) を用いて

$$\begin{aligned}
P(B_j|A_i) &= \frac{P(A_i, B_j)}{P(A_i)} \\
&= \frac{P(A_i, B_j)}{P(A_i, B_1) + P(A_i, B_2) + \cdots + P(A_i, B_m)} \\
&= \frac{P(A_i|B_j)P(B_j)}{P(A_i|B_1)P(B_1) + P(A_i|B_2)P(B_2) + \cdots + P(A_i|B_m)P(B_m)}
\end{aligned} \quad (1.15)$$

と示される．この関係は**ベイズの定理** (Bayes theorem) と呼ばれ，次のような意味を持つ．A_i の条件下での B_j の確率を，B_j の条件下での A_i の条件付き確率と B_j の確率で示しているものであり，見方を変えると後天的な確率が，先験的な確率で示されるというきわめて重要な意味を持っている．

例題 1.5 今 $A_1, A_2, \cdots, A_r$ という r 個の箱があり，i 番目の箱には赤球と白球が，それぞれ m_i 個と n_i 個入っているとする．このとき，まず一つの箱をランダムに選び，その箱から 1 個の球をやはりランダムに取り出して，選ばれた球が白であった場合，これが A_j からのものである確率を求めてみよう (ポリアのつぼの問題の一例)．

解答 今ランダムに箱を選びこれが A_i であるという事象を単に A_i と，またランダムに球を選びそれが赤であるという事象を単に赤と，同様に白であるという事象を単に白と記すとベイズの定理を用いて求める確率は

$$\begin{aligned}
P(A_j|\text{白}) &= P(\text{白}|A_j)P(A_j) \Big/ \sum_{i=1}^{r} P(\text{白}|A_i)P(A_i) \\
&= \frac{m_j}{m_j + n_j}\frac{1}{r} \Big/ \sum_{i=1}^{r} \left(\frac{m_i}{m_i + n_i}\right)\left(\frac{1}{r}\right) \\
&= \frac{m_j}{m_j + n_j} \Big/ \sum_{i=1}^{r} \left(\frac{m_i}{m_i + n_i}\right) \quad \square \quad (1.16)
\end{aligned}$$

例題 1.6 例題 1.5 で一つ選び出したものが白である確率を求めよ．

解答 A_i をとる事象を単に A_i, 球が白(赤)である事象を単に白(赤)と記すとする.

$$白 = (白 \cap A_1) \cup (白 \cap A_2) \cup \cdots \cup (白 \cap A_r)$$

また, $A_1, A_2, \cdots, A_r$ は互いに排反な事象である. よって

$$\begin{aligned} P(白) &= P(白, A_1) + P(白, A_2) + \cdots + P(白, A_4) \\ &= \sum_{i=1}^{r} P(白, A_i) = \sum_{i=1}^{r} \left(\frac{n_i}{m_i + n_i} \right) \left(\frac{1}{r} \right) \\ &= \frac{1}{r} \sum_{i=1}^{r} \frac{n_i}{m_i + n_i} \end{aligned}$$

$P(B_j | A_i)$ において B_j という事象の起きる確率が A_i という事象に無関係に起こるとき,

$$P(B_j | A_i) = P(B_j) \tag{1.17}$$

となる. よって

$$P(B_j | A_i) = \frac{P(A_i, B_j)}{P(A_i)} = P(B_j)$$
$$P(A_i, B_j) = P(A_i) P(B_j) \quad \square \tag{1.18}$$

一般に, 事象 A と B について式 (1.18) が成立するとき, この 2 事象は互いに**独立** (independent) な事象である, または統計的に独立であるという.

さらに一般に $E_1, E_2, \cdots, E_n$ の事象について

$$\left. \begin{aligned} & P(E_{i_1}, E_{i_2}, \cdots, E_{i_m}) = P(E_{i_1}) P(E_{i_2}) \cdots P(E_{i_m}) \\ & 1 \leq i_1 < i_2 < \cdots < i_m \leq n, \quad m = 2, 3, \cdots, n \end{aligned} \right\} \tag{1.19}$$

なる $2^n - n - 1$ 個の関係が成立するとき, これらの事象は互いに独立であるという.

1.2 確率分布

標本空間 Ω で定義された関数を**確率変数** (random variable) または変量といい, X で表す. たとえばサイコロ投げの場合, $k = 1, 2, \cdots, 6$ の 6 つの要素

からなる集合を Ω とし，$X(k) = k$ で X を定義すれば，$X = k$ ということが，k 番目の目が出たということに対応する．

以後は，実数値をとる確率変数を考えることにする．また，任意の実数値 x に対して，$X \leq x$ は，便宜上この等号付き不等式を満たす標本点の集まりからなる一つの事象であると考えることにする．すると，これまで確率空間で考えてきた事柄が，実数値がどの値をとるかというような確率の実数値に対する分布の問題としてとらえられるのである．このようなことを統一的に扱うために

$$P\{X \leq x\} = F_X(x) \tag{1.20}$$

という関数を考え，この F_X あるいは略記して F を確率変数 X の**分布関数** (distribution function) と呼ぶ．

この分布関数 F には次の性質がある．

i) $F(x)$ は x について非減少関数である．
ii) $F(-\infty) = 0, F(+\infty) = 1$
iii) $0 \leq F(x) \leq 1$
iv) $F(x)$ は右方連続である (これは，$F(x)$ の定義式で $X \leq x$ の等式が入っていることよりわかる).

サイコロの例の分布関数を考える．各目が出るという事象に，各目の数という実数値を対応させると，$X = k$ $(k = 1, 2, \cdots, 6)$ の確率は理想的なサイコロの場合 1/6 であるからその分布関数は図 1.1 のように階段状のものとなる．この

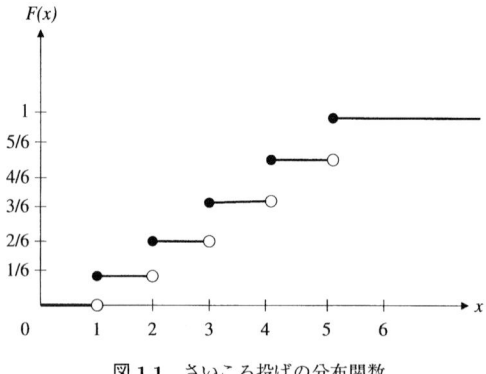

図 **1.1** さいころ投げの分布関数

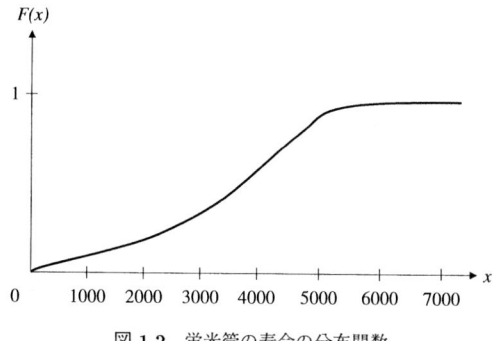

図 1.2 蛍光管の寿命の分布関数

ように $F(x)$ が階段状の関数になる分布関数を，一般に**離散形** (discrete) の分布関数と呼ぶ．これに対し，蛍光管の寿命の分布を考えてみる．この場合 X として寿命を時間で示した数値を割り当てるとその分布は図 1.2 のような形になり，このようなものを**連続形** (continuous) の分布関数であるという．また，この両者が一緒になったようなものは，**混合形** (mixed) の分布と呼ばれる．

我々が普通に用いる相対度数に相当するものは，連続形の場合は分布関数 $F(x)$ を x につき微分することより求められる．

$$f(x) = \frac{dF(x)}{dx} \tag{1.21}$$

この $f(x)$ を**確率密度関数** (probability density function) と呼ぶ．

離散形，混合形の場合には，この確率密度関数に図 1.3 のような微分が存在しないから考えられないように思えるが，それを形式的に表現するために **δ 関数** (**デルタ関数**, delta function) が用いられる．δ 関数は次のように定義される．

$$\delta(x) = \lim_{\alpha \to 0} \delta_\alpha(x) \tag{1.22}$$

ただし

$$\delta_\alpha(x) = \begin{cases} \dfrac{1}{\alpha}, & -\dfrac{\alpha}{2} \leq x \leq \dfrac{x}{2} \\ 0, & |x| > \dfrac{x}{2} \end{cases} \tag{1.23}$$

この δ 関数には次の性質がある．

今 $g(x)$ を $x = x'$ の近傍で定義されている連続な関数とすると，$a < b$ に

対し

i) $\quad \displaystyle\int_a^b g(x)\delta(x-x')dx = \begin{cases} g(x'), & a < x' < b \\ g(x')/2, & x' = a \text{ or } b \\ 0, & x' < a \text{ or } x' > b \end{cases}$ (1.24)

ii) $\quad \displaystyle\int_{a-0}^b g(x)\delta(x-a)dx = g(a)$ (1.25)

よって，離散的な分布関数 $F(x)$ に対応する密度関数は，階段状に変化する場所を $x_i\,(i=1,2,\cdots,n)$ とし各場所でのステップの大きさを $p_i\,(i=1,2,\cdots,n)$ とすると形式的に次のように表現できる．

$$f(x) = \sum_{i=1}^n p_i \delta(x - x_i) \qquad (1.26)$$

なお密度関数 $f(x)$ には次の性質がある．

i) $\quad f(x) \geq 0$ (1.27)

ii) $\quad \displaystyle\int_{-\infty}^{\infty} f(x)dx = 1$ (1.28)

iii) $\quad \displaystyle\int_{-\infty}^{x} f(x)dx = F(x)$ (1.29)

次にいくつかの代表的な分布関数，密度関数の例を述べよう．

まず，離散形分布のかなり多くの例が，次にあげるベルヌーイの試行あるいは例題 1.5 で示したポリアのつぼの問題から導かれる．

a. ベルヌーイの試行 (Bernoulli trials)

どの試行 $T_i\,(i=1,2,\cdots)$ によっても成功か失敗，すなわち S か F かのどちらか $P(S)=p,\ P(F)=q=1-p$ なる確率で起こるような独立な試行の系列 $T_1,T_2,\cdots,T_n,\cdots$ のことをベルヌーイの試行という．

これはちょうど銅貨を投げて表 (head または success) あるいは裏 (back または failure) の出ることを何回も独立に行うことに相当しており，特に表または裏の確率 $p,\ q$ が定められているという試行である．

この試行から次のような分布が得られる．

1.2 確率分布

b. 二項分布 (binomial distribution)

n 回のベルヌーイの試行で k 回 S が出て, $n-k$ 回 F の出る確率を $b(k;n,p)$ で示す. この S の回数 k を確率変数と見て, このことを $X=k$ で示すと, X についての分布関数が得られるが, これを二項分布と呼ぶ.

n 回のうち S が k 回出る場合の数は ${}_nC_k$ であり, 一つの S の現れる確率は p であり, 一つの F の現れる確率は q である. よって k 個の S と $n-k$ 個の F の出る確率は $p^k q^{n-k}$ であるので結局

$$P(X=k) = b(k;n,p) = {}_nC_k p^k q^{n-k} \\ = \frac{n!}{(n-k)!k!} p^k q^{n-k} \quad (1.30)$$

が二項分布の密度関数であり, 分布関数は

$$F(x) = \begin{cases} \sum_{k=0}^{[x]} {}_nC_k p^k q^{n-k}, & 0 \leq x \leq n \\ 1, & x \geq n \\ 0, & x < 0 \end{cases} \quad (1.31)$$

である. ここで [ ] はガウス記号である.

c. 幾何分布 (geometrical distribution)

ベルヌーイの試行で, 最初に S の起こったのが k 回目であったという事象の確率は $q^{k-1}p$ である. この k を変数と考えると

$$P(X=k) = q^{k-1}p \quad (1.32)$$

と示せる. この分布関数をとると

$$F(X) = \begin{cases} \sum_{i=0}^{[x]} q^i p, & x \geq 1 \\ 0, & x < 1 \end{cases} \quad (1.33)$$

となり, 幾何級数になるので, このような変数 X は幾何分布に従うという.

d. パスカル分布 (Pascal distribution)

ベルヌーイの試行で k 回目にちょうど n 番目の S が出るという事象を考えると, これは $k-1$ 番目までに $n-1$ 個の S が出るという事象と, k 番目で

S が出るという事象の結合として示されるが,ベルヌーイの試行の性質からこの2つの事象は独立であるので,おのおのの確率の積として全体の確率が示される.よって

$$P(X=k;n,p) = \left[{}_{k-1}\mathrm{C}_{n-1} p^{n-1} q^{k-1-(n-1)} \right] p$$
$$= {}_{k-1}\mathrm{C}_{n-1} p^n q^{k-n}$$
$$= {}_{k-1}\mathrm{C}_{k-n} p^n q^{k-n} \tag{1.34}$$

これより $F(x)$ を前述の場合と同様に表現した場合,この確率変数はパスカル分布に従うという.以下 $p(k)$ のみを示し $F(x)$ などは省略する.またこれを変形すると

$$P(X=k;n,p) = (-1)^{k-n} \frac{(-n)(-n-1)\cdots\{-n-(k-n)+1\}}{(n-k)!} p^n q^{k-n}$$
$$= {}_{-n}\mathrm{C}_{k-n} p^n q^{k-n} \tag{1.35}$$

となるので,**負の二項分布**とも呼ばれている.

e. ポアソン分布 (Poisson distribution)

二項分布において,$np = \lambda = \mathrm{const.}$ という条件下で $n \to \infty$ としてみると

$$\lim_{n\to\infty, np=\lambda} b(k;n,p) = \lim_{n\to\infty, np=\lambda} \frac{n!}{k!(n-k)!} p^k (1-p)^{n-k}$$
$$= \lim_{n\to\infty, np=\lambda} \frac{n!}{k!(n-k)!} \left(\frac{\lambda}{n}\right)^k \left(1-\frac{\lambda}{n}\right)^n \left(1-\frac{\lambda}{n}\right)^{-k}$$
$$= \lim_{n\to\infty, np=\lambda} \frac{n^k}{k!} \left(1-\frac{1}{n}\right)\left(1-\frac{2}{n}\right)$$
$$\cdots \left(1-\frac{k-1}{n}\right)\left(\frac{\lambda}{n}\right)^k \left(1-\frac{\lambda}{n}\right)^n \left(1-\frac{\lambda}{n}\right)^{-k}$$
$$= \frac{\lambda^k}{k!} e^{-\lambda} \tag{1.36}$$

このようにして,二項分布の極限として得られた関数は明らかに確率密度関数の性質を満たしており,このような密度関数に従う確率変数はポアソン分布に従うという.すなわち

$$P(k;\lambda) = e^{-\lambda} \frac{\lambda^k}{k!} \tag{1.37}$$

であり、以上のことをポアソンの小数の法則と呼んでいる。ここで特に $pn = \lambda = \text{const.}$ の条件があり、n とともに p も変わるとしたことに注意しておく．

このポアソン分布は、電話の呼の問題、銀行の窓口への客の到着とサービスの関係を定める待ち行列の問題など、きわめて多くの現象に適用される．

例題 1.7 二項分布からポアソン分布への関係を極限の考えに従って導け．

解答
$$b(k; n, p) = {}_nC_k p^k q^{n-k} = \frac{n!}{(n-k)!k!} p^k q^{n-k}$$

$p = \lambda/N,\ q = 1 - \lambda/N,\ N \to \infty$ とすると[*1)]

$$\begin{aligned}
b\left(k; N, \frac{\lambda}{N}\right) &= \lim_{N\to\infty} \frac{N!}{(N-k)!k!}\left(\frac{\lambda}{N}\right)^k \left(1 - \frac{\lambda}{N}\right)^{N-k} \\
&= \lim_{N\to\infty} \frac{1}{k!}\left(1 - \frac{1}{N}\right)\left(1 - \frac{2}{N}\right) \\
&\quad \cdots \left(1 - \frac{k-1}{N}\right) \lambda^k \left(1 - \frac{\lambda}{N}\right)^N \left(1 - \frac{\lambda}{N}\right)^{-k} \\
&= e^{-\lambda} \frac{\lambda^k}{k!} \quad \square
\end{aligned}$$

では，次にいくつかの連続形分布について述べよう．

f. 一様分布 (uniform distribution)

これは、ある区間の値を一様な確率でとるような確率変数に対する分布であり、次のように与えられる (図 1.3). $a < b$ に対して

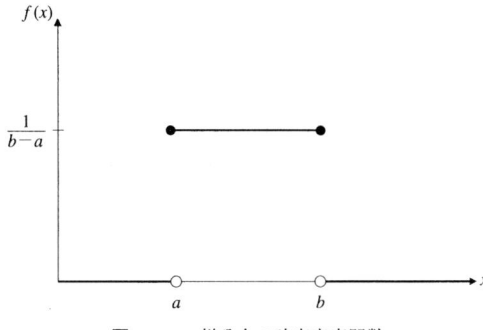

図 1.3 一様分布の確率密度関数

[*1)] $\displaystyle\lim_{N\to\infty}\left(1 - \frac{\lambda}{N}\right)^N = e^{-\lambda}$

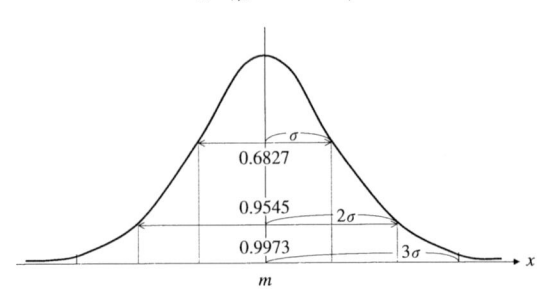

図 1.4 正規分布 $N(m, \sigma^2)$ の密度関数

$$f(x) = f(x; a, b) = \begin{cases} 1/(b-a), & a \le x \le b \\ 0, & その他 \end{cases} \quad (1.38)$$

$$F(x) = \begin{cases} 0, & x \le a \\ (x-a)/(b-a), & a \le x \le b \\ 1, & b \le x \end{cases} \quad (1.39)$$

g. 正規分布（normal distribution, Gaussian distribution）

これは多数の要因の和として出てくるような現象の確率変数の分布として考えられるもので，実用的にきわめて重要な分布である．密度関数 $f(x)$ と分布関数 $F(x)$ は次のように与えられる（図 1.4）．$\sigma > 0$ として

$$f(x) = \frac{1}{\sqrt{2\pi}\sigma} e^{-\frac{(x-m)^2}{2\sigma^2}} = \frac{1}{\sigma}\phi\left(\frac{x-m}{\sigma}\right) \quad (1.40)$$

$$F(x) = \frac{1}{\sqrt{2\pi}\sigma} \int_{-\infty}^{x} e^{-\frac{(x-m)^2}{2\sigma^2}} dx = \Phi\left(\frac{x-m}{\sigma}\right) \quad (1.41)$$

ここで $\Phi(x)$ は $m=0$, $\sigma=1$ の場合の分布関数であり

$$\Phi(x) = \frac{1}{\sqrt{2\pi}} \int_{-\infty}^{x} e^{-\frac{x^2}{2}} dx \quad (1.42)$$

で与えられる．

この正規分布を，$N(m, \sigma^2)$ と表現することがある．

例題 1.8　ブラウン運動　水面に花粉をおくと，水分子の熱運動により花粉は図 1.5 のように動く．このとき，その位置に来る回数を縦軸にとりグラフを書くと正規分布になる．

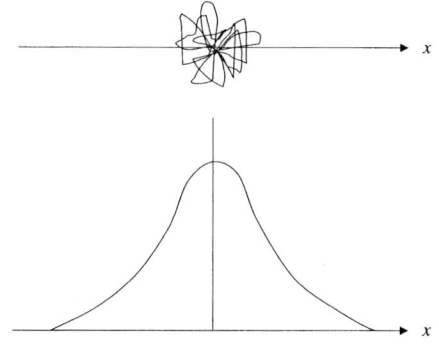

図 1.5 ブラウン運動

h. 指数分布 (exponential distribution)

前述のポアソン分布で t という区間を考えると，この区間でまったく事象の生起しない確率は $k=0$ として $e^{-\lambda t}$ で与えられる．これに見方を変えれば，隣り合う生起事象の間隔が t 以上である確率だから，その間隔についての分布関数は，

$$\begin{aligned}
F(x) &= P\,(\text{間隔が } x \text{ 以下}) \\
&= 1 - P\,(\text{間隔が } x \text{ より大}) \\
&= 1 - e^{-\lambda x}
\end{aligned} \tag{1.43}$$

ただし $x \geq 0$

となる．この分布の密度関数は

$$f(x) = \frac{dF(x)}{dx} = \begin{cases} \lambda e^{-\lambda x}, & x \geq 0 \\ 0, & x < 0 \end{cases} \tag{1.44}$$

のように指数関数となるので，このような確率変数は指数分布に従うといわれている．

この分布は，サービス時間の分布あるいは機械の故障が起こるまでの時間の分布などとして，きわめてよく用いられるものである．

i. ベータ分布 (beta distrubution)

その密度関数が $\alpha, \beta > 0$ として

$$f(x;\alpha,\beta) = \begin{cases} \dfrac{x^{\alpha-1}(1-x)^{\beta-1}}{B(\alpha,\beta)}, & 0 \leq x \leq 1 \\ 0, & x < 0, x > 1 \end{cases} \quad (1.45)$$

で与えられるものである. ただし

$$B(\alpha,\beta) = \frac{\Gamma(\alpha)\Gamma(\beta)}{\Gamma(\alpha+\beta)} \quad (1.46)$$

$$\Gamma(\alpha) = \int_0^\infty u^{\alpha-1} e^{-u} du \quad (1.47)$$

である.

また, α が自然数なら

$$\Gamma(\alpha) = (\alpha-1)! \quad (1.48)$$

である.

この分布は, α, β のとり方によってきわめて多様な形の分布関数を近似できるという特徴を持っている.

1.3　可測空間と確率測度

1.1, 1.2 節で述べた古典確率論は, 中・高校や大学初年級の確率統計学等で学ぶ確率そのものといってもよい. そして, 応用上よく目にする天気の確率予報や意思決定等に関連して導入されている確率概念は, 古典確率論でほとんど説明がつくといってよい. しかしそのような確率統計手法に関しては, 「数学は得意な方だったが, どうも確率や統計だけはごちゃごちゃしていてなじめなかった」という読者も多いのではないだろうか. そのあたりをすっきりと整備し, エレガントにまとめたのがロシアの数学者コルモゴロフ (A.N.Kolmogorov) である. コルモゴロフの確率論は, 測度論的確率論と呼ばれている.

測度論的確率論では, 議論が数理論理的にまとまっているが, その代わりに若干抽象的な思考が要求される. すなわち, 巾集合の考え方が必要である. しかし,

後に述べる種々のあいまい測度との相互比較をする際には，測度論 (measure theory) に基づいた考え方も必要になるので，ここでは測度論的確率論の概要を述べる．

確率では，古くから特有の用語や記号が用いられているので，もう一度それらの解説から始めることにする．

確率論で扱う事象 E は，全事象あるいは標本空間 Ω の部分集合

$$E \subset \Omega \tag{1.49}$$

または Ω の巾集合 2^Ω の要素である．

$$E \in 2^\Omega \tag{1.50}$$

一般に，**確率（測度）**(probability (measure)) P で計測する対象を，事象 (event) と呼んでいるが，事象は Ω の部分集合である．そして，事象のうちでそれ以上分解できないもの（あるいはシングルトン）が根元事象あるいは標本点である．

たとえば，確率論ではよく引合いに出される"サイコロ投げ"では，全事象は，

$$\Omega = \{\omega_1, \omega_2, \cdots, \omega_6\} \tag{1.51}$$

であり，個々の根元事象 ω_i ($i = 1 \sim 6$) すなわち i の目の出る確率は $1/6$ などと説明されている．しかし"1の目"が出る確率が $1/6$ という事柄は，Ω という集合の要素としての ω_1 に対してではなく，Ω の部分集合としてのシングルトン（一点集合）$\{\omega_1\}$ に対して確率を計測しているのである．すなわち，

$$P(\{\omega_1\}) = 1/6 \tag{1.52}$$

一般に，確率で計測する事象を全て集めたもの（それを**完全加法族**(σ-field) といい，ここでは $\mathcal{F}$ と記すことにする）は，Ω の巾集合 2^Ω の中で議論をすることになる．

$$\mathcal{F} \subset 2^\Omega \tag{1.53}$$

測度論的確率論では，完全加法族 $\mathcal{F}$ に対して，次の3つの性質（公理）を要求している．

F1) $\Omega \in \mathcal{F}$ (1.54)

F2) $E \in \mathcal{F} \to E^c \in \mathcal{F}$ (1.55)

F3) $E_n \in \mathcal{F}(n=1,2,\cdots) \to \bigcup_{n=1}^{\infty} E_n \in \mathcal{F}$ (1.56)

すなわち，全事象は確率で計れるものとするという宣言型 (declarative) の公理が F1) であり，他の2つは手続き型 (procedural) の公理である．F2) はある事象が (確率で) 計れるなら，その補集合 (すなわち余事象 (complementary event)) も計れること，つまり確率で計測する作業は，余事象に関して閉じていることを要請している．また，数学では σ は加算無限という意味を持っているが，完全加法族として本質的なのは F3) である．すなわち，加算無限個の確率で計れる事象があったとき，それらの和事象も計れるという要請である．

このようにして，確率で事象を計る準備ができたので，この $(\Omega, \mathcal{F})$ を**可測空間** (measurable space) と呼ぶ．**確率測度** (probability measure) P は，$\mathcal{F}$ の上で定義された $[0,1]$ の値をとる写像である．

$$P: \mathcal{F} \to [0,1] \quad (1.57)$$

ただし，以下の2つの性質（公理）を要請する．

Prob 1) $P(\Omega) = 1$ (1.58)

Prob 2) $E_n \in \mathcal{F}(n=1,2,\cdots), E_i \cap E_j = \emptyset$
$\to P\left(\bigcup_{n=1}^{\infty} E_n\right) = \sum_{n=1}^{\infty} P(E_n)$ (1.59)

全事象の確率は1に正規化されているというのが最初の公理，後半は互いに共通部分のない（すなわち互いに排反事象 (exclusive events) であるとき）加算無限個の事象の和事象の確率は，個々の確率を加え合わせればよいという性質である．この加え合せの性質は，**完全加法性** (σ-additivity) といい，確率測度の最も重要な性質である．

こうして得られた3つ組 $(\Omega, \mathcal{F}, P)$ が，測度論による**確率空間** (probability space) の定義である．古典確率論に慣れている多くの読者にとって，確率のとる値が $[0,1]$ ということに関しては特に問題にならないであろうが，定義域が $\mathcal{F}$ であるという事実が古典確率論では明確に認識されていない．測度論的確率論では，その点を明確にして議論をすっきりさせているが，その代わりに式 $(1.54) \sim (1.56)$ のような抽象的思考が要求されるのである．

そこで，その完全加法族 $\mathcal{F}$ についてもう少し考えてみよう．一般に $\mathcal{F}$ は，同一の Ω に対して多数つくることができ，

$$\{\emptyset, \Omega\} \subset \mathcal{F} \subset 2^{\Omega} \tag{1.60}$$

となる．つまり，最も密に確率を計るのは，$\mathcal{F} = 2^{\Omega}$ と Ω の全ての部分集合を計測するときであり，逆に最も粗にすませようというときは，空事象と余事象のみ計測可能で他は計れないとする $\mathcal{F} = \{\emptyset, \Omega\}$ のときである．一般には，その中間にもいろいろな $\mathcal{F}$ がつくれる．たとえば，式 (1.51) のサイコロ投げの例では，

$$\mathcal{F} = \{\emptyset, \{\omega_1\}, \{\omega_2, \omega_3, \omega_4, \omega_5, \omega_6\}, \Omega\} \tag{1.61}$$

とすることもできる．

例題 1.9 この式 (1.61) が，完全加法族になることを示せ．

解答 F1) は自明．

F2) は，$\emptyset^c = \Omega$，$\{\omega_1\}^c = \{\omega_2, \omega_3, \omega_4, \omega_5, \omega_6\}$ より明らか．

F3) も，$\{\omega_1\} \cup \{\omega_2, \omega_3, \omega_4, \omega_5, \omega_6\} = \Omega$ などより和に関して閉じていることも明らか． □

そして，このとき確率測度として，

$$\left. \begin{array}{l} P(\emptyset) = 0, \quad P(\{\omega_1\}) = 1/6 \\ P(\{\omega_2, \omega_3, \omega_4, \omega_5, \omega_6\}) = 5/6 \\ P(\Omega) = 1 \end{array} \right\} \tag{1.62}$$

と割り当てるのは，多くの読者にとって"常識的"なことであろうが，他にもたとえば，

$$\left.\begin{array}{l} P(\emptyset) = 0, \qquad P(\{\omega_1\}) = 1/2 \\ P(\{\omega_2, \omega_3, \omega_4, \omega_5, \omega_6\}) = 1/2 \\ P(\Omega) = 1 \end{array}\right\} \qquad (1.63)$$

と別な割り当てをしても測度論的確率論からは，つまり式 (1.58), (1.59) の観点からは何の問題もない．つまり式 (1.51) の Ω，式 (1.61) の $\mathcal{F}$，式 (1.63) の P による $(\Omega, \mathcal{F}, P)$ も一つの確率空間になるのである．

演 習 問 題

問題 1.1 正規分布を，二項分布の極限として求めてみよ．

問題 1.2 コンピュータの故障の問題を考えてみる．故障が時刻 t_1 から t_2 の間で起こる確率が
$$P(t_1 \leq t \leq t_2) = \int_{t_1}^{t_2} \alpha(t) dt$$
で与えられるとしよう．ただし $\alpha(t) \geq 0$ であり，また
$$\int_0^\infty \alpha(t) dt = 1$$
であるとする．すると，$t = t_0$ まで故障がなく $\{t_1 \leq t \leq t_2\}$ で故障の起こる条件付き確率は
$$P(t_1 \leq t \leq t_2 | t \geq t_0) = \int_{t_1}^{t_2} \alpha(t) dt \Big/ \int_{t_0}^\infty \alpha(t) dt$$
と求まる．ここで $\alpha(t)$ が式 (1.44) の指数分布に従うとして故障の起こる条件付き確率を求めよ．

問題 1.3 正規分布の密度関数 $f(x)$ 式 (1.40) に関して
$$\int_{-\infty}^\infty f(x) dx = 1, \qquad \int_{-\infty}^\infty x f(x) dx = m,$$
$$\int_{-\infty}^\infty (x-m)^2 f(x) dx = \sigma^2$$
を示せ．

問題 1.4 ベータ分布に関連して式 (1.48) を示せ．

2 あいまい測度と評価

あいまい情報を計測するあいまい測度の基本は，1章で学んだ確率測度である．本章ではその応用としてエントロピーについて学ぶ．しかし，確率測度には完全加法性という強い制約条件があり，これが必ずしも現実の問題に合わない場合もある．そこで，完全加法性にとらわれないファジィ測度を始めとする各種あいまい測度を述べ，それらの評価問題への適用について学ぶ．

2.1 確　信　度

あいまいさの含まれた情報を数値定量化して計測する際に用いる尺度，すなわちあいまい情報の物差しを総称して **あいまい測度** と呼んでいる．あいまい測度の中で最も歴史のあるものが1章で学んだ確率測度で，応用もきわめて幅広く行われている．しかし，人間の情報処理におけるあいまいさ(不確実性)が確率測度のみで必要十分に表現できるであろうか．いろいろな場面での適用を試みてみると，確率測度のみでは少々不都合な面もあることがわかってきた．

特に米国において医療診断や一般の意思決定のエキスパートシステムを開発してきた人々の間でその傾向が見られる．彼らが確率で最も問題にした性質は式 (1.59) の完全加法性である．その完全加法性から式 (1.6) や式 (1.7) という確率特有の性質が得られる．式 (1.7) は2つの事象の場合だが，3つの事象の場合も同様に，

$$P(A \cup B \cup C) = P(A) + P(B) + P(C) - P(A \cap B) - P(B \cap C)$$
$$- P(C \cap A) + P(A \cap B \cap C) \qquad (2.1)$$

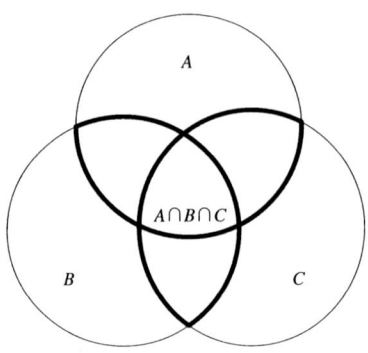

図 2.1 3つの事象の包徐原理

と与えられる．つまり図 2.1 において $A \cup B \cup C$ という3つ輪で表された3つの事象の和の確率は，おのおの個別の確率を加え合わせてから2重に重なった部分を引き，すると3重に重なった部分を引きすぎているので，最後にそれを加えるというやり方である．これを一般化すれば，

$$P\left(\bigcup_{i=1}^{n} E_n\right) = \sum_{i=1}^{n} P(E_n) - \sum_{i \neq j} P(E_i \cap E_j) + \cdots + (-1)^{n-1} P\left(\bigcap_{i=1}^{n} E_i\right) \tag{2.2}$$

となる．これは，**組合せ理論** (combinatorial theory) では**包除原理** (principle of inclusion and exclusion) と呼ばれている．つまり加えたり引いたりしながら収支のバランスをとって全体を数えあげるという，いわば帳尻合せの考え方である．

さて，その帳尻合せというのは，予算を運用したりする場合などにはきわめて重要である．しかし，人間の意思決定においても厳密な帳尻合せが可能であろうか（そのような完璧な帳尻合せをする人間ばかりがいたとしたらおそらく息がつまってしまうだろう）．

ということで，確率の完全加法性という制約を除いた種々のあいまい測度が検討されるようになったのである．1973年ころからスタンフォード大学で，血液感染症医療診断エキスパートシステム MYCIN の大規模プロジェクトを開始していたショートリフ (E.H.Shortliffe) がその一人である．彼は，確率の完全

2.1 確信度

加法性から得られる性質式 (1.6) を問題視した．式 (1.6) を変形すれば

$$P(E^c) = 1 - P(E) \tag{2.3}$$

を得る．したがって，ある事象 E の起こりやすさがわかれば，その余事象の起こりやすさは 1 からの差という演算で一意的に決まってしまうことになる．

たとえば意思決定の場面である代替案 (alternative) E を支援する要因 $P(E)$ が 0.6 であれば，それを否定する要因 $P(E^c)$ は 0.4 と決定され，両者合わせて 1 となる．しかしその際に，支援要因は 0.6 であって 1 ではないのであるが，否定要因が見あたらないというような場合もよくある．そこで，ショートリフは支援要因と否定要因を独立にそれぞれ $[0,1]$ 実数値で評価することにし，前者を **MB**(measure of belief)，後者を **MD**(measure of disbelief) と呼んだのである．

$$P(E) \Rightarrow \mathrm{MB}(E) \in [0,1] \tag{2.4}$$
$$P(E^c) \Rightarrow \mathrm{MD}(E) \in [0,1] \tag{2.5}$$

そして，本当に信ずることのできる要因は，支援要因から否定要因を引いたものということで，それを **CF** (certainty factor) と呼んだのである．

$$\mathrm{CF}(E) = \mathrm{MB}(E) - \mathrm{MD}(E) \tag{2.6}$$

CF は，**確信度**とか**確信子**と呼ばれることもある．CF で，MB と MD の和が 1 という制約を加えれば確率に帰着する．その意味で，CF は確率の (完全加法性を取り除いた) 拡張概念といえる．

CF の値は，式 (2.4)〜(2.6) の定義より，-1 以上 $+1$ 以下の値をとる．CF=$+1$ は，支援要因 100%(=1)，否定要因 0，逆に CF=-1 は支援が 0 で否定が 100% ということになる．しかし，CF=0 のときは，支援も否定も共に 0 や，支援が 100% で同時に否定も 100% など，種々の場合が考えられることになる．

CF は感染症診断エキスパートシステム MYCIN で良好な結果を得た．そこで，MYCIN から感染症に関する知識データを抜いて，ユーザが問題に応じて知識を入れて独自のエキスパートシステムを作れるようにした．いわゆる (初期の) エキスパートシェル (expert shell)，EMYCIN などでもアピールし，今

日では多くのエキスパートシステムで導入されている．

2.2 エントロピー

エントロピー (entropy) は，米国 AT&T のベル研究所でシャノン (C.E. Shannon) が，1948 年に情報の不確定性を数値定量化する目的で導入したあいまい測度である．エントロピー概念は，その後通信路容量の計算など，幅広い応用が行われて**情報理論** (information theory) という分野を開拓した．

種々の分野で応用されるエントロピーは，確率概念を基礎として構成されたあいまい測度の 1 つであり，以下では，その基本的考え方を述べよう．

最初に最も簡単な場合として，標本空間 Ω が，2 つの根元事象 ω_0, ω_1 から成る場合について説明しよう．

$$\Omega = \{\omega_0, \omega_1\} \tag{2.7}$$

ここで，ω_0 の生起確率を p と記すことにすれば，ω_1 の生起確率は確率の完全加法性より $1-p$ と決まることになる．

$$P(\{\omega_0\}) = p \tag{2.8}$$
$$P(\{\omega_1\}) = 1 - p \tag{2.9}$$

たとえば，コインを投げて裏が出る ω_0 か，表が出る ω_1 かというような場合には，$p = 1 - p = 0.5$ ということになっており，p の値は 0.5 と固定されてしまうので，あまりおもしろ味はない．そこで，大学入試の合格率という例を考えることにする．ω_0 を合格，ω_1 を不合格とすれば，事前の模擬試験などで算出された合格率は p ，不合格率は $1-p$ ということになる．

エントロピーは，情報がはっきり明確であれば 0，不確定であるほど正の大きい値をとるあいまい測度である．上記の合格率 p に対するエントロピーを $h(p)$ と記せば，シャノンは図 2.2 に示すような特性を提唱したのである．

すなわち $p = 0$ のときは合格率 0 で落ちることが明確なので $h(0) = 0$，また逆に $p = 1$ のときは"すべり止め"のための受験で合格することが明確なので $h(1) = 0$ である．そして，$h(p)$ が最大になるのは，$p = 0.5$ の合格と不合

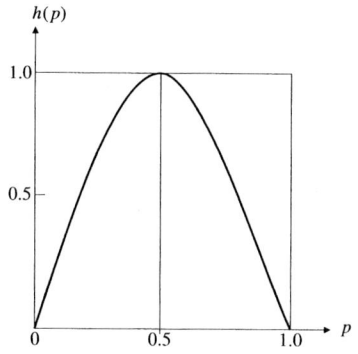

図 2.2 二者択一のエントロピー

格がぎりぎりのときであり，$h(0.5) = 1$ と与えている．こうして，図 2.2 のような特性が得られる．この曲線は，一見して放物線のように見えるが，p の 2 次式で表せているわけではなく，

$$H(p, 1-p) = h(p) = -p\log_2 p - (1-p)\log_2(1-p) \quad (2.10)$$

で与えられている．なお，エントロピーは p と $1-p$ の両方に関係しているので，後で多値事象に拡張することも考えて，改めて $H(p, 1-p)$ と記している（また $0 \cdot \log_2 0 = 0$ などにも注意）．

さて，この式 (2.10) の物理的意味を解釈してみよう．人間の感覚特性は，物理的刺激量に対して対数的になまって感ずるというウェーバー–フェヒナー (Weber–Fechner) の経験法則がよく知られている．そこで，p と $1-p$ をそのままではなく，対数をとって評価することにする．ただし，対数では真数の値が 1 以下になると負の値（正確には非正値）になるため，ものさしで計測する測度という観点からは不都合である．そこでマイナスをとって $-\log_2 p$ と $-\log_2(1-p)$ で考えることにする．次にこの両者を統合する必要があるが，生起確率による荷重和をとることにする．こうして，2 値事象のエントロピーの式 (2.10) が得られる．

次に，以上の議論を一般の多値事象の場合に拡張してみよう．根元事象（標本点）は n 個あるものとし

$$\Omega = \{\omega_1, \omega_2, \cdots, \omega_n\} \quad (2.11)$$

各 ω_i の生起確率を $p_i(\in [0,1])$ とする．

$$p_1 + p_2 + \cdots + p_n = 1 \tag{2.12}$$

すると，この場合のエントロピーは，式 (2.10) の自然な拡張として

$$H(p_1, p_2, \cdots, p_n) = -\sum_{i=1}^{n} p_i \log_2 p_i \tag{2.13}$$

で定義されている．

これが，シャノンによって与えられたエントロピーの基本定義である．次に，このあいまい測度の持つ物理的意味を考察するために，そのいくつかの性質を考察してみよう．

a. 場合の数に対する単調増加性

エントロピーは，情報が不確定になるほど大きな値をとるあいまい測度である．そこで，式 (2.12) の制約のもとで，式 (2.13) の最大値を計算してみよう．ラグランジュ(Lagrange) の未定係数法などを使って計算すると，

$$H_{\max} = H\left(\frac{1}{n}, \frac{1}{n}, \cdots, \frac{1}{n}\right) = \log_2 n \tag{2.14}$$

となることが示せる．すなわち，場合の数が n のとき，いずれの生起確率も $1/n$ で最も混沌としているときに $\log_2 n$ という最大エントロピーをとることがわかる．よって，たとえば $n=2$ のコイン投げのときは $\log_2 2 = 1$，$n=6$ のサイコロ投げのときは $\log_2 6 = 2.585$ というように，場合の数 n の対数に比例して増加していくことがわかる．

b. 単位量の 1 bit

およそ，すべてのものさしには単位量が決められている．エントロピーの場合は，$n=2$ で $p_1 = p_2 = 1/2$ (コイン投げの場合を考えればよい) のときを基本として

$$H\left(\frac{1}{2}, \frac{1}{2}\right) = 1[\text{bit}] \tag{2.15}$$

と定義されている．

2.2 エントロピー

c. 連続性

エントロピーの定義式 (2.13) を見れば，連続関数であることがわかる．ここで連続性とは，次のような意味を持っている．各 ω_i の生起確率が

$$p_i \to p_i + \Delta p_i \tag{2.16}$$

と変化したとすると，エントロピーの値も影響を受ける．

$$H \to H + \Delta H \tag{2.17}$$

このとき，原因となる Δp_i の変化が小さければ，ものさしの値の変化 ΔH も小さいことを保障しているのが連続性である．逆にわずかの Δp_i の変化に対して ΔH が大きく変わるというような場合があるなら，それを不連続という．安定な評価をするものさしに，連続性は不可欠な性質である．

d. 重み付け相加性

この最後に述べる性質は，エントロピーの最も基本的な性質である．しかし，やや込み入った話になるので，サイコロ投げの例で説明することにする．図 2.3 に示すように，サイコロを投げて賞品をあてる場合を考える．

ただし偶数の目が出たら 1 等賞，1 の目が出たら特等賞，それ以外すなわち 3 か 5 の目が出たら残念賞という規定である．サイコロを投げる前に，この試行の持つ不確定さをエントロピーで計算すれば

$$H\left(\frac{1}{2}, \frac{1}{6}, \frac{1}{3}\right) = -\frac{1}{2}\log_2\frac{1}{2} - \frac{1}{6}\log_2\frac{1}{6} - \frac{1}{3}\log_2\frac{1}{3} = 1.459[\text{bit}] \tag{2.18}$$

と計算される．さて，この試行を 2 段がまえで考えることにしよう．まず，最

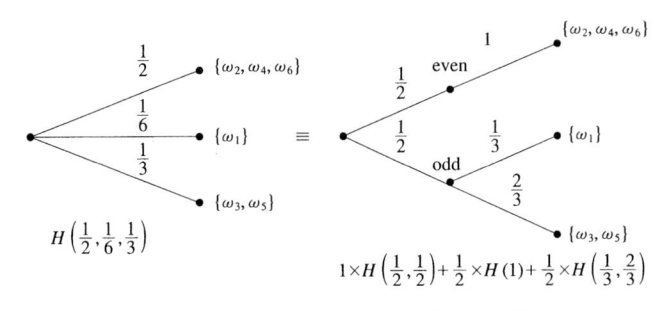

図 **2.3** エントロピーの重み付け相加性の説明

初に偶数の目か奇数の目かを問題にする (それぞれ生起確率は 1/2). 次に, もし偶数の目ならば 1 等賞と確定である (条件付き確率は 1). しかし, もし奇数の目ならば, 1 の目かそれ以外を区別しなければならない (条件付き確率は 1/3 と 2/3). ここで分割した各試行のエントロピーの生起確率の荷重和をとると

$$1 \times H\left(\frac{1}{2}, \frac{1}{2}\right) + \frac{1}{2} \times H(1) + \frac{1}{2} \times H\left(\frac{1}{3}, \frac{2}{3}\right) = 1 + 0 + 0.459 = 1.459 \text{[bit]} \quad (2.19)$$

となり, 式 (2.18) と一致する. このように, エントロピーというあいまい測度は, 試行を分割していったとき, 個々のエントロピーを計算して生起確率による荷重和をとればよいという性質がある. これは, 確率の持つ完全加法性に依存する数式的には極めて美しい (がしかし, 人間の思考には必ずしもフィットしない場合も多い) 性質である.

さて, 式 (2.13) で定義したエントロピーの持つ性質を a～d で 4 つほど述べた. ところが, 実はこの逆もいえるのである. すなわち, 以上 a～d の 4 性質を満たすあいまい測度の式は必ず式 (2.13) になって, それ以外には作れないということを, シャノンは示しているのである.

したがって, エントロピーとは, 確率を加工変形した式 (2.13) によるあいまい測度ともいえるし, 確率を基本とした先に述べた 4 性質を満たすあいまい測度といっても同じことになる.

2.3 各種あいまい測度

ファジィ測度 (fuzzy measure) は, 菅野道夫 (東京工業大学名誉教授) により, 1970 年代になって提案されたあいまい測度である. 無限回操作まで考慮したファジィ測度の定式化は, やや難しくなるので有限操作に限定して解説する (すなわち Ω を有限集合 $\mathcal{F} = 2^\Omega$ とした場合を考える).

標本空間 Ω 上のファジィ測度 μ は,

$$\mu : 2^\Omega \to [0,1] \tag{2.20}$$

F1) $\quad \mu(\emptyset) = 0 \tag{2.21}$

F2) $\quad \mu(\Omega) = 1 \tag{2.22}$

F3) $\quad E \subset F \Rightarrow \mu(E) \leq \mu(F) \tag{2.23}$

なる写像で定義される.

　F1) と F2) の性質は,確率測度でも成立しており,F3) がファジィ測度の本質的な特徴といえる.すなわち,部分事象の評価値 (ファジィ測度の値) がもとの事象の評価値よりも小さいということで,評価の順序あるいは評価の単調性と表現することができる.このため,ファジィ測度は単調 (あいまい) 測度 (monotone measure) と呼ばれることもある.

例題 2.1　式 (1.3)〜(1.5) から F1) を示せ.

解答　式 (1.5) で $E_1 = \Omega, E_2 = \emptyset$ ($E_1 \cap E_2 = \emptyset$) とすると

$$P(\Omega \cup \emptyset) = P(\Omega) + P(\emptyset)$$

となり,

$$左辺 = P(\Omega) = 1$$
$$右辺 = 1 + P(\emptyset)$$

であるから

$$P(\emptyset) = 0 \quad \square$$

　確率測度を含んだ一般の加法性測度を用いて,数学の分野では,ルベーグ積分などの積分論が展開できる.それと同様に,単調性測度のファジィ測度を用いた**ファジィ積分** (fuzzy integral) の議論が展開でき,種々のヒューマンファクタの評価指標などに適用されている.しかし,本シリーズでは,他とのバランスを考え,ファジィ積分の議論は割愛し,ファジィ測度の基本的な性質を提示することにとどめる.これらの性質は,確率測度の性質式 (1.6), (1.7) に対応するものである.

$$\mu(E \cup F) \geq \max\{\mu(E), \mu(F)\} \tag{2.24}$$

$$\mu(E) + \mu(E^c) \in [0, 2] \qquad (2.25)$$

これらの性質から，確率の完全加法性と，ファジィ測度の単調性という評価の違いが理解できる．

例題 2.2 式 (2.24) を示せ．

解答 $E \subset E \cup F$ に式 (2.23) を適用して

$$\mu(E) \leq \mu(E \cup F)$$

$F \subset E \cup F$ に式 (2.23) を適用して

$$\mu(F) \leq \mu(E \cup F)$$

これらより

$$\max\{\mu(E), \mu(F)\} \leq \mu(E \cup F)$$

例題 2.3 式 (2.25) を示せ．

解答 式 (2.20) より

$$0 \leq \mu(E), \mu(E^c) \leq 1$$

だから

$$0 \leq \mu(E) + \mu(E^c) \leq 2$$

となる．□

すなわち，式 (2.24) は，いくつかの事象を合併した場合の評価が，個々の評価の最良なるもの以上になるという性質であり，また式 (2.25) は，ある事象とその排反事象の評価値の和が，確率のように 1 には必ずしもならず，式 (2.4),(2.5) の CF の場合と同じように，0 から 2 の間になるという性質である．

ファジィ測度は，ファジィ理論の中ではきわめて重要な基礎概念の一つであり，種々の (理論寄りの) 応用研究が展開されているが，実際にエキスパートシステムなどで使おうとすると，性質がやや広すぎるきらいがあるため，一般のファジィ測度の一つの特別な例として，**λ ファジィ測度** (λ fuzzy measure) が提案されている．

λ は，$(-1, \infty)$ の実数値パラメータであり，標本空間 Ω 上の λ ファジィ測度 μ は，

$$\mu : 2^\Omega \to [0,1] \tag{2.26}$$

Gλ1) $\quad \mu(\Omega) = 1 \tag{2.27}$

Gλ2) $\quad E \cap F = \emptyset \Rightarrow \mu(E \cup F) = \mu(E) + \mu(F) + \lambda \mu(E) \cdot \mu(F) \tag{2.28}$

と定義されている.

例題 2.4 λ ファジィ測度がファジィ測度であることを示せ.

解答 式 (2.22) は式 (2.27) そのもの.

式 (2.21) については式 (2.28) で $E = \Omega, F = \emptyset$ として

$$\mu(\Omega) = \mu(\Omega) + \mu(\emptyset) + \lambda \mu(\Omega) \mu(\emptyset)$$

となり, 式 (2.27) を代入して

$$1 = 1 + \mu(\emptyset) + \lambda \mu(\emptyset) = 1 + (1 + \lambda) \mu(\emptyset)$$

となり, $\lambda > -1$ であるから $\mu(\emptyset) = 0$.

式 (2.23) については

$$A \subset B, \qquad E = A, \qquad F = B \cap A^c$$

として式 (2.28) を適用し

$$\begin{aligned}
\mu(B) &= \mu(A) + \mu(B \cap A^c) + \lambda \mu(A) \mu(B \cap A^c) \\
&= \mu(A) + \mu(B \cap A^c)(1 + \lambda \mu(A)) \\
&\geq \mu(A)
\end{aligned}$$

より明らか. □

式 (2.28) で, パラメータ λ を 0 とすると, 確率の完全加法性と同じ式になる. よって, 0 ファジィ測度は, 確率に帰着し, 一般の λ ファジィ測度は, 確率の拡張概念になっていることがわかる.

すなわち, 式 (2.28) からわかるように, 互いに排反な事象 (あるいは 2 つの互いに独立な代替案 (alternative) の和の評価値は, 個別の評価値の和よりも大きくなったり ($\lambda > 0$ のとき), 小さくなったり ($\lambda < 0$ のとき) することもあるということで, パラメータ λ により, 独立評価事象の和に対しても相互干渉

を考慮しようという考え方をとっている．

確率測度の式 (1.6), (1.7), あるいはファジィ測度の式 (2.24), (2.25) に対応する性質として，λファジィ測度では

$$\mu(E \cup F) = \frac{\mu(E) + \mu(F) - \mu(E \cap F) + \lambda\mu(E)\mu(F)}{1 + \lambda\mu(E \cap F)} \quad (2.29)$$

$$\mu(E) + \mu(E^c) = 1 - \lambda\mu(E) \cdot \mu(E^c) \in \begin{cases} [1, 2), & \lambda \in (-1, 0] \\ (0, 1], & \lambda \in [0, \infty) \end{cases} \quad (2.30)$$

が成立することが確認できる．また，式 (2.29), (2.30) で $\lambda = 0$ とおくと確率の性質式 (1.6), (1.7) に帰着することもわかる．

カリフォルニア大学のザデー (L.A.Zadeh) 教授は，確率測度では計量できないあいまいさがあることを示すために，1970 年代になって**可能性測度** (possibility measure) の概念を提案した．日本語で"確率"と"可能性"というよりも，英語で"probability"と"possibility"といった方が，ザデー教授のネーミングのうまさをうかがうことができる．

ザデー教授は，可能性測度の概念を次のように説明している．少し離れたところに大型乗用車が止まっている．しかし，車の中の様子はここからは見えない．このとき，車の中に何人の人が乗っているだろうか．車の中に i 人 ($i = 0, 1, 2, \cdots, 10$) 乗っているという根元事象を ω_i と記すことにしよう．すると ω_0 (誰も乗っていない) という可能性は 1 である．また ω_1 で 1 人しか乗っていない可能性も 1 であろう．ω_2 で 2 人乗っている可能性は，これらより少なくなるであろうから，主観的に 0.9 と評価する．そして，3 人，4 人となればさらに可能性は低くなり，7 人以上は可能性 0 とみてもよいであろう．こうして図 2.4 に示すような，**可能性分布** (possibility distribution) が得られる．

ここで，"車の中に乗っているのは 2 人以下"という事象 E を考えれば，

$$E = \{\omega_0, \omega_1, \omega_2\} \quad (2.31)$$

となるが，その E の可能性 $P(E)$ はどうであろうか．おそらく，

$$\begin{aligned} P(E) &= \max\{P(\{\omega_0\}), P(\{\omega_1\}), P(\{\omega_2\})\} \\ &= \max\{1, 1, 0.9\} = 1 \end{aligned} \quad (2.32)$$

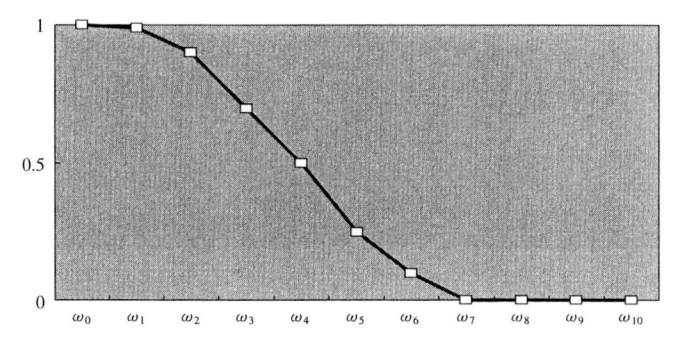

図 2.4 停車中の乗用車に乗っている人の数に関する可能性分布

と，個々の可能性の最大値で評価するのが道理にかなっているであろう．

こうして，評価値の大きめなものを採用するというあいまい測度の概念が提案されたのである．その後 1979 年になって，ニューメキシコ州立大学のグェン (H.Nguyen) 教授は，可能性測度の考え方を公理的に整備して次のように定義をしている．すなわち，標本空間 Ω 上の可能性測度 P は，

$$P : 2^{\Omega} \to [0, 1] \tag{2.33}$$

Pos1) $\quad P(\emptyset) = 0 \tag{2.34}$

Pos2) $\quad P(\Omega) = 1 \tag{2.35}$

Pos3) $\quad P(E \cup F) = \max\{P(E), P(F)\} \tag{2.36}$

で定義をする．

この可能性測度の概念は，ザデー教授やイェーガー (R.R.Yager) 教授などにより**常識推論** (commonsens reasoning) に応用され，エキスパートシステムへの適用が試みられている．

可能性測度が，大きめの評価あるいはよい評価を採用する楽観的なあいまい測度であるのに対して，評価値の小さめな悪い方の値を採用する悲観的なあいまい測度も考えられる．フランスのデュボワ (D.Dubois) 教授やプラーデ (H.Prade) 教授はそれを**必然的測度** (necessity measure) と呼んでいる．すなわち，標本空間 Ω 上の必然性測度 N は

$$N : 2^\Omega \to [0,1] \qquad (2.37)$$

Nec1) $\quad N(\emptyset) = 0 \qquad (2.38)$

Nec2) $\quad N(\Omega) = 1 \qquad (2.39)$

Nec3) $\quad N(E \cap F) = \min\{N(E), N(F)\} \qquad (2.40)$

で定義される．

また，これらのあいまい測度は，**様相推論** (modal logic) の可能性と必然性と対応させて，論理的に議論することもできる．

エキスパートシステムの分野で，かなり注目されているあいまい測度に，**デンプスター–シェーファ測度** (Dempster–Shafer measure) がある．確率測度の完全加法性を弱めた2種類のあいまい測度で，最初はデンプスター (A.P.Dempster) 教授によって1967年に統計学の論文として，**下界確率** (lower probability) と**上界確率** (upper probability) の名称で提案された．しかし，統計学上の一つの概念という程度であまり評価はされなかった．

その後1970年代中頃になって，デンプスター教授の理論に感化されたシェーファ (G.Shafer) が，エキスパートシステムのあいまい測度として重要であることを認識して，工学者にもわかりやすいように理論を整備し，名称も改めて，下界確率を**確度** (belief function)，上界確率を**尤度** (likelihood measure) と呼んだ．それにより，エキスパートシステムでも導入されるようになった．したがって，米国では，シェーファ–デンプスター測度，あるいはシェーファ測度と呼ぶことが多いが，日本では提案をした順にデンプスター–シェーファ測度あるいはDS測度と呼ばれている．

DS測度では，まず，

B1) $\quad m(\emptyset) = 0 \qquad (2.41)$

B2) $\quad \sum m(E) = 1 \qquad (2.42)$

の2つの公理を満たす**基本確率** (basic probability) と呼ぶ測度を定義する．

2.3 各種あいまい測度

これをもとにして，確度 (あるいは下界確率) μ_* は

$$\mu_*(E) = \sum_{F \subset E} m(F) \tag{2.43}$$

により，また尤度 (あるいは上界確率) μ^* は，

$$\mu^*(E) = \sum_{E \cap F \neq \emptyset} m(F) \tag{2.44}$$

により定義される．

簡単な数値例で，考え方を述べよう．図 2.5 に示すように，7 つの根元事象 (標本点) からなる標本空間 Ω を考える．基本確率 m は総和が 1 になるように評価可能な事象に評価値を割り当てる．この例では，$\omega_2, \omega_3, \omega_6$ の根元事象に，それぞれ 0.2, 0.05, 0.1 の基本確率が割り振られている．しかし，ω_2 に ω_1 が加わると評価値は 0.2 から 0.1 に減ってしまう．また，ω_6 に ω_7 が加わっても，評価は 0.1 と変わらない．そして，ω_4 と ω_5 を合わせたものは 0.15 と評価できる．さらに，ω_1 から ω_4 まで合わせると 0.2, ω_5 から ω_7 まででは 0.1 と評価でき，これらの基本確率の値の総和は 1 に規格化されている．

この場合 ω_1 から ω_3 までの E と，ω_4 から ω_7 の F の 2 つの事象について，確率と尤度を計算すると次のように求まる．

$$\mu_*(E) = 0.2 + 0.05 + 0.1 = 0.35 \tag{2.45}$$

$$\mu^*(E) = \mu_*(E) + 0.2 = 0.55 \tag{2.46}$$

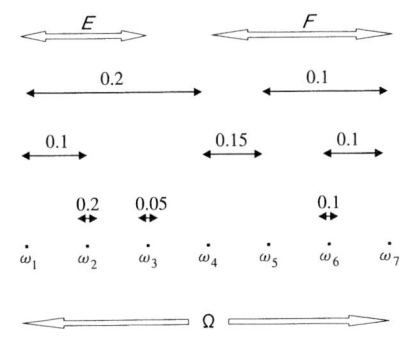

図 2.5 基本確率の割り当ての例

$$\mu_*(F) = 0.1 + 0.15 + 0.1 + 0.1 = 0.45 \tag{2.47}$$

$$\mu^*(F) = \mu_*(F) + 0.2 = 0.65 \tag{2.48}$$

なお,この場合 F は E の余事象 E^c であり,

$$\mu_*(E) + \mu_*(F) = 0.8 \le 1 \tag{2.49}$$

$$\mu^*(E) + \mu^*(F) = 1.2 \ge 1 \tag{2.50}$$

と計算できる.

一般に DS 測度については,

$$\mu_*(E) + \mu_*(E^c) \le 1 \tag{2.51}$$

$$\mu^*(E) + \mu^*(E^c) \ge 1 \tag{2.52}$$

となり,総和が1の加法性は不成立である.しかし,基本確率を根元事象にのみ割り当てることにし,2つ以上の根元事象からなる事象には(正の)基本確率を割り当てないようにすれば,確度と尤度は一致し,完全加法性が成立する.この意味で,DS 測度は,確率概念を拡張した一つのあいまい測度になっている.

エキスパートシステムという観点から,種々のあいまい測度を解説してきた.これらのあいまい測度の概念の包含関係を,1981年になってバノン (G.Banon) が図 2.6 のように報告している.

確率測度が,一番制約がきつく,逆に一番ゆるいのはファジィ測度である.λ ファジィ測度は,$\lambda = 0$ のときが確率測度であり,確率の拡張概念である.しかし,可能性測度や必然性測度とは独立な概念である.また,可能性測度,確率測度,必然性測度はともに,DS 測度の特別なものと見ることができる.

しかし,概念の包含関係と,概念の重要さは別問題である.たとえば,「ファジィ測度は,確率や DS 測度などを全て含んでいるから,ファジィ測度で全て解決でき,ファジィ測度が,最も重要である」というような主張は正しくない.それはちょうど「電卓でやれる仕事は,パソコンでやれる.パソコンの仕事は,ワークステーションでもやれる.ワークステーションの仕事は,スーパーコンピュータでもやれる.よってスーパーコンピュータは万能であり,他はいらない」という主張と同じようなものである.お店の前で,電卓を使って価格の交

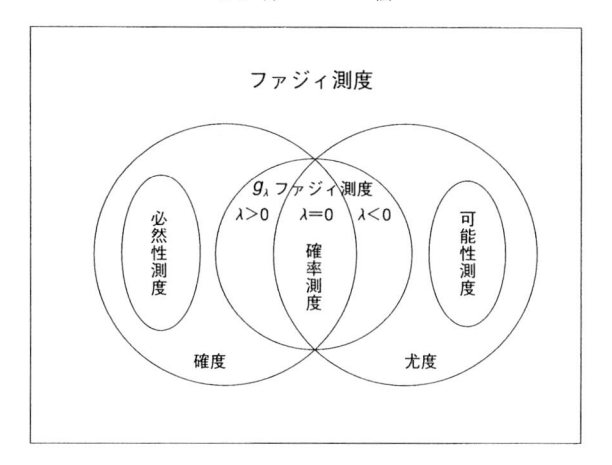

図 2.6 各種あいまい測度の相互関係

渉をしているときに，スーパーコンピュータを持ち出す必要はない．やりたい問題に応じて適切なツールを選ぶ必要がある．

　エキスパートシステムにおいては，確率測度だけで全てをすまそうとすると，その完全加法性という帳尻合せの原理が，特に人間の意思決定の場面などでは制約がきつすぎて，問題ごとにこれまで述べてきたような種々のあいまい測度が使われている．個々のあいまい測度の性質を考慮し，問題の特性をよく分析して，適切なあいまい測度を適用することが肝要である．

2.4 評　　　　価

　一般大衆あるいは特定の集団に属する人々が，ある事柄に関し，どのような見解を持っているかを知りたいとき，アンケート方式の調査がよく行われていることは，周知の事実である．新聞やテレビなどのマスコミでもよく用いる調査方式ではあるが，自分がその被験者になり好意的に回答をした場合でも，自分の回答が正しいデータとして全体に反映しているのかと，不信の念をいだいた経験を有する読者諸兄も少なくないと想像する．

　最近，研究室の学生が，就職の推薦書の一部として，その学生の人物調査アンケート用紙に記入を求めてきた．その一部分は，図 2.7 に示すように，その

行動派か否か？
no（熟考形）   yes（行動形）
|――|――|――|――|――| 5値

その他よく用いられる評価
no   yes
|――――――――――――――| 2値

no   yes
|――――|――――|――――| 3値

|―|―|―|―|―|―|―| 7値
0   0.5   1

図 2.7 アンケート調査の一例

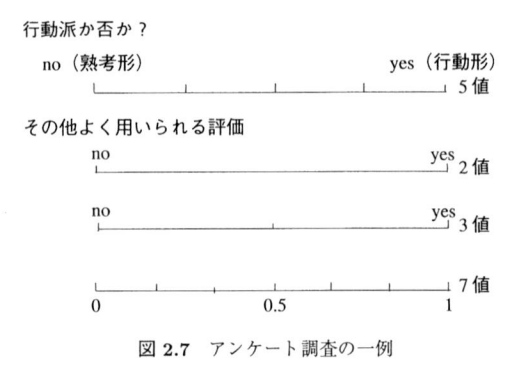

学生が行動派か否かを，5値で評価するようになっているものである．もちろん，好意的に正しい回答を寄せたいとは思うが，ここで次の2つの疑問を持つに至った．

 i) その学生の表面的態度しか知識がなく，正しい評価ができかねる．すなわち，正確な回答をするための情報が不足しており，あいまいであること．

 ii) それにもかかわらず，5値のいずれかを無理に選ぶとすると，評価の状態数が5値と細かすぎて，同一の質問を再度受けても同一の評価をするか否かに関して自信がもてないこと．一般にアンケート調査では，簡単なものは，yesとnoの2値だが，学術的なものは3値，5値あるいは7値などを用いる．状態数が多ければ詳しい情報が得られると錯覚しやすいが，情報があいまいな場合は，逆に再現性に乏しくなる危険があるのではないか．

以上2つの疑問は，この例のみならず，一般のアンケート調査でも生ずるものであろう．ここでは，この2つの問題点に関して，一つの理論的解析を試みる．

評価値として，$[0, 1]$の実数連続区間に数値定量化を行うことも考えられるが，計算機などによる数値データ処理においても，また回答を要求される被験者にとっても，0から1までの数値を自由に選択することよりも，むしろ，図2.7に示したような，3値あるいは5値などの，$[0, 1]$区間のうちであらかじめ指定された有限個の数値(評価値)のうちから一つを指示する方が馴染みやすい．その場合，あらかじめ指定する評価値の個数(状態数)をいくつにすべきかという点に関しては，あまり考察されていないようである．あまりに状態数を

多くしても，被験者が選択するのに迷いが生じてしまうので，調査をする側で経験に基づいて，適当な状態数を決めて回答用紙を作成し，被験者はそのうちのいずれかをチェックすることにより回答をするという場合が多いようである．ここでは，あいまい測度としてエントロピー概念を応用し，最適状態数の決定を試みる．

評価値として許容される数値の集合を，上記の理由により，$[0, 1]$ 区間の有限集合とし，$\{\alpha_i\}_{i=1}^{n}$ と記すことにする．

$$0 \leq \alpha_1 < \alpha_2 < \cdots < \alpha_n \leq 1 \tag{2.53}$$

ここで，被験者が評価値 α_i を選ぶ確率を p_i としよう (図 2.8)．

$$\sum_{i=1}^{n} p_i = 1, \qquad p_i \geq 0 \tag{2.54}$$

式 (2.54) は，被験者が与えられた質問に関して潜在的に持つ評価の確率分布を与える．そこで，その確率分布を，確率空間の記号を用いて，より詳しく記述しよう．すなわち，全体の確率空間を Ω とし，その部分集合 Ω^i が評価 α_i に関与する確率 p_i を与えるものとする．

$$\Omega = \bigcup_{i=1}^{n} \Omega^i, \qquad \Omega^i \cap \Omega^j = \emptyset, \qquad i \neq j \tag{2.55}$$

$$P(\Omega^i) = p_i \tag{2.56}$$

式 (2.54) の分布を持つような，被験者 A の多様な評価は，標本空間 Ω から，$[0, 1]$ への (詳しくは，その部分集合 $\{\alpha_1, \alpha_2, \cdots, \alpha_n\}$ への) 写像 μ_A としてとらえることができる．

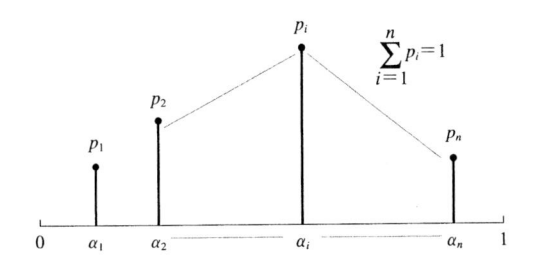

図 **2.8** 有限個の評価値とその選好確率分布

$$\begin{array}{ccc} \mu_A : \Omega & \rightarrow & [0,1] \\ \cup & & \cup \\ \omega & \mapsto & \mu_A(\omega) \end{array} \qquad (2.57)$$

つまり，1つのパラメータ $\omega(\in \Omega)$ が指定されるごとに，1つの評価値 $\mu_A(\omega)$ ($\in \{\alpha_1, \alpha_2, \cdots, \alpha_n\} \subset [0,1]$) が定まるものとし，被験者がどのパラメータをどの程度頻繁に採用するかは，式 (2.54)，(2.56) に従うものとするのである．したがって，

$$\mu_A^{-1}(\alpha_i) = \Omega^i \quad (\subset \Omega) \qquad (2.58)$$

等が成立していることになる．

被験者が異なれば，当然別の評価をすることが期待されるが，その別な評価もまた式 (2.57) と同様な写像で記述されることになる．たとえば，評価者 B の評価を μ_B

$$\mu_B : \Omega \rightarrow [0,1] \qquad (2.59)$$

と記すことにする．常に同一の評価値を指定する被験者の評価は，定数値写像で与えられることになり，評価の単純さあるいは複雑さは，式 (2.57)，(2.59) の写像の構造に依存することになる．

ここで，式 (2.57)，(2.59) の 2 つの評価 μ_A，μ_B に対して，λ 和と呼ぶ演算により生成される新しい評価 μ_C を考えよう．

$$\mu_C(\omega) = \lambda \mu_A(\omega) + (1-\lambda)\mu_B(\omega), \qquad \lambda \in [0,1] \qquad (2.60)$$

この μ_C は，2 通りの評価 μ_A，μ_B をもとにして，それぞれを $\lambda : (1-\lambda)$ の比で取り入れて合成された新しい評価といえる．他方，式 (2.60) を逆に解釈すれば，μ_C という評価の原因を追究すると，2 つのより基本的な評価 μ_A と μ_B に分解され，それらの合成による結果として得られたものと見ることができる．一般に，多様で複雑な評価であっても，それを分解してみれば（その分解の操作は，被験者個人の精神構造にまで介入することになるから，不可能かもしれないが，仮に分解できたとすれば）より基本的な評価があり，それらが合成されたものとみなすことができよう．そこで，それ以上より基本的な評価

に分解できないという，最も基本的な極限状態になっているとき，その評価は，純粋状態 (pure state) にあると呼ぶことにする．

この純粋状態の基本的構造を調べてみると，評価値が0か1しかとらない評価であることが証明される，すなわち，yes(= 1)・no(= 0) のいずれかしかとらない評価が最も基本的なものであり，一般の曖昧な中間値の評価は，それが式 (2.60) のようにして合成されたものであるという，きわめて自然な結果を，理論的に導いたことになる．

そこで，式 (2.53)～(2.56) で，評価値 α_i が出現頻度確率 p_i で得られる原因となる標本空間 Ω の部分集合 Ω^i を，(被験者の精神構造にまで介入したモデルを考えて) さらに二分し，評価値1に関与する部分 Ω_1^i と 0 に関与する部分 Ω_0^i の 2 つから構成されているものとする．

$$\Omega^i = \Omega_0^i \cup \Omega_1^i, \qquad \Omega_0^i \cap \Omega_1^i = \emptyset \tag{2.61}$$

$$\frac{P(\Omega_1^i)}{P(\Omega^i)} = \alpha_i \tag{2.62}$$

すなわち図 2.9 のように，標本空間 Ω が互いに素な $2n$ 個の部分に分割され，

$$\Omega = \Omega_0 \cup \Omega_1 \tag{2.63}$$

$$\Omega_0 = \bigcup_{i=1}^n \Omega_0^i, \qquad \Omega_1 = \bigcup_{i=1}^n \Omega_1^i \tag{2.64}$$

各 i に対して式 (2.61) のようにパラメータが集約され，その中で平均化され，その結果式 (2.62) の評価値 α_i が式 (2.56) の頻度 p_i で得られると考えるのである (図 2.10)．

図 2.10 において，集約平均化の前段階においては，[0, 1] 2値の純粋状態にあり，集約平均化された後は状態数が n で複雑な評価をすることになるが，ともにその平均値 M は，

$$M = P(\Omega_i) = \sum_{i=1}^n P(\Omega_1^i) = \sum_{i=1}^n \alpha_i p_i \tag{2.65}$$

と一致していることに注意しよう．

この場合，全体としては α_1 から α_n までの n 種類の評価値が可能になり，評価も複雑になるが，その複雑さの根元は式 (2.63)，(2.64) あるいは図 2.9 の

42   2. あいまい測度と評価

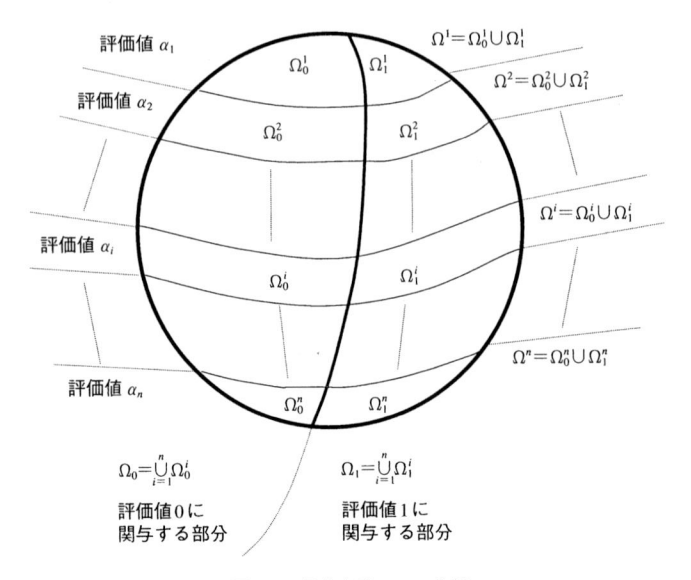

図 2.9 標本空間の $2n$ 分割

$\Omega^1 = \Omega_0^1 \cup \Omega_1^1$
$\Omega^2 = \Omega_0^2 \cup \Omega_1^2$
$\Omega^i = \Omega_0^i \cup \Omega_1^i$
$\Omega^n = \Omega_0^n \cup \Omega_1^n$

評価値 α_1, 評価値 α_2, 評価値 α_i, 評価値 α_n

$\Omega_0 = \bigcup_{i=1}^{n} \Omega_0^i$ 評価値0に関与する部分

$\Omega_1 = \bigcup_{i=1}^{n} \Omega_1^i$ 評価値1に関与する部分

純粋状態(2値評価)

$p_1 = P(\Omega^1)$
$p_2 = P(\Omega^2)$
$p_n = P(\Omega^n)$

$\dfrac{P(\Omega_1^1)}{P(\Omega^1)} = \alpha_1$

$\dfrac{P(\Omega_1^2)}{P(\Omega^2)} = \alpha_2$

$\dfrac{P(\Omega_1^n)}{P(\Omega^n)} = \alpha_n$

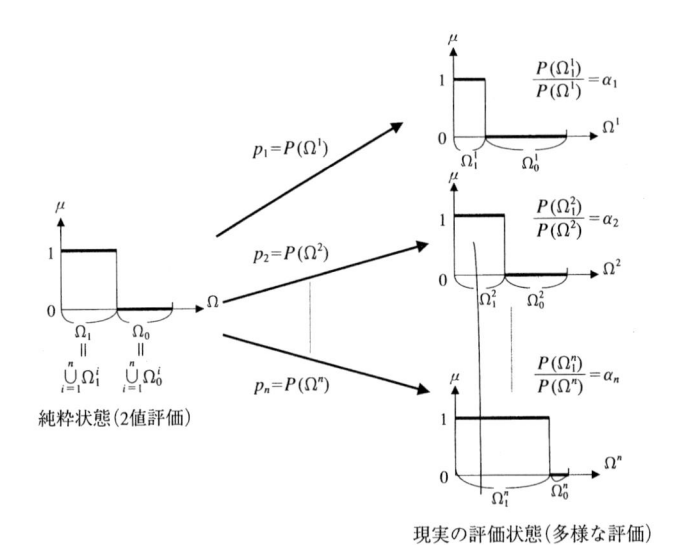

現実の評価状態(多様な評価)

図 2.10 分割された標本空間の集約平均化により得られる多様な評価

標本空間 Ω の $2n$ 分割に依存することになる.

あいまい測度としてのエントロピーは, おのおのの確率の逆数の対数を平均化したもので定義され, "場合の数の複雑さ"を反映する量を与える. この場合は, 式 (2.63), (2.64) の Ω の $2n$ (有限) 分割は, 被験者の精神構造にまで介入して得たものであり, 被験者の "主観"に基づくものであるから, 対応するエントロピーを, 特に主観エントロピー (subjective entropy) と名づけ, 記号 H で表すものとする. すなわち, 式 (2.63), (2.64) に基づく主観エントロピー H は,

$$H = -\sum_{i=1}^{n} \left\{ P(\Omega_0^i) \log_2 P(\Omega_0^i) + P(\Omega_1^i) \log_2 P(\Omega_1^i) \right\} \quad (2.66)$$

で与えられることになる.

しかし, 式 (2.63), (2.64) の分割は, 被験者の精神構造にまで介入したモデルとして得られたものであり, 現実にはとらえることができないから, 式 (2.66) はそのままでは計算不可能である. けれども, 式 (2.56), (2.62) を用いれば,

$$P(\Omega_1^i) = \alpha_i p_i \quad (2.67)$$
$$P(\Omega_0^i) = (1 - \alpha_i) p_i \quad (2.68)$$

の関係を得て, 現実にとらえうる評価値 α_i とその出現頻度確率 p_i のみで式 (2.66) を推定できることになる. すなわち, 式 (2.67), (2.68) を式 (2.66) に代入整理して次式を得る.

$$\begin{aligned} H &= -\sum_{i=1}^{n} \{\alpha_i p_i \log_2 \alpha_i p_i + (1-\alpha_i) p_i \log_2 (1-\alpha_i) p_i\} \\ &= -\sum_{i=1}^{n} p_i \log_2 p_i + \sum_{i=1}^{n} p_i h(\alpha_i) \end{aligned} \quad (2.69)$$

ここで, $h(\cdot)$ は $\{0, 1\}$ 2値の純粋状態の主観エントロピーであり,

$$h(\alpha) = -\{\alpha \log_2 \alpha + (1-\alpha) \log_2 (1-\alpha)\} \quad (2.70)$$

yes ($\alpha = 1$) または no ($\alpha = 0$) のはっきりした場合は 0, DK (don't know, $\alpha = 0.5$) の最もあいまいな場合最大値 1(ビット) を与えるよく知られたシャノ

ンのエントロピー関数である．式 (2.66) により標本空間 Ω の $2n$ 個の分割のエントロピーによって定義をした主観エントロピーも，式 (2.69) を見れば，n 種の異なった評価値 α_i それ自身が持つエントロピー $h(\alpha_i)$ の出現頻度 p_i による平均値 (第 2 項) と，その出現頻度自身の持つエントロピー (第 1 項) との和として与えられていることがわかる．

この主観エントロピーをもとにして最適状態数 n を決定することにしよう．まず，$[0, 1]$ 上の評価値 $\{\alpha_i\}_{i=1}^n$ の配置に関しては，

$$\alpha_i = \frac{i-1}{n-1} \tag{2.71}$$

と仮定する．すなわち，$\alpha_1 = 0, \alpha_n = 1$ とし，その間を等間隔に分割するものとしよう．そのうえで n を決定するわけであるが，その際の決定基準は，次のように考えることにする．一般に状態数 n が多くなれば，きめの細かい評価が可能になるが，反面，はじめの疑問点 ii) (p.38) で述べたように，被験者にとっては，評価値の隣同士 (α_{i-1} と α_i) の明確な区別がつきにくくなって，評価そのものがあいまいになってしまうというジレンマに陥ることになる．そこで，評価値の状態数を一つ増したとき，それが情報量 (あるいはエントロピー) の観点から見て，どの程度の価値を持つかに注目することにしよう．すなわち，式 (2.66) あるいは式 (2.69) の主観エントロピー H を状態数 n で割れば，一つの評価値あたりの平均的な情報量的価値を与えることになるので，その値の大小により判定することにする．ここで H/n の値は，式 (2.54) の確率分布 $\{p_i\}_{i=1}^n$ によって (しかもその分布のみに依存して) 変化するので，$f(p_1, p_2, \cdots, p_n)$ と記すことにする．

$$f(p_1, p_2, \cdots, p_n) = \frac{H}{n} = -\frac{1}{n}\sum_{i=1}^n p_i \log_2 p_i + \frac{1}{n}\sum_{i=1}^n p_i h\left(\frac{i-1}{n-1}\right) \tag{2.72}$$

この式の値の大小により n を決定するわけであるが，最も効率よく情報を表現している場合，すなわち，p_1 から p_n を変化させたときの式 (2.72) の最大値によって比較をすることにする．式 (2.72) の最大値は，ラグランジュの未定係数法により求めることができる．すなわち，λ を任意の定数とし，

$$f(p_1, p_2, \cdots, p_n) = -\frac{1}{n}\sum_{i=1}^{n} p_i \log_2 p_i + \frac{1}{n}\sum_{i=1}^{n} p_i h\left(\frac{i-1}{n-1}\right) + \lambda\left(\sum_{i=1}^{n} p_1 - 1\right) \tag{2.73}$$

とおき,$i = 1 \sim n$ について,

$$\frac{\partial f}{\partial p_i} = 0 \tag{2.74}$$

を計算すればよい.その結果,式 (2.72) の最大値 $f_{\max}$ は,

$$p_i = \frac{2^{h(\frac{i-1}{n-1})}}{\sum_{i=1}^{n} 2^{h(\frac{i-1}{n-1})}} \tag{2.75}$$

のとき,

$$f_{\max} = \frac{1}{n} \log_2 \sum_{i=1}^{n} 2^{h(\frac{i-1}{n-1})} \tag{2.76}$$

と与えられることが判明する.

この $f_{\max}$ と n の関係を図示すれば,図 2.11 を得る.この図を一見してわかることは,最適な状態数は 3 値であり,4 値,5 値,6 値とそれに続くが,7 値になると yes・no の 2 値よりもかえって悪くなっているという事実である.

以上の解析結果および前節で述べた漠度概念の提案をもとにすれば,たとえば図 2.7 で示したアンケート調査は,図 2.12 で示すような方式で行えばよいことになる.すなわち,その学生が行動形の人間か否かということに関して,ま

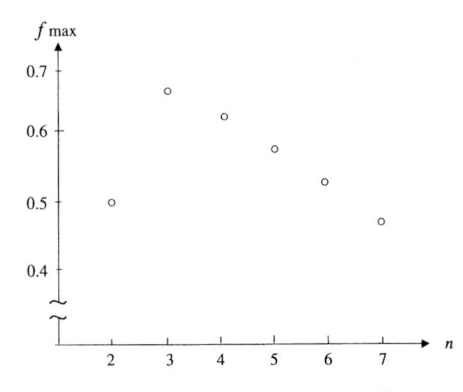

図 2.11 最大平均主観エントロピー $f_{\max}$ と状態数 n の関係

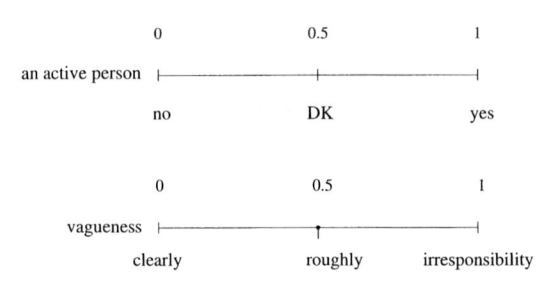

```
              0        0.5         1
an active person ├─────────┼─────────┤
               no        DK        yes


              0        0.5         1
    vagueness ├─────────┼─────────┤
            clearly   roughly  irresponsibility
```

図 2.12 漠度を考慮したアンケート回答方式

ず最初に「そうである (行動形)」「そうではない (熟考形)」「どちらでもない」の 3 値のうちのいずれかを平均的な値として選び，次にそれを選んだことに関して「はっきり自信を持って選んだ」「さほど自信は持てないが，だいたいの感じで選んだ」「まったくわからないので適当に選んだ」の 3 値のいずれかを漠然とした度合いの値（便宜上漠度と呼ぶことにする）として記入すればよい．漠度まで答えることにより，質問に関しての情報不足あるいは認識不足による不正確なデータを提供する"後ろめたさ"を，解消できることになるし，評価の状態数も 3 値であれば，漠度がかなり大きい場合であっても回答の再現性や信頼性が，かなり高くなることが期待される．したがって，はじめに述べた 2 つの疑問点も解決されたことになり，結論として，アンケート調査の標準的な方式は図 2.12 のような形式を採用すればよいことになる．

演 習 問 題

問題 2.1 エントロピー (2.13) の最大値が $\log_2 n$ となることを示せ．

問題 2.2 $\sum_{i=1}^{n} p_i = 1, p_i \geq 0$ の条件下で，連続関数 $H_n(p_1, p_2, \cdots, p_n)$ が

i) $H_n\left(\dfrac{1}{n}, \dfrac{1}{n}, \cdots, \dfrac{1}{n}\right) = \log_2 n$

ii) $(1, 2, \cdots, n)$ の任意の置換 $(i_1, i_2, \cdots, i_n)$ に対して
$H_n(p_1, p_2, \cdots, p_n) = H_n(p_{i_1}, p_{i_2}, \cdots, p_{i_n})$

iii) $H_{n+1}(p_1, p_2, \cdots, p_n, p_{n+1})$

$$= H_n(p_1, p_2, \cdots, p_{n-1}, p_n + p_{n+1})$$
$$+ (p_n + p_{n+1}) H_2 \left(\frac{p_n}{p_n + p_{n+1}}, \frac{p_{n+1}}{p_n + p_{n+1}} \right)$$

を満たせば,
$$H_n(p_1, p_2, \cdots, p_n) = -\sum_{i=1}^{n} p_i \log_2 p_i$$

となることを示せ.

問題 2.3 λ ファジィ測度に関して式 (2.29), (2.30) が成立することを示せ.

問題 2.4 式 (2.76) を実際に求めよ.

3 確率過程

準備としてこれまで学んだ確率を応用して，本書の主要テーマである確率過程の概念を定義する．特に，定常確率過程の基礎およびそのスペクトルについて詳しく学ぶ．

3.1 確率過程とは

3.1.1 確率過程の定義

株価，円・ドルレート，電力使用量，あるいは血圧や血糖値など，この世の中には，時々刻々複雑に変化していく情報が多数存在する．このような情報を確率論的立場から解析する目的で提案されている一つの数学モデルとして**確率過程** (stochastic process) があり，ここでは最初にその基本的定義を学ぶことにする．

時々刻々複雑に変化していく情報を抽象的に

$$\{X(t) \mid t \in \mathcal{T}\} \tag{3.1}$$

と記すことにする．ここで $\mathcal{T}$ は時間パラメータ t のとる値の集合で，過去無限から未来永劫までなら実数全体 $\Re$，観測開始時刻 t_s から終了時刻 t_e までなら実数閉区間 $[t_s, t_e]$，さらにはそれらを離散化した $\{t_n\}_{n=-\infty}^{\infty}$，$\{t_n\}_{n=1}^{N}$ などを場合によって使い分けることにする．一方 $X(t)$ は，時刻 t における情報を表す．$X(t)$ のとりうる値の集合は，扱う対象に応じて，自然数値，整数値，有理数値，実数値，複素数値 (あるいはそれらの部分集合) や，場合によってはベクトル値や言語変数値を考えてもよい．ただし確率過程では，情報 $X(t)$ が確率

的にランダムに変動するものとして,これら整数値や実数値などをとる確率変数と考える.すなわち,各時刻 $t(\in \mathcal{T})$ ごとに $X(t)$ は,確率空間 $(\Omega_t, \mathcal{F}_t, P_t)$ 上の (たとえば実数値をとる)

$$X(t) : \Omega_t \to \Re$$

可測関数[*1)]と考え,さらに各時刻ごとの相互の確率的関係などを考慮していくのである.$(\Omega_t, \mathcal{F}_t, P_t)$ を基本確率空間と呼ぶことにする.このように確率変数の時間パラメータに関する族 (3.1) として定義される確率過程において,$\mathcal{T}$ が $\Re$ など連続的な (実数) 値をとる場合を**連続時間確率過程** (continuous time stochastic process),また $\mathcal{T}$ が $\mathcal{Z}$ (整数値集合) や $\mathcal{N}$ (自然数値集合) など離散的な値をとる場合を**離散時間確率過程** (discrete time stochastic process) あるいは**時系列** (time series) と呼ぶ.時系列の場合には,族 (3.1) の代わりに

$$\{X_n \mid n \in \mathcal{N}(\text{あるいは } \mathcal{Z})\} \tag{3.2}$$

などのような表記をすることも多い.また各時刻ごとに確率変数であることを明示したい場合には,

$$\{X(t, \omega_t) \mid t \in \Re\} \tag{3.3}$$

$$\{X_n(\omega_n) \mid n \in \mathcal{N}\} \tag{3.4}$$

などの表記法も用いる.

確率過程の基本的考え方や表記法に慣れるために,いくつかの例を考えてみよう.

例題 3.1 さいころ投げを N 回行う場合を,確率過程として定式化せよ.

解答 確率過程としては,きわめて単純なものであり,時間パラメータ集合としては

$$\mathcal{T} = \{1, 2, \cdots, N\} \tag{3.5}$$

を考えればよい.各時刻 n における確率空間 $(\Omega_n, \mathcal{F}_n, P_n)$ は 1 回のさいころ投げを記述すればよく,

---

[*1)] $\forall a \in \Re, \{\omega \mid X(\omega) < a\} \in \mathcal{F}_t$ を満たすとき,X は**可測関数** (measurable function) であるという.

$$\Omega_n = \{1\text{の目}, 2\text{の目}, 3\text{の目}, 4\text{の目}, 5\text{の目}, 6\text{の目}\} \qquad (3.6)$$

$$\mathcal{F}_n = 2^{\Omega_n} \qquad (3.7)$$

$$P_n(1\text{の目}) = P_n(2\text{の目}) = \cdots = P_n(6\text{の目}) = 1/6 \qquad (3.8)$$

で与えられ，この場合はさらに $(\Omega_n, \mathcal{F}_n, P_n)$ は時刻 n によらず同一であるので一括して $(\Omega_0, \mathcal{F}_0, P_0)$ と記すことにする．X_n は，ω が「1の目」のときには値 1，ω が「2の目」のときには値 2, $\cdots$，ω が「6の目」のときには値 6 をとる関数とする．

そして，この確率過程全体 (時刻 n における X_n のみでなく $\{X_n | n \in \mathcal{T}\}$ 全体) を表記する確率空間 $(\Omega, \mathcal{F}, P)$ を，Ω については Ω_0 の N 個の直積

$$\Omega = \underbrace{\Omega_0 \times \Omega_0 \times \cdots \times \Omega_0}_{N \text{ 個}} \qquad (3.9)$$

$\mathcal{F}$ については $\mathcal{F}_0$ の N 個の直積を含む最小の完全加法族

$$\mathcal{F} = \sigma(\underbrace{\mathcal{F}_0 \times \mathcal{F}_0 \times \cdots \times \mathcal{F}_0}_{N \text{ 個}}) \qquad (3.10)$$

として定義でき (ただし $\sigma(\cdot)$ は $\cdot$ を含む最小の完全加法族を表す)，また確率 P については，各さいころ投げが独立であると考えて，$E = E_1 \times E_2 \times \cdots \times E_N$ の場合は

$$P(E) = \prod_{n=1}^{N} P_0(E_n) \qquad (3.11)$$

となるものを，自然に拡張して考えればよい．□

例題 3.2 表が裏に比べて出やすいように歪んだ硬貨 (硬貨 H)，その逆の裏の方が出やすい硬貨 (硬貨 T)，表も裏も同じ出やすさの公平な硬貨の，3 種類の硬貨がある．この 3 つの硬貨を，次のルールに従って合計で N 回投げる場合を，確率過程として定式化せよ．

i) 第 1 投目は公平な硬貨を投げる．
ii) 第 2 投目以降については，前回の硬貨投げの結果が表だったならば硬貨 H を投げ，裏だったならば硬貨 T を投げる．
iii) 硬貨投げの結果が表ならば 1，裏ならば 0 を値とする．

解答 時間パラメータ $\mathcal{T}$ は例題 3.1 と同様に $\mathcal{T} = \{1, 2, \cdots, N\}$ である．各時刻 n における確率空間 $(\Omega_n, \mathcal{F}_n, P_n)$ に関して，Ω_n および $\mathcal{F}_n$ は時刻によらず一定と考え，これらを Ω_0, $\mathcal{F}_0$ と表して

$$\Omega_0 = \{\,\text{表},\text{裏}\,\} \tag{3.12}$$

$$\mathcal{F}_0 = \{\emptyset, \{\,\text{表}\,\}, \{\,\text{裏}\,\}, \Omega_0\} \tag{3.13}$$

とする．X_n としては，硬貨が表の場合は 1，裏の場合は 0 をとる関数とする．

確率 P_n については，第 1 投目では公平な硬貨投げなので

$$P_1(E) = \begin{cases} 0, & E = \emptyset \\ 1/2, & E = \{\,\text{表}\,\} \\ 1/2, & E = \{\,\text{裏}\,\} \\ 1, & E = \Omega_0 \end{cases} \tag{3.14}$$

とすればよい．第 2 投目以降については，まず硬貨 H を投げて表の出る確率を $p(> 1/2)$ とし，硬貨 T を投げて裏の出る確率を $q(> 1/2)$ とすると，前回の硬貨投げの結果が与えられた条件の下での今回の硬貨投げの条件付き確率を

$$\left. \begin{array}{ll} P(\text{表} \mid \text{表}) = p, & P(\text{裏} \mid \text{表}) = 1-p \\ P(\text{表} \mid \text{裏}) = 1-q, & P(\text{裏} \mid \text{裏}) = q \end{array} \right\} \tag{3.15}$$

と定義できる．これを使って，

$$\left. \begin{array}{l} P_n(\text{表}) = P_{n-1}(\text{表})P(\text{表} \mid \text{表}) + P_{n-1}(\text{裏})P(\text{表} \mid \text{裏}) \\ P_n(\text{裏}) = P_{n-1}(\text{表})P(\text{裏} \mid \text{表}) + P_{n-1}(\text{裏})P(\text{裏} \mid \text{裏}) \end{array} \right\} \tag{3.16}$$

と漸化式の形で記述すればよい．より具体的には，たとえば第 2 投目では

$$P_2(\text{表}) = \frac{1}{2}(p - q + 1), \qquad P_2(\text{裏}) = \frac{1}{2}(q - p + 1) \tag{3.17}$$

となり，第 3 投目では

$$P_3(\text{表}) = \frac{1}{2}(p^2 - q^2 + 1), \qquad P_3(\text{裏}) = \frac{1}{2}(q^2 - p^2 + 1) \tag{3.18}$$

となる．□

例題 3.3 連続時間確率過程 $\{X(t) \mid t \in \Re\}$ において，各時刻 t における確率空間が時刻によらず同一の場合 $(\Omega_t, \mathcal{F}_t, P_t) = (\Omega_0, \mathcal{F}_0, P_0)$, $(\forall t \in \Re)$ につい

て考察してみよう．

解答 この場合 $\{X(t)\}$ は，$\Re \times \Omega_0$ 上の二変数関数となるので，改めて $\{X(t,\omega)\}$ と記すことにする．確率変数 $X(t,\omega)$ では，ω については P_0 測度，t についてはルベーグ測度 (Lebesgue measure) で考え，(t,ω) については これらの直積測度で考える．$\{X(t,\omega)\}$ は，t を固定すれば $(\Omega_0, \mathcal{F}_0, P_0)$ 上の確率変数である．一方，ω を固定すると t の関数になり，これを**見本過程** (sample process) という．

確率変数 $X(\omega)$ において，ほとんど全ての ω (すなわち $P_0(E) = 1$ となる $E(\in \mathcal{F}_0)$ が存在し，その E に属する全ての ω) に対してある事柄が成り立つとき，「**ほとんど確実に** (almost surely)」または「確率 1 をもって」といういい方をする．今考察している見本過程についてこの表現を用いれば，ほとんど全ての ω に対して $X(t,\omega)$ が (t について) 連続であるとき「ほとんど確実に連続である」という．また，ほとんど全ての ω に対して微分可能であるときを「ほとんど確実に微分可能」という．他にも可測などの場合についても「ほとんど確実に可測」などという．

確率過程 $X(t,\omega)$ が $\forall \varepsilon > 0$ に対して

$$\lim_{t \to t_0} P\left(\{\omega \mid |X(t,\omega) - X(t_0,\omega)| > \varepsilon\}\right) = 0 \tag{3.19}$$

となるとき，$t = t_0$ で**確率連続** (continuous in probability) であるという．全ての t について確率連続であるときを，単に確率連続であるという． □

見本過程は**標本過程**とも呼ばれ，また t の関数であることから**見本関数** (sample function)，**標本関数**，などとも呼ばれている．$X(t)$ の値の時刻 t による変化の様子を，粒子が時刻 t とともにランダムに動いていく経路とみなすこともあり，その意味で**標本路** (sample path) とも呼ばれる．確率過程によって表される情報とは，一般には確率分布の形で表されるが，見本過程とはその分布から実際に観測された系列のことである．その意味で，見本過程を**観測系列** (observed series) と呼んだり**時系列データ** (time series data) と呼んだりすることもある．

例題 3.4 時系列 $\{X_n(\omega_n) \mid n \in \{1, 2, \cdots, 300\}\}$ で，

3.1 確率過程とは

$$X_n \sim N(m_n, \sigma_n{}^2) \tag{3.20}$$

$$m_n = n/500 + 0.5 \tag{3.21}$$

$$\sigma_n{}^2 = 0.001 \tag{3.22}$$

の場合について見本過程を図示してみよ．

解答 $N(m_n, \sigma_n{}^2)$ を計算機で $n = 1, 2, \cdots, 300$ について作成して図示すれば，たとえば一つの見本過程は図 3.1 のようになる．

また，10 個の見本過程 $x_{n,k}\,(k = 1, 2, \cdots, 10)$ を重ねて表示すると，たとえば図 3.2 のようになる． □

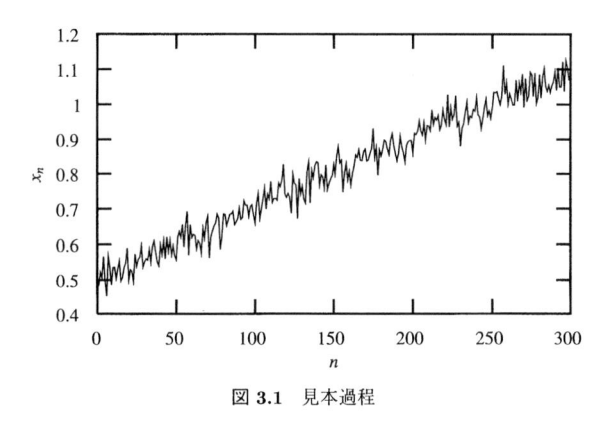

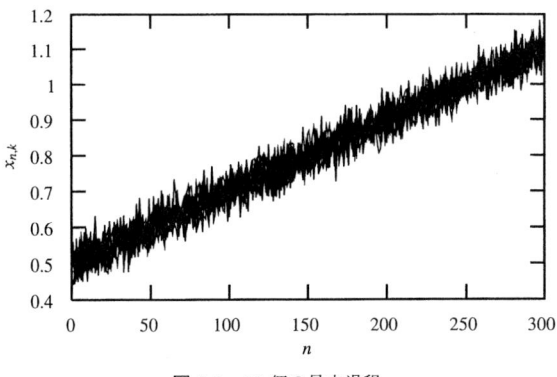

図 3.1 見本過程

図 3.2 10 個の見本過程

3.1.2 確率過程の分布

実際的な確率過程を扱う場面では，基本確率空間における確率測度よりも，確率変数の値域（以降，特に断らない限り実数集合を考える）における確率分布を最初に与えることの方が多い．ここからは確率変数 $X(t,\omega)$ の値域における分布に基づいた説明をすることにしよう．つまり，基本確率空間 $(\Omega_t, \mathcal{F}_t, P_t)$ の代わりに，確率変数の値域における確率空間 $(\Re, \mathcal{B}, P)$ を考えるのである．ここで $\mathcal{B}$ は，$(a, b]$ で表される（左開，右閉）区間を全て含む（最小の）完全加法族で，**ボレル集合体** (Borel field) と呼ばれる．$(\Re, \mathcal{B})$ 上で P を，これから説明するような方法で最初に与えることにより，基本確率空間を与えた場合と同様に確率過程を定めるのである．なお $(\Re, \mathcal{B})$ 上の確率測度 P を特に $\Re$（または $\mathcal{B}$）上で定義された X の**確率分布** (probability distribution) と呼ぶ．

最初に，これからの考察において有用な事実を，証明は省略して定理のみ示しておくことにする．

カラテオドリの拡張定理 (Carathèodory extension theorem)

$\mathcal{F}_0$ を Ω の部分集合からつくられた有限加法族とする．P^* を $\mathcal{F}_0$ 上で定義された有限加法性を持つ関数で，$E_i \in \mathcal{F}_0$ について $\cup_{i=1}^{\infty} E_i \in \mathcal{F}_0$ ならば $P^*(\cup_{i=1}^{\infty} E_i) = \sum_{i=1}^{\infty} P^*(E_i)$ であるとする．このとき完全加法族 $\mathcal{F} = \sigma(\mathcal{F}_0)$ 上で定義された確率 P で，全ての $E \in \mathcal{F}_0$ について $P(E) = P^*(E)$ を満たすものが一意に存在する． □

まずは離散時間確率過程 $\{X_n\}$ で，時間パラメータ n のとる値の集合が有限 $\mathcal{T} = \{1, 2, \cdots, N\}$ の場合について考える．なお確率変数 X_n は，さいころ投げのときのように離散的な値をとるのではなく，$X_n \in \Re$ と連続的な値をとる（すなわち，連続型確率変数であるとする）．カラテオドリの拡張定理によって，全ての有理数を端点として持つ左開右閉区間 $(p, q]$ からなる有限加法族を考え，これら全ての $(p, q]$ に対して関数 $P_n^*((p, q])$ を与えれば，$(\Re, \mathcal{B})$ 上の確率測度 P_n が一意に決定されることに注意しよう．この確率 $P_n((p, q])$ を，全ての時刻 $n \in \mathcal{T}$ について与える．また任意の 2 つの異なる時刻 $n_1, n_2 \in \mathcal{T}$ についても，同時確率 $P_{n_1, n_2}((p_1, q_1], (p_2, q_2])$ を与え，同様に，全ての $k \leq N$ について，任意の k 個の異なる時刻 $n_1, n_2, \cdots, n_k \in \mathcal{T}$ （通常 $n_1 < n_2 < \cdots < n_k$）に関しても，同時確率

$$P_{n_1,n_2,\cdots,n_k}((p_1,q_1],(p_2,q_2],\cdots,(p_k,q_k]) \qquad (3.23)$$

を与えることにより，確率過程 $\{X_n | n=1,2,\cdots,N\}$ の確率測度 P が定まる．

確率 P_n (もしくは関数 P_n^*) の定義の仕方として，区間 $(p,q]$ ごとにいちいち数値を割り当てるのでなく，確率分布関数 $F_n(x)$ (もしくは不連続点の数が高々可算個の右連続な非減少関数 $F_n^*(x)$) を与えることができる．また確率密度関数 $f_n(\cdot)$ (もしくは $(-\infty,x]$ で積分すると $F_n^*(x)$ が得られる被積分関数 $f_n^*(\cdot)$) が存在する場合には，$F_n(x)$ の代わりに $f_n(\cdot)$ ($F_n^*(x)$ の代わりに $f_n^*(\cdot)$) を与えることもできる．$f_n(\cdot)$ を先に与える場合には，次のような方法で関数 P を定める．時刻 n については

$$P_n((a,b]) = \int_a^b f_n(x)dx \qquad (3.24)$$

により得られる．また任意 k 時刻 (k は有限) $n_1,\cdots,n_k$ については $f_{n_1,\cdots,n_k}(x_1,\cdots,x_k)$ によって，

$$P_{n_1,\cdots,n_k}((a_1,b_1],\cdots,(a_k,b_k])$$
$$= \int_{a_k}^{b_k} \cdots \int_{a_1}^{b_1} f_{n_1,\cdots,n_k}(x_1,\cdots,x_k)dx_1\cdots dx_k \qquad (3.25)$$

となる．

時刻の集合 $\mathcal{T}$ が可算無限の場合 (たとえば $\mathcal{T}=\mathcal{Z}$ のとき) には，時刻の組合せ数が非可算無限となるため，有限の場合のように全ての時刻の組合せについて確率を列挙することができなくなる．しかし，有限個の時刻の集合における和集合演算を可算無限回行えば可算無限集合 $\mathcal{T}$ が得られることから，有限個の時刻の集合について P^* を与えておき，カラテオドリの拡張定理を使うことで可算無限個の時刻の集合 $\mathcal{T}$ についての確率 P が得られる．また連続時間確率過程の場合 (つまり $\mathcal{T}$ が非可算無限の場合) についても，連続型確率変数の確率を有理数を端点とする区間 $(p,q]$ の P^* から定めたのと同様にして，確率過程の確率 P を定めることができる．

確率過程の性質によっては，これら全ての確率分布をおのおの個別に与える必要はなく，一部の（比較的少数の）確率分布を与えてやれば，全ての場合が定まることもある．特に，我々が研究やシステム開発の対象とする確率過程に

は，そのようなケースが多い．たとえば4章で学ぶ線形定常過程の基礎となる白色ガウス雑音は，各時刻ごとに独立で同一の確率的規則に従う性質を持ち，一つの時刻の確率分布を与えてやればあとの全ての確率分布が定まる．これは先に述べたさいころ投げにおいて，各時刻における確率 P_n を与えれば，全ての時刻の組合せの確率が各時刻の確率の積という形で定まったのと同じである．また次章以降で述べる確率モデルの想定は，特定の時間差についての同時確率を定めることであり，少数の確率分布を定義として与えることで，確率過程を定めているのである．本章で後に学ぶマルコフ性は，過去から現在までの情報が与えられたもとでの将来の条件付き分布は，現在の情報のみが与えられたもとでの条件付き分布で記述できるということで，これも一部の確率を定めることで確率過程が定まるような性質の一つである．6章で学ぶさまざまな状態空間モデルは，このマルコフ性を利用しており，それらはたとえば音声信号処理，株価予測，プロセス制御などに広く応用されている．

3.1.3 確率過程の特性値

確率変数やその分布には，平均や分散などの，中心や広がりといった分布の概要を示す値があり，それらを**特性値** (characteristic value) という．確率過程 $X(t)$ においてもこれと同様に，いくつかの特性値を定義することができる．確率過程の場合には，時刻 t による確率変数の族となっているので，各時刻ごとの(一つの) 確率変数の特性値だけでなく，異なる時刻の複数の確率変数で特性値を定義することができる．ここでは代表的な特性値について学ぶことにしよう．

まず，ある特定の時刻 t についての特性値である平均や分散，**モーメント** (積率, moment) などを見てみよう．時刻 t における確率過程の平均 (期待値) を

$$\mathrm{E}[X(t)] = \int_{-\infty}^{\infty} x p_t(x) dx \tag{3.26}$$

で定義する ($p_t(\cdot)$ は $X(t)$ の確率密度関数). また分散は

$$\mathrm{Var}[X(t)] = \int_{-\infty}^{\infty} (x - \bar{x}_t)^2 p_t(x) dx \tag{3.27}$$

と定義する．ここで $\bar{x}_t = \mathrm{E}[X(t)]$ である．また分散についても $\sigma_t^2 = \mathrm{Var}[X(t)]$ と表記する．ここで，分散の平方根 $\sigma_t(>0)$ を**標準偏差** (standard deviation)

という.

　分散は平均からの差の2乗の期待値であるが，これを，2より大きい整数 r に対して一般化した r 乗の期待値

$$\mathrm{E}\left[(X(t)-\bar{x}_t)^r\right] = \int_{-\infty}^{\infty}(x-\bar{x}_t)^r p_t(x)dx \qquad (3.28)$$

を，**平均値まわりの r 次モーメント**または **r 次の中心モーメント** (r-th central moment) と呼ぶ．また

$$\mathrm{E}\left[X(t)^r\right] = \int_{-\infty}^{\infty} x^r p_t(x)dx \qquad (3.29)$$

を，**原点まわりの r 次モーメント** (r-th moment about the origin) または **r 次の絶対モーメント** (r-th absolute moment) と呼ぶ．

　モーメントについて若干説明をしておこう．簡単のため，時刻 t を固定して話をすすめることにして，$X(t)$ を単に確率変数 X と書くことにしよう．また r 次の絶対モーメントを m_r，r 次の中心モーメントを μ_r と表記する．これらの間には以下に示す関係があって，どちらか一方が求まれば，その関係を使ってもう一方が求まるようになっている．まず $m_1 = \mathrm{E}[X] = \bar{x}$ であるから，1次の絶対モーメント m_1 とは平均 $\bar{x}$ のことである．そして $\mu_1 = \mathrm{E}[X-\bar{x}] = \mathrm{E}[X] - \bar{x} = 0$ である．次に $m_2 = \mathrm{E}\left[X^2\right]$ であるが，

$$\mu_2 = \mathrm{E}\left[(X-\bar{x})^2\right] = \mathrm{E}\left[X^2\right] - \bar{x}^2 = m_2 - {m_1}^2 \qquad (3.30)$$

となることがわかる．より高次のモーメントについても，同様な方法で関係式を導くことができる．

　特性値には分布の概要を表すといった役割があるだけでなく，特別な場合には，特性値によって分布が定まることがある．つまり一般には確率分布関数や確率密度関数などの分布を規定する関数によって定義されるが，特殊な分布の場合には，特性値を与えることで分布を定義することができるのである．これを示すために，まず**積率母関数** (moment generating function) を

$$\mathrm{E}\left[e^{\lambda X}\right] \qquad (3.31)$$

と確率変数の指数関数の期待値で定義する．ここで $\lambda \in \Re$ とし，λ が原点を含

むある区間の値をとるときに $\left|\mathrm{E}\left[e^{\lambda X}\right]\right| < \infty$ が成り立つものとする．指数関数の部分を原点のまわりで級数展開すると

$$e^{\lambda x} = 1 + \frac{\lambda}{1!}x + \frac{\lambda^2}{2!}x^2 + \cdots + \frac{\lambda^n}{n!}x^n + \cdots \quad (3.32)$$

となるが，この期待値をとれば，$\lambda^n/n!$ の係数の部分 (x^n) は原点まわりの n 次のモーメントになることがわかる．積率母関数は，あらゆる確率変数に対して存在するとは限らないが，これを複素数に拡張した**特性関数** (characteristic function)

$$\mathrm{E}\left[e^{i\lambda X}\right] = \mathrm{E}\left[\cos(\lambda X)\right] + i\mathrm{E}\left[\sin(\lambda X)\right] \quad (3.33)$$

は，常に存在することが知られている．また特性関数は一意性を持つこと，つまり2つの確率変数 X と Y の分布が等しい場合にはそれらの特性関数も等しいという性質を持つことが知られている．よって全ての次数のモーメントを与えれば確率分布が一意に定まることになる．また，よく使われる確率分布では，比較的低い次数のモーメントのみで分布が定まるものが多い．たとえば正規分布では，2次までのモーメントで分布が確定する．

さて確率過程に話を戻すことにしよう．確率過程の場合には時刻の異なる確率変数の間の関係も分布の特徴としては重要なので，これらをなんらかの特性値で表すことが必要となる．異なる時刻の間で定義される特性値の代表例として，以下で定義する自己共分散と自己相関がある．一般に共分散とは，2つの確率変数 X と Y の間で定義されるが，確率過程 $X(t)$ の場合には，同じ系列の2つの異なる時刻 t_1 と t_2 との間で共分散が定義される．この，自己の系列の異なる時刻の間で定義される共分散のことを，**自己共分散** (autocovariance) と呼ぶ．

確率過程 $X(t)$ の2つの時刻 t_1 と t_2 における自己共分散は，

$$\begin{aligned}\mathrm{Cov}\left[X(t_1), X(t_2)\right] &= \mathrm{E}\left[(X(t_1) - \bar{x}_{t_1})(X(t_2) - \bar{x}_{t_2})\right] \\ &= \int_{-\infty}^{\infty}\int_{-\infty}^{\infty} (x_1 - \bar{x}_{t_1})(x_2 - \bar{x}_{t_2}) p_{t_1,t_2}(x_1, x_2) dx_1 dx_2 \quad (3.34)\end{aligned}$$

と計算する ($P_{t_1,t_2}(\cdot,\cdot)$ は $X(t_1), X(t_2)$ の同時分布の確率密度関数)．

2つの時刻 t_1, t_2 における自己共分散を t_1, t_2 での標準偏差の積 $\sigma_{t_1}\sigma_{t_2}$ で

割ったもの

$$\mathrm{Cor}\,[X(t_1),X(t_2)] = \frac{\mathrm{Cov}\,[X(t_1),X(t_2)]}{\sigma_{t_1}\sigma_{t_2}} \quad (3.35)$$

を t_1, t_2 における**自己相関** (autocorrelation) という．このように標準偏差の積で割ることで，自己相関はとる値の範囲が $[-1,1]$ に正規化される．

同様にして，異なる時刻の間の**同時モーメント** (product moment) という特性値も定義できる．任意の異なる時刻 $t_1, t_2, \cdots, t_k$ の間において，自然数の組 $m_1, m_2, \cdots, m_k$ について，

$$\mathrm{E}\,[X(t_1)^{m_1} X(t_2)^{m_2} \cdots X(t_k)^{m_k}] \quad (3.36)$$

と，時刻 $t_1, t_2, \cdots, t_k$ における $(m_1, m_2, \cdots, m_k)$ 次の同時 (中心) モーメントを定義する．

確率過程の特性値の時間的連続性に関する性質の，一つの代表例を見てみよう．連続時間確率過程 $X(t)$ において，

$$\lim_{h \to 0} \mathrm{E}\left[|X(t+h) - X(t)|^2\right] = 0 \quad (3.37)$$

が成り立つとき，$X(t)$ は時刻 t において**平均連続** (continuous in the mean) であるという．

3.1.4 確率過程の例

基本的な確率過程の例をいくつかあげよう．

a. 白色雑音

離散時間の場合をまず考えよう．確率過程を W_n と表し，$\mathrm{E}\,[W_n] = 0$, $\mathrm{Var}\,[W_n] = \sigma^2$ であるとする．各時刻の分布の間に相関がない場合，すなわち

$$\mathrm{E}\,[W_n \, W_m] = 0, \quad n \neq m \quad (3.38)$$

のとき，W_n を**白色雑音** (white noise) と呼ぶ．白色と呼ばれる理由は詳しくは後述するが，スペクトルの成分が光の白色光のように均一だからである．

次に連続時間の場合についても，同様な白色雑音の定義を与えることにしよう．

$$\mathrm{E}\,[W(t)] = 0 \quad (3.39)$$

$$\mathrm{E}\left[W(t+dt)\,W(t)\right] = \delta(dt) \tag{3.40}$$

ただし，$\delta(\cdot)$ はディラックのデルタ関数 (Dirac δ-function) で，次の性質を持つものとする．

$$\delta(t) = 0, \qquad t \neq 0 \tag{3.41}$$

$$\int_{-\infty}^{\infty} \delta(t)dt = 1 \tag{3.42}$$

$$\int_{-\infty}^{\infty} f(t)\delta(t-\tau)dt = f(\tau) \tag{3.43}$$

つまり，直観的には $t=0$ で $\delta(t)$ は無限大の値をとり，その他では0をとるような面積1の関数と考えてよい．

また，次の2条件を満たす確率過程 $W_A(t)$ を **δ 相関過程**という．

$$\mathrm{E}\left[W_A(t)\right] = 0 \tag{3.44}$$

$$\mathrm{E}\left[W_A(t+dt)\,W_A(t)\right] = |A(t)|^2 \delta(dt) \tag{3.45}$$

これと白色雑音を比べると，同じ時刻の間でしか相関を持たない点は同じであるが，相関の値が時刻ごとに異なる点が白色雑音と違う点である．

白色雑音は，確率過程の基礎となるものである．時系列データから情報を取り出そうとするとき，**白色化** (whitening) が行われる．

b. ガウス過程

全ての有限な整数 $k>0$ に対し，任意の $t_1, t_2, \cdots, t_k$ について $(X(t_1), X(t_2), \cdots, X(t_k))$ が k 次元正規分布 (**ガウス分布** (Gaussian distribution) とも呼ばれる) に従う場合，確率過程 $X(t)$ を**ガウス過程** (Gaussian process) という．

ガウス過程 $X(t)$ が白色雑音でもある場合を**白色ガウス雑音** (Gaussian white noise) という．この場合には，確率密度関数について

$$p_{t_1,t_2,\cdots,t_k}(x_1, x_2, \cdots, x_k) = p_{t_1}(x_1)p_{t_2}(x_2)\cdots p_{t_k}(x_k) \tag{3.46}$$

のように，各時刻ごとの独立性が成立する．白色ガウス雑音は，各時刻 t の値 $X(t)$ が独立で同一な分布に従っている確率過程の一つである．

独立で同一な分布に従う (independent and identically distributed, 略して

i.i.d.) という仮定は統計的推測の議論でよく使われる．独立で同一な分布 P に従う N 個の確率変数 $X_1, X_2, \cdots, X_N$ があるとき，$\boldsymbol{X} = (X_1, X_2, \cdots, X_N)$ を分布 P からの**大きさ N のランダム標本** (random sample of size N) という．ランダム標本は，母集団に関する統計的推測をする場合によく使われるが，確率過程においては，異なる時刻間がランダム標本のように独立になるのは特別な場合であって，独立でない場合を主に扱い，むしろ独立でない性質を積極的に用いる．

　独立な性質を持つ白色ガウス雑音は，4章で述べる線形システムによる定常線形過程においては，独立でない分布を構成するための基礎となる確率過程である．正規分布に従う確率変数は，線形の演算を施した結果もやはり正規分布に従うという正規分布の**再生性** (reproductivity) がある．白色ガウス雑音を入力とする線形システムでは，入力された確率変数に線形な演算が施されて出力されるので，出力側に現れる分布が全て正規分布になる．現れる分布が正規分布だけであれば，理論的考察がしやすい．白色ガウス雑音は，このような解析的な理論を構築するうえで都合のよい性質を持っている．

c. 直交増分過程

時間の区間 $[t_1, t_2]$ について，差 (増分という)

$$X(t_2) - X(t_1)$$

を考える．ここで分散 $\mathrm{Var}[X(t_2) - X(t_1)]$ は有限であるとしよう．$[t_1, t_2]$ と (端点以外では) 重ならない区間を $[t_3, t_4]$ とする (たとえば $t_1 < t_2 \leq t_3 < t_4$ など)．(端点以外では) 重ならない区間では増分に相関がない，すなわち

$$\mathrm{E}\left[(X(t_4) - X(t_3))(X(t_2) - X(t_1))\right] = 0$$

と，自己共分散が 0 である確率過程を**直交増分過程** (orthogonal increments process) という．直交と呼ぶ理由は，共分散の計算はベクトルの内積と似たような性質を持つので，共分散＝0 は内積＝0 すなわち直交と似たものとして扱われるからである．

　白色雑音を積分して得られる

$$D(t) = \int_0^t W(s)ds \tag{3.47}$$

は直交増分過程である．この期待値と自己共分散はそれぞれ次のようになる．

$$\mathrm{E}\left[D(t)\right] = 0 \tag{3.48}$$

$$\mathrm{E}\left[D(t+dt)D(t)\right] = t \tag{3.49}$$

すなわち，分散は重なり合う時間 t に依存して大きくなる ($dt \geq 0$ とする)．
また次の確率過程を**重み付き直交増分過程**という．

$$Z(t) = \int_0^t W_A(s)ds \tag{3.50}$$

この期待値と自己共分散はそれぞれ次のようになる．

$$\mathrm{E}\left[Z(t)\right] = 0 \tag{3.51}$$

$$\mathrm{E}\left[Z(t+dt)Z(t)\right] = \int_0^t |A(s)|^2 ds \tag{3.52}$$

d. マルコフ過程

確率過程を定めるための確率密度関数が

$$p(x_{n+1}|x_n, x_{n-1}, x_{n-2}, \cdots) = p(x_{n+1}|x_n) \tag{3.53}$$

の性質を持つとき，これを**マルコフ性** (Markov property) と呼ぶ．この性質は，過去から現在までの時系列が与えられたもとでの将来 $n+1$ の条件付き分布が，現在 n の情報のみが与えられた条件付き分布と等しくなるということである．つまりマルコフ性とは，過去から現在までの系列から得られる将来の情報が，現在に全て集約されているということを意味している．

マルコフ性を持つ確率過程を，**マルコフ過程** (Markov process) と呼ぶ．マルコフ過程の場合には，条件付き確率の定義に従って，$X_1, X_2, \cdots, X_N$ の同時分布の確率密度関数を次のように表すことができる．

$$p(x_1, x_2, \cdots, x_N) = p(x_1)p(x_2|x_1)p(x_3|x_2)\cdots p(x_N|x_{N-1}) \tag{3.54}$$

e. ブラウン運動 (ウイナー過程)

W_n を各時刻の分布が独立なガウス過程 (白色ガウス雑音) とするとき，

$$X_n = X_{n-1} + W_n, \qquad X_0 = x_0 \tag{3.55}$$

を満たす確率過程 X_n をブラウン運動 (Brownian motion) またはウイナー過程 (Wiener process) という．ここで x_0 は適当な初期値である．1 章で少し述べたように，水中の花粉，線香や煙草の煙などの粒子のランダムな動きはブラウン運動である．ブラウン運動は，X_n が粒子の位置を表すものとして，初期位置 x_0 から粒子がランダムに動いていく様子をモデル化したものである．

ブラウン運動は，マルコフ性を持つ確率過程である．なぜなら，白色ガウス雑音の平均を 0，分散を σ^2 とすると，X_{n-1} の値が $X_{n-1} = x_{n-1}$ と与えられれば，X_n の条件付き分布 $p(x_n|x_{n-1},x_{n-2},\cdots,x_1)$ は平均 x_{n-1}，分散 σ^2 の正規分布となる．これは，$n-2$ 以前の確率過程の値には依存しない分布であり，$p(x_n|x_{n-1},x_{n-2},\cdots,x_1) = p(x_n|x_{n-1})$ となっている．

つまりブラウン運動では，式 (3.55) から条件付き確率 $p(x_n|x_{n-1})$ が定まり，これにより式 (3.54) 右辺に現れる全ての条件付き確率が定まることになる．よって式 (3.54) 左辺の任意の同時分布が全て定義される．これにより，式 (3.25) に示した確率過程の確率分布が定義されたことになる．

f. ポアソン過程

確率過程のとる値が離散的な場合について，さいころ投げ以外の，より実際的なものを少し説明しよう．そのような場合の代表例として，「電話がかかってくる」や「事故が起こる」などの確率的に起こる事象の生起回数を数えた，**計数過程** (counting process) がある．計数過程を $N(t)$ で表すことにしよう．$N(t)$ は，時刻 0 から t までの間に，着目している事象が起こった回数を表す．よって $N(t)$ のとる値は非負整数値である．事象の生起が確率的に起こるので計数過程 $N(t)$ は確率過程であり，その値は非負整数値という離散的なものである．

事象の起こる時間間隔がランダムで，互いに独立であるとしよう．その確率分布は時刻によらず一定と仮定する．すなわち，事象の起こる時間間隔は互いに独立な同一分布に従うと仮定する．この性質を持つ確率過程を**更新過程** (renewal process) という．つまり，ある事象，たとえば故障などが起こる確率は，時間とともに変化していく．しかし一旦事象が起こったら，次の事象の起こる確率は，その時刻を基準として再び時間とともに変化していく．時間的な生起確率の変化の仕方は，基準となる時刻が異なるものの，各事象ごとに同一の分布に従っている．

事象の起こる時間間隔を表す確率分布の一つとして，指数分布 $\mathrm{Ex}(\lambda)$ がある．時間間隔を t で表すとき，指数分布の密度関数は

$$f(t) = \lambda e^{-\lambda t} \tag{3.56}$$

で表される．事象の起こる時間間隔が指数分布 $\mathrm{Ex}(\lambda)$ に従う場合，時刻 t までの間に起こる事象の回数の分布は，ポアソン分布 $\mathrm{Po}(\lambda)$ に従うことが導出できる．時刻 0 から時刻 t までの間に事象の起こる回数を k とするとき，ポアソン分布の確率関数は次式で表される．

$$P(k) = e^{-\lambda t} \frac{(\lambda t)^k}{k!} \tag{3.57}$$

この，事象の起こる時間間隔が指数分布に従う計数過程を，**ポアソン過程** (Poisson process) という．

ポアソン過程は，「事故の発生」や「電話がかかってくる」等の生起確率の小さな事象について，実際の現象をあてはまりよく説明するモデルである．これは次の性質からも確かめることができる．着目している事象が生起した場合には 1 をとり，生起しない場合には 0 をとる確率変数の列 X_n を考えよう．着目している事象としては，先に例示した事故の発生や電話の呼び出しでもよいし，宝くじが当たる，などでもよい．$X_1, X_2, \cdots, X_n$ は互いに独立で，1 の出る確率が p（0 の出る確率が $1-p$）の，同一な分布に従うとする．つまり，$X_1, \cdots, X_n$ のうち値が 1 のものの数を k とすると，k は二項分布 $B(n, p)$ に従う．二項分布の確率関数は

$$P(k) = \begin{pmatrix} n \\ k \end{pmatrix} p^k (1-p)^{n-k} \tag{3.58}$$

である．ところで，着目している事象の生起確率 p は非常に小さい．非常にたくさんの試行をしてみないと，そういった事象は起こらないであろう．よって試行の回数 n は必然的に大きくなる．1 章でも述べたように，確率 p が小さいとき，$\lambda = np$ を一定に保ったまま n を大きくしていくと，二項分布の確率関数 (3.58) はポアソン分布の確率関数 (3.57) に収束することが示せる．

またポアソン過程における事象の生起する時間間隔 D は指数分布に従うが，

これには次のおもしろい性質がある．ある時刻 t_0 まで事象が生起しなかったとき，さらに時間 δt だけ観測を続行したとしよう．このとき

$$P(D > t_0 + \delta t | D > t_0) = P(D > \delta t) \qquad (3.59)$$

が成り立つ．つまり，時刻 t_0 まで観測したこととは無関係で，観測した時間 δt だけに依存して生起確率が決まるという性質がある．この性質を，指数分布の**無記憶性**と呼んでいる．これは，指数分布はマルコフ性を持つということを示している．

3.2 定常過程

確率過程によって表される情報は非常に幅広く，それら全てについて成り立つ性質は非常に限られたものとなる．よって全ての確率過程に対して適用可能な解析の方法論を考えようとしても，利用できる性質が乏しいため，有用なものを得るのは難しい．これは実システムを対象とする場合には，何の仮定もおかずに予測や制御を行うことは非常に難しいという事実に対応している．よって実際上は，対象にある種の仮定を課し，つまり確率過程を特定のクラスに限定し，そこで得られるさまざまな性質に基づいた予測や制御などの方法を考えることになる．ここでは確率過程を定常というクラスに限定して，その性質を見ることにする．

3.2.1 定常性の定義

定常性 (stationarity) という考え方は，確率過程の確率的な性質が時間的に変化しないことをいう．確率的な性質は確率分布によって定まるので，確率分布が時間的に変化しないという性質を**強定常性** (strongly stationarity) という．確率過程が強定常性を満たすとき，その確率過程は**強定常** (strongly stationary) であるといい，強定常な確率過程を**強定常過程** (strongly stationary process) という．より厳密な定義としては，確率過程の分布が時刻の移動に関して変化しない場合，すなわち，任意の k 時刻 $t_1, t_2, \cdots, t_k$ と時間間隔 τ について，確率密度関数が

$$p_{t_1+\tau, t_2+\tau, \cdots, t_k+\tau}(x_{t_1}, x_{t_2}, \cdots, x_{t_k})$$
$$= p_{t_1, t_2, \cdots, t_k}(x_{t_1}, x_{t_2}, \cdots, x_{t_k}) \tag{3.60}$$

となる場合を強定常という．この場合には，確率密度関数は時間によらず同じになるので，$p(x_{t_1}, x_{t_2}, \cdots, x_{t_k})$ のように書くことができる．なお，モーメントが全て定まれば確率分布が一意に決まることから，確率過程の高次のモーメントや同時モーメント全てが時刻の移動に関して変化しないときは強定常過程である．

実システムを扱うような実際的な場面を考えると，強定常過程が表す確率過程のクラスはやや狭すぎる．定常性の条件をもう少し緩和して，もっと広いクラスを扱うことが望ましい．もう少しゆるい条件として，r 次のモーメントまでが時間的に変化しないというものを考えることができよう．この性質を **r 次定常性** (stationarity to r-th order) といい，確率過程がこれを満たす場合を **r 次定常** (stationary to order r) という．確率過程が r 次定常のときを **r 次定常過程** (stationary process to order r) と呼ぶことにする．なお r 次定常過程であれば，$1 \leq k \leq r$ となる全ての k について k 次定常であることに注意しよう．また r 次定常で，$(r+1)$ 次定常でない確率過程を **r 次までの定常過程** (stationary process up to order r) といい，r 次定常過程と区別して呼ぶことにする．

> よく使われる定常過程として二次定常過程があり，これを特に**弱定常過程** (weakly stationary process) という．つまり弱定常過程とは，平均，分散，および自己共分散が時刻の移動に関して変化しない
>
> $$\mathrm{E}[X(t)] = \mathrm{E}[X(t+\tau)] \tag{3.61}$$
> $$\mathrm{Var}[X(t)] = \mathrm{Var}[X(t+\tau)] \tag{3.62}$$
> $$\mathrm{Cov}[X(t_1+\tau), X(t_2+\tau)] = \mathrm{Cov}[X(t_1), X(t_2)] \tag{3.63}$$
>
> という条件を満たす確率過程をいう．またこの条件を**弱定常性の条件** (condition for weakly stationarity) と呼ぶことにしよう．

なお定義から，確率過程が強定常で平均や分散が存在する場合には，弱定常

性の条件を満たすことがわかる．また一般に，単に定常過程といった場合には，弱定常過程のことを指す．

例題 3.5 白色雑音 W_n は定常過程か．

解答 $\mathrm{E}[W_n] = 0$, $\mathrm{Var}[W_n] = \sigma^2$, および $\mathrm{E}[W_n W_m] = 0\,(n \neq m)$ という性質を持つのが白色雑音である．これらは，平均，分散，共分散が時間的に変わらないという弱定常性の条件を満たすことを表している．よって白色雑音は弱定常過程である．□

例題 3.6 ブラウン運動は定常過程か．

解答 ブラウン運動は $X_n = X_{n-1} + W_n$ で表される確率過程である．初期値 $X_0 = x_0$ は定数であるとすると，$X_n = \sum_{j=1}^{n} W_j + x_0$ と書ける．よってブラウン運動の期待値は $\mathrm{E}[X_n] = x_0$ となる．一方，分散は $\mathrm{Var}[X_n] = \sum_{j=1}^{n} \sigma^2$ となり，時間とともに増えていく．これからブラウン運動は定常過程ではないことがわかる．□

定常過程の例をいくつか示そう．

a. 定常ガウス過程

任意の k について，$p(x_{t_1}, x_{t_2}, \cdots, x_{t_k})$ が k 次元正規分布に従う場合をガウス過程ということは 3.1.4 項で述べた．また正規分布は平均と分散および共分散のみで特徴づけられることを 3.1.3 項で述べた．これらのことから，ガウス過程の場合には，弱定常性の条件式 (3.61)〜(3.63) を満たせば強定常であることがわかる．つまりガウス過程においては，強定常と弱定常とは同じことである．しかし一般の分布の場合には，弱定常性の条件を満たしても，強定常であるとは必ずしもいえない．

b. 調和過程

位相 ϕ を $(-\pi, \pi)$ の一様分布に従う確率変数とし，角周波数 θ が定数である振動の確率過程 $V(t) = \cos(\theta t + \phi)$ は定常過程である．なぜならその期待値は

$$\mathrm{E}[V(t)] = \frac{1}{2\pi} \int_{-\pi}^{\pi} \cos(\theta t + \phi) d\phi = 0 \qquad (3.64)$$

と時間に関して一定であり，また共分散は

$$\begin{aligned}
\mathrm{Cov}[V(t+\tau), V(t)] &= \frac{1}{2\pi}\int_{-\pi}^{\pi}\cos(\theta(t+\tau)+\phi)\cos(\theta t+\phi)d\phi \\
&= \frac{1}{4\pi}\int_{-\pi}^{\pi}\{\cos(2\theta t+\theta\tau+2\phi)+\cos(\theta\tau)\}d\phi \\
&= \frac{\cos(\theta\tau)}{4\pi}\int_{-\pi}^{\pi}d\phi = \frac{1}{2}\cos(\theta\tau) \quad (3.65)
\end{aligned}$$

となり,これも時間的に一定である.よって $V(t)$ は定常過程であることがわかる.

またこの性質を持つ振動の線形結合

$$X(t) = \sum_{j=1}^{n}A_j\cos(\theta_j t+\phi_j) \quad (3.66)$$

を**調和過程** (harmonic process) という.ここで振幅 A_j および角周波数 $\theta_j\,(j=1,2,\cdots,n)$ は定数であり,位相 $\phi_j\,(j=1,2,\cdots,n)$ はそれぞれ $(-\pi,\pi)$ の一様分布に従う確率変数である.調和過程も定常過程であることが示せる.

c. 一般線形過程

白色ガウス雑音 W_n の線形結合

$$X_n = \sum_{j=0}^{\infty}g_j W_{n-j} \quad (3.67)$$

を**一般線形過程** (general linear process) という.$\sum_{j=0}^{\infty}|g_j|<\infty$ のときには一般線形過程は定常である.なぜならその期待値は

$$\mathrm{E}[X_n] = \sum_{j=0}^{\infty}g_j \mathrm{E}[W_{n-j}] = 0 \quad (3.68)$$

と時間的に不変であり,かつ共分散は

$$\begin{aligned}
\mathrm{Cov}[X_{n+\tau}, X_n] &= \mathrm{E}\left[\left(\sum_{j=0}^{\infty}g_j W_{n+\tau-j}\right)\left(\sum_{k=0}^{\infty}g_k W_{n-k}\right)\right] \\
&= \sum_{j=0}^{\infty}\sum_{k=0}^{\infty}g_j g_k \mathrm{E}[W_{n+\tau-j}W_{n-k}] \\
&= \sigma^2 \sum_{j=0}^{\infty}g_j g_{j-\tau} \quad (3.69)
\end{aligned}$$

3.2.2 自己共分散関数

> 定常過程の場合,$X(t)$ の期待値は時刻 t に依存せず同じである.よって t に依存しない量 μ を用いて
>
> $$\mathrm{E}\,[X(t)] = \mu \tag{3.70}$$
>
> と書くことができる.μ を定常過程の**平均** (mean) と呼ぶ.
>   分散についても同様で,t に依存しない量 σ^2 を用いて
>
> $$\mathrm{Var}\,[X(t)] = \sigma^2 \tag{3.71}$$
>
> と書くことができ,σ^2 を定常過程の**分散** (variance) と呼ぶ.また分散の平方根 $\sigma\,(>0)$ を定常過程の標準偏差という.

> 定常過程においては,自己共分散 $\mathrm{Cov}\,[X(t_1), X(t_2)]$ も時刻 t_1, t_2 の値自体には依存せず,その時間差 $\tau = t_1 - t_2$ のみに依存する量である.これを τ の関数とみなして
>
> $$C(\tau) = \mathrm{Cov}\,[X(t+\tau), X(t)] \tag{3.72}$$
>
> と書き,これを**自己共分散関数** (autocovariance function) と呼ぶ.なお定義から,$C(0) = \sigma^2$ である.

同様に,$X(t+\tau)$ と $X(t)$ との相関係数は

$$\frac{\mathrm{Cov}\,[X(t+\tau), X(t)]}{\sqrt{\mathrm{Var}\,[X(t+\tau)]\,\mathrm{Var}\,[X(t)]}} = \frac{C(\tau)}{C(0)} \tag{3.73}$$

となり,時間差 τ のみに依存する関数になっている.これを特に

$$R(\tau) = \frac{C(\tau)}{C(0)} \tag{3.74}$$

と記し,$R(\tau)$ を**自己相関関数** (auto-correlation function) と呼ぶ.
  自己共分散関数 $C(\tau)$ の性質を見てみよう.

i) $C(\tau)$ は偶関数である．すなわち $C(\tau) = C(-\tau)$．
ii) $|C(\tau)| \leq C(0)$．
iii) $C(\tau)$ は非負定値である．
iv) $C(\tau)$ が $\tau = 0$ において連続ならば，$X(t)$ は任意の t について平均連続である．またその逆も成り立つ．
v) $C(\tau)$ が $\tau = 0$ において連続であるならば，$C(\tau)$ は任意の τ においても連続である．

これらの性質は，以下のように示すことができる．なお簡単のため時系列の平均を 0 とするが，平均が 0 でない場合も同様にして証明することができる．

i) 偶関数であることは，
$$C(-\tau) = \text{Cov}\,[X(t-\tau), X(t)] = \text{Cov}\,[X(t), X(t-\tau)]$$
$s = t - \tau$ とおくと，
$$C(-\tau) = \text{Cov}\,[X(s+\tau), X(s)] = C(\tau) \tag{3.75}$$
が得られる．

ii) シュワルツの不等式 (Schwarz's inequality)
$$|\text{E}\,[XY]| \leq \sqrt{\text{E}\,[X^2]\,\text{E}\,[Y^2]} \tag{3.76}$$
において，$X = X(t)$，$Y = X(t+\tau)$ とおけばよい．

iii) $C(\tau)$ が非負定値であるという意味は，任意の k について，任意の時刻 $t_1, t_2, \cdots, t_k$ をとり，自己共分散関数 $C(t_i - t_j)$ を i 行 j 列要素とする行列 $\boldsymbol{C}$ をつくると，$\boldsymbol{C}$ が非負定値となる，ということである．つまり任意の (全てが 0 ではない) 実数 $u_1, u_2, \cdots, u_k$ に対して
$$\sum_{i=1}^{k}\sum_{j=1}^{k} C(t_i - t_j) u_i u_j \geq 0 \tag{3.77}$$
となるとき，$C(\tau)$ が非負定値であるという．これは次のようにして示せる．
$$\sum_{i=1}^{k}\sum_{j=1}^{k} C(t_i - t_j) u_i u_j = \sum_{i=1}^{k}\sum_{j=1}^{k} \text{E}\,[X(t_i) X(t_j)]\, u_i u_j$$

$$
= \mathrm{E}\left[\sum_{i=1}^{k}\sum_{j=1}^{k}X(t_i)X(t_j)u_iu_j\right]
$$
$$
= \mathrm{E}\left[\left(\sum_{i=1}^{k}X(t_i)u_i\right)\left(\sum_{j=1}^{k}X(t_j)u_j\right)\right]
$$
$$
= \mathrm{E}\left[\left|\sum_{i=1}^{k}X(t_i)u_i\right|^2\right] \geq 0 \quad (3.78)
$$

iv) まず $C(\tau)$ が $\tau = 0$ において連続の場合には,

$$
\begin{aligned}
&\lim_{h \to 0} \mathrm{E}\left[|X(t+h) - X(t)|^2\right] \\
&= \lim_{h \to 0} \mathrm{E}\left[X(t+h)^2 - 2X(t+h)X(t) + X(t)^2\right] \\
&= \lim_{h \to 0} \mathrm{E}\left[X(t+h)^2\right] - 2\lim_{h \to 0}\mathrm{E}\left[X(t+h)X(t)\right] + \mathrm{E}\left[X(t)^2\right] \\
&= 2C(0) - 2\lim_{h \to 0} C(h) \\
&= 0 \quad\quad\quad\quad\quad\quad\quad\quad\quad\quad\quad\quad\quad\quad\quad\quad (3.79)
\end{aligned}
$$

となり, $X(t)$ が任意の t において平均連続であることがわかる.

次に $X(t)$ が, ある t について平均連続の場合には

$$
\begin{aligned}
|C(\tau) - C(0)| &= \left|\ \mathrm{E}\left[X(t+\tau)X(t)\right] - \mathrm{E}\left[X(t)^2\right]\ \right| \\
&= \left|\ \mathrm{E}\left[\ \{X(t+\tau) - X(t)\}X(t)\right]\ \right|
\end{aligned}
$$

ここでシュワルツの不等式を適用して

$$
\begin{aligned}
&\leq \sqrt{\mathrm{E}\left[\{X(t+\tau) - X(t)\}^2\right]\mathrm{E}\left[X(t)^2\right]} \\
&= \sqrt{\mathrm{E}\left[\{X(t+\tau) - X(t)\}^2\right]C(0)} \quad (3.80)
\end{aligned}
$$

となり, $\tau \to 0$ のときに 右辺 $\to 0$ であるから, 逆も成り立つことが示せた. なお, この結果から, 定常過程 $X(t)$ がある t について平均連続であるならば, 任意の t について平均連続であることがわかる.

v) $C(\tau)$ が $\tau = 0$ において連続ならば, 性質 iv) から, $X(t)$ は任意の t に

ついて平均連続である．よって $X(t)$ は $t+\tau$ においても平均連続であり，また

$$
\begin{aligned}
&|C(\tau') - C(\tau)| \\
&= \left| \mathrm{E}\left[X(t+\tau')X(t)\right] - \mathrm{E}\left[X(t+\tau)X(t)\right] \right| \\
&= \left| \mathrm{E}\left[\{X(t+\tau') - X(t+\tau)\}X(t)\right] \right| \\
&\leq \sqrt{\mathrm{E}\left[\{X(t+\tau') - X(t+\tau)\}^2\right] \mathrm{E}\left[X(t)^2\right]}
\end{aligned}
\quad (3.81)
$$

となることから，$\tau' \to \tau$ のときに $C(\tau') \to C(\tau)$ が示せた．□

3.2.3 標本平均と標本自己共分散

定常確率過程において，その期待値や分散，共分散などの特性値は時刻によらず一定である．そして，これらの特性値により確率過程の特性を把握することができるから，それらの値を知ることは重要である．特性値は，確率過程の分布がわかっている場合には積分により求めることができるが，一般に分布は未知であるから，時系列データからこれらの特性値を推定する必要がある．

平均を例にとると，時刻 t における $X(t)$ に着目して

$$\mathrm{E}\left[X(t)\right] = \mu \quad (3.82)$$

を推定するためには，時刻 t の実現値をたくさん観測してそれらの算術平均の極限をとると，

$$\lim_{n \to \infty} \frac{1}{n} \sum_{i=1}^{n} x_i(t) = \mu \quad (3.83)$$

のように，平均 μ と一致することが**大数の法則** (law of large numbers) からわかっている．しかし現実的な状況では，同じ時刻の観測が複数得られることはまれであって，一つの見本過程が得られているだけというのが一般的であろう．よって，同じ時刻の観測の算術平均を用いるのはあまり現実的でない．しかし観測系列の時間的な平均

$$\frac{1}{n} \sum_{i=1}^{n} x_i \quad (3.84)$$

ならば，一つの見本過程から計算することができるので，その観測数を増やし

て $n \to \infty$ としたときの極限で平均が推定できるならば,現実的な状況において好都合である.

これら2種類の平均にはそれぞれ名前がつけられている.時系列 $\{X_n\}$ のある時刻 n における期待値 $\mathrm{E}[X_n]$ を,その時刻における**空間平均**もしくは**アンサンブル平均** (ensemble mean) と呼び,時系列の一つの実現値 $x_1, x_2, \cdots, x_N$ に対する平均 $\hat{\mu}_x = (1/N) \sum_{k=1}^{N} x_k$ を,その実現値の**時間平均** (time mean) と呼ぶ.上で述べたことをこれらの呼び名を使っていい直すと,もし定常過程において空間平均と時間平均が一致すれば,観測した時系列データから時間平均を計算して,それを空間平均とみなすことが可能になり都合がよいということになる.この,空間平均と時間平均とが一致するという性質を,**エルゴード性** (ergodicity) といい,より正確には次のように定義する.

任意個数 n の任意の時刻 $t_1, \cdots, t_n$ について,時系列 $\{X_t\}$ の連続関数による変換 $G(X) = G(X_{t_1}, \cdots, X_{t_n})$ を考える.また,時刻をずらす演算子 U_t を $U_t G(X) = G(X_{t_1-t}, \cdots, X_{t_n-t})$ と定義する.関数 $G(X)$ による変換について,空間平均 $\mathrm{E}[G(X)]$ および時間平均 $(1/N) \sum_{k=1}^{N} G(U_k X)$ が定義できる.時間平均で $N \to \infty$ としたときの極限と空間平均とが,任意の G について一致するとき,時系列 $\{X_n\}$ は**エルゴード性を持つ** (ergodic) という.多くの現象から観測される定常な信号は,エルゴード性を持つと考えられている.

定常過程にエルゴード性を仮定したときの特性値の推定量として,以下のものがある.簡単のため,有限個の時系列 $\mathbf{X}_N = \{X_1, X_2, \cdots, X_N\}$ を考えることにする.

定常過程の平均の推定値として,**標本平均** (sample mean) を

$$\hat{\mu} = \frac{1}{N} \sum_{n=1}^{N} X_n \tag{3.85}$$

と定義する.また分散の推定値として,**標本分散** (sample variance) を

$$\hat{\sigma}^2 = \frac{1}{N} \sum_{n=1}^{N} (X_n - \hat{\mu})^2 \tag{3.86}$$

と定義する.

X_n が独立で同一な分布に従う場合には，標本平均と標本分散は，それぞれ平均と分散の最尤推定量である (最尤推定については 5 章で詳しく述べる). 推定量に対して望ましい性質の一つに，**不偏性** (unbiasedness) がある. 不偏性とは，あるパラメータ θ の推定量 $T_\theta(\mathbf{X})$ の期待値 $\mathrm{E}[T_\theta(\mathbf{X})]$ が，パラメータの真の値 θ_0 に等しいという性質である. 標本分散は最尤推定量であるが，不偏性は持たない. 不偏性を持つ分散の推定量として，**不偏分散** (unbiased estimate of variance)

$$\hat{\sigma}_U^2 = \frac{1}{N-1} \sum_{n=1}^{N} (X_n - \hat{\mu})^2 \tag{3.87}$$

がある. また標本分散および不偏分散の平方根により，標準偏差の推定量として**標本標準偏差** (sample standard deviation) $\hat{\sigma}$ および不偏性を持つ標準偏差の推定量 $\hat{\sigma}_U$ が定義できる.

定常過程の自己共分散関数の推定値として，**標本自己共分散関数** (sample autocovariance function) を

$$\hat{C}_\tau = \frac{1}{N} \sum_{n=1}^{N-|\tau|} (X_n - \hat{\mu})(X_{n+|\tau|} - \hat{\mu}) \tag{3.88}$$

と定義する.

ここで和をとる項の総数は $N - |\tau|$ であるが，それをデータ数 N で割っている. このように定義した自己共分散の推定量 $\hat{C}_\tau$ には不偏性がない. しかし自己共分散関数 C_τ が持っている望ましい性質である非負定値性が $\hat{C}_\tau$ にはある. 不偏性を持つ自己共分散の推定量として

$$\hat{C}_\tau^* = \frac{1}{N-|\tau|} \sum_{n=1}^{N-|\tau|} (X_n - \hat{\mu})(X_{n+|\tau|} - \hat{\mu}) \tag{3.89}$$

がある. しかし $\hat{C}_\tau^*$ は不偏性を持つものの，非負定値性を持たない. 非負定値性を持つ方が，後で述べるスペクトルの推定において都合がよいので，$\hat{C}_\tau$ の方が広く使われている.

標本自己共分散および不偏性を持つ標本自己共分散から，自己相関関数の推

定量として，**標本自己相関関数** (sample autocorrelation function) が

$$\hat{R}_\tau = \frac{\hat{C}_\tau}{\hat{C}_0} \tag{3.90}$$

と定義できる．また不偏性を持つ自己相関関数の推定量として

$$\hat{R}_\tau^* = \frac{\hat{C}_\tau^*}{\hat{C}_0^*} \tag{3.91}$$

も定義できる．

3.3 パワースペクトル

ここでは信号の周波数領域での性質であるスペクトルについて学ぶ．まず始めに，確定的信号について，スペクトルなどのさまざまな概念の定義を，次にこれらの概念を定常確率過程へ適用する方法について学ぶ．特に有用な結果としては，自己共分散関数とパワースペクトルとの関係がある．また，標本共分散関数を用いたパワースペクトルの推定についても簡単に触れる．

3.3.1 フーリエ積分とスペクトル

周期が 2:1 の 2 つの正弦波

$$z_1(t) = \sin(\theta t), \qquad z_2(t) = \sin(2\theta t) \tag{3.92}$$

の線形結合 (重み付き和)

$$x(t) = A_1 z_1(t) + A_2 z_2(t) \tag{3.93}$$

を考えよう．ここで θ は $z_1(t)$ の**角周波数** (angular frequency, 単位はラジアン [rad]) で，f を $z_1(t)$ の**周波数** (frequency, 単位はヘルツ [Hz]) とすれば $\theta = 2\pi f$ の関係がある．また $z_1(t)$ の**周期** (period) を $2T$ とすると，$2T = 1/f = 2\pi/\theta$ という関係が成り立つ．角周波数を $\theta = 2\pi$ ととれば (つまり周波数では $f = 1$[Hz])，2 つの正弦波の波形は図 3.3 のようになる．重み係数 A_1, A_2 のとり方によって，線形結合 $x(t)$ の波形は異なってくる．たとえば，$A_1 = 1$, $A_2 = 3/4$ のときには $z_1(t)$ の周期が優勢な波形になり (図 3.4)，また

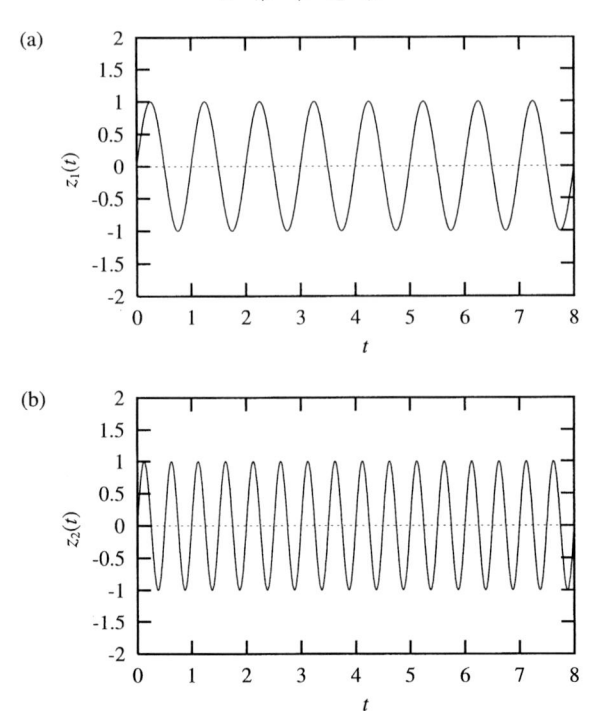

図 3.3 周期が 2:1 の 2 つの正弦波
(a) 正弦波 1, (b) 正弦波 2.

$A_1 = 1/4$, $A_2 = 1$ のときには逆に $z_2(t)$ の周期が優勢な波形となる (図 3.5). つまり, 重み係数 A_1, A_2 は, $z_1(t)$, $z_2(t)$ のそれぞれの成分の $x(t)$ に対する分配の度合を表している.

これをさらに進めて, 重み付き和をとる正弦波の種類を 0 周期 (定数項), 1 周期, 1/2 周期, 1/4 周期, ··· と増やしていき, 正弦波の重み (すなわち振幅) A_n だけでなく位相差 ϕ_n も加えて余弦で表すと,

$$x(t) = A_0 + \sum_{n=1}^{\infty} A_n \cos(n\theta t - \phi_n) \tag{3.94}$$

という形式の無限級数が得られる. ここで, 三角関数の性質を使い, $a_n = A_n \cos\phi_n$, $b_n = A_n \sin\phi_n$ とおけば ($a_0 = A_0$ とする),

3.3 パワースペクトル

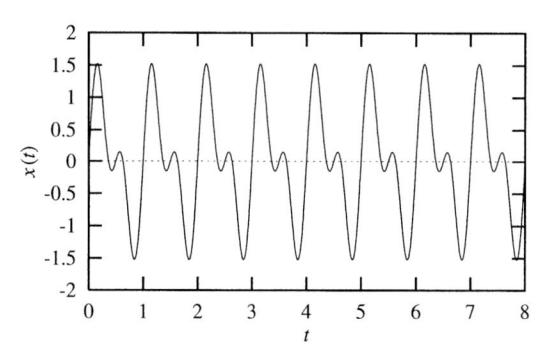

図 3.4 線形結合 ($A_1 = 1, A_2 = 3/4$ のとき)

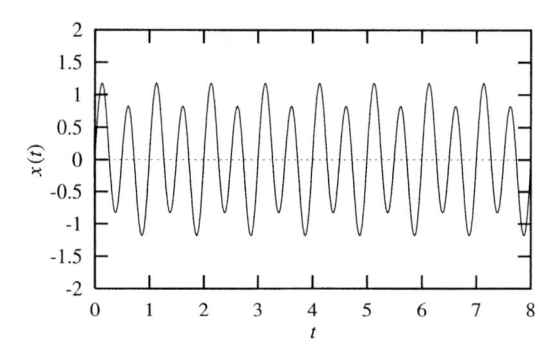

図 3.5 線形結合 ($A_1 = 1/4, A_2 = 1$ のとき)

$$x(t) = a_0 + \sum_{n=1}^{\infty} a_n \cos(n\theta t) + \sum_{n=1}^{\infty} b_n \sin(n\theta t)$$
$$= \sum_{n=0}^{\infty} a_n \cos(n\theta t) + \sum_{n=1}^{\infty} b_n \sin(n\theta t) \tag{3.95}$$

と書くことができる．これを $x(t)$ の**フーリエ級数展開** (Fourier series expansion) と呼ぶ．また係数 a_n ($n = 0, 1, 2, \cdots$)，b_n ($n = 1, 2, \cdots$) を**フーリエ係数** (Fourier coefficients) と呼ぶ．最初に述べた正弦波が 2 つの場合と同様に，フーリエ係数は周波数 $0, 1, 2, 3, \cdots$ のそれぞれの正弦波成分の $x(t)$ に対する分配の度合を表している．

$x(t)$ を周期が $2T$ の周期関数とし，区間 $[-T, T]$ において二乗可積分 (これを満たす関数の集合を $L_2[-T, T]$ と表記する) であるとする．$x(t)$ の変動量が

有界で，不連続点が有限個の場合には，$x(t)$ はフーリエ級数によって表現できることが知られている．よってフーリエ級数を，正弦波による周期関数の合成とは逆に，周期関数の正弦波への分解 (もしくは正弦波による表現) と考えることもできる．この考え方に基づくと，与えられた周期関数 $x(t)$ をフーリエ級数で表現すれば，フーリエ係数からその周期関数のおのおのの角周波数成分の度合がわかるということになる．フーリエ係数を求めるには，$x(t)$ と求めたい係数に対応する正弦 (または余弦) 波との積を，1 周期にわたって積分すればよい．なぜならフーリエ級数表現された $x(t)$ の項のうち，周期の異なる三角関数の積や正弦と余弦の積はその積分がちょうど 0 になるので，求めたい係数のかかっている項だけが残るからである．つまり，$x(t)$ の周期を $2T$ とするとき，

$$a_n = \frac{1}{T} \int_{-T}^{T} x(t) \cos(n\theta t) dt \tag{3.96}$$

$$b_n = \frac{1}{T} \int_{-T}^{T} x(t) \sin(n\theta t) dt \tag{3.97}$$

のようにしてフーリエ係数を求めればよい．なおこれらの周波数および対応する係数の呼び方として，a_0 は信号 $x(t)$ の直流に相当する部分の係数となっているので，a_0 を直流成分という．また θ は正弦波のうち最も周波数の低いもので，これを基本角周波数という．基本角周波数に対応する係数 a_1, b_1 を基本角周波数成分と呼ぶ．そして 2θ を第 2 次高調波といい，a_2, b_2 を第 2 次高調波成分と呼ぶ．同様に，$n\theta$ を第 n 次高調波といい，a_n, b_n を第 n 次高調波成分という．

式 (3.95) と等価な表現として，フーリエ級数の複素数による表現

$$x(t) = \sum_{n=-\infty}^{\infty} h_n e^{in\theta t} \tag{3.98}$$

があり，こちらの方が式が簡潔になる．オイラーの公式 $e^{i\theta t} = \cos(\theta t) + i\sin(\theta t)$ (ただし i は虚数単位) から得られる関係 $\cos(\theta t) = (e^{i\theta t} + e^{-i\theta t})/2$, $\sin(\theta t) = (e^{i\theta t} - e^{-i\theta t})/2i$ を使えば，式 (3.95) から式 (3.98) を得ることができる．級数の和の範囲が負の整数値にも拡張されている点に注意しよう．ここで h_n は

$$h_n = \begin{cases} (a_n - ib_n)/2 = \tilde{A}_n e^{-\phi_n}, & n > 0 \\ a_0 = A_0, & n = 0 \\ (a_n + ib_n)/2 = \tilde{A}_n e^{\phi_n}, & n < 0 \end{cases} \quad (3.99)$$

ただし $a_n = a_{-n}$, $b_n = b_{-n}$, $\tilde{A}_n = \tilde{A}_{|n|}/2$

という複素数となり，これを**複素フーリエ係数** (complex Fourier coefficients) と呼ぶ．複素フーリエ係数は，角周波数 $n\theta$ の正弦波の成分が，振幅 $\tilde{A}_n$，位相差 ϕ_n を伴って $x(t)$ に貢献していることを意味している．このように複素係数 h_n を使うと，振幅と位相差を同時に表すことができるので，表現が簡潔になるのである．複素フーリエ係数を求めるには，実数のフーリエ係数の場合と同様に，$x(t)$ と求めたい係数に対応する単振動 (複素平面における単位円上の振動) $e^{-in\theta t}$ との積を，$[-T,T]$ にわたって積分すればよい．つまり

$$h_n = \frac{1}{2T} \int_{-T}^{T} x(t) e^{-in\theta t} dt \quad (3.100)$$

として求めることができる．

　$x(t)$ が周期関数でなく一般の場合には，角周波数の種類が $\theta, 2\theta, 3\theta, \cdots$ のような離散的なものだけでは，$x(t)$ を表すことはできない．この場合には，まず角周波数を連続的にとり，これを λ で表すことにしよう．そして周期関数でない $x(t)$ を離散的な角周波数の式によって近似し，周期を $T \to \infty$，つまり基本角周波数を $\theta \to 0$ として近似の精度を向上させていってみよう．まず離散的な角周波数の式による近似として，式 (3.98) のフーリエ級数に式 (3.100) のフーリエ係数を代入して，近似式

$$\begin{aligned} x(t) &\simeq \frac{1}{2T} \sum_{n=-\infty}^{\infty} e^{in\theta t} \int_{-T}^{T} x(s) e^{-in\theta s} ds \\ &= \frac{1}{2\pi} \theta \sum_{n=-\infty}^{\infty} \int_{-T}^{T} x(s) e^{in\theta(t-s)} ds \end{aligned} \quad (3.101)$$

を得る ($\theta = \pi/T$ に注意)．簡単のため，

$$g^T(\lambda, t) \equiv \int_{-T}^{T} x(s) e^{i\lambda(t-s)} ds \quad (3.102)$$

と表すことにしよう．すなわち

$$x(t) \simeq \frac{1}{2\pi} \sum_{n=-\infty}^{\infty} \theta\, g^T(n\theta, t) \tag{3.103}$$

ここで $T \to \infty$ すなわち $\theta \to 0$ とすることを考えよう. なお,

$$\lim_{T \to \infty} g^T(\lambda, t) = \int_{-\infty}^{\infty} x(s) e^{i\lambda(t-s)} ds \equiv g(\lambda, t) \tag{3.104}$$

が一意に存在するものと仮定する. 式 (3.103) の極限をとると, 右辺の和は積分となり, また近似精度は向上するので, 等式

$$\begin{aligned} x(t) &= \frac{1}{2\pi} \int_{-\infty}^{\infty} g(\lambda, t) d\lambda \\ &= \frac{1}{2\pi} \int_{-\infty}^{\infty} d\lambda \int_{-\infty}^{\infty} x(s) e^{i\lambda(t-s)} ds \\ &= \frac{1}{2\pi} \int_{-\infty}^{\infty} e^{i\lambda t} d\lambda \int_{-\infty}^{\infty} x(s) e^{-i\lambda s} ds \end{aligned} \tag{3.105}$$

を得る. これより, 非周期関数 $x(t)$ については,

$$h(\lambda) \equiv \int_{-\infty}^{\infty} x(t) e^{-i\lambda t} dt \tag{3.106}$$

によって, 各 λ に対する角周波数成分を表せることがわかった. これは, $x(t)$ が周期関数の場合に式 (3.100) によって h_n を求めたのと同様に, 対応する角周波数の単振動をかけて積分したものであるが, ここでは $x(t)$ が非周期関数の場合を考えており, 積分の範囲が一周期ではなく $-\infty \sim \infty$ になっている点に注意しよう.

式 (3.104) の存在と一意性については,

$$g^T(\lambda, 0) = \int_{-T}^{T} x(t) e^{-i\lambda t} dt \equiv h^T(\lambda) \tag{3.107}$$

となるので, この $h^T(\lambda)$ を $T \to \infty$ とした極限で得られる関数が, 一意に存在することを示せばよい. このような場合を扱う数学として関数解析があり, そこでは関数を要素とする集合を考えて, 関数のさまざまな性質を調べる. たとえば被積分関数 $x(t)$ が $(-\infty, \infty)$ において二乗可積分

$$\int_{-\infty}^{\infty} |x(t)|^2 dt < \infty \tag{3.108}$$

のとき，$x(t)$ が集合 $L_2(-\infty, \infty)$ に属するという．**プランシュレルの定理** (Plancherel theorem) によれば，$x(t)$ が $L_2(-\infty, \infty)$ に属するとき，式 (3.107) は $T \to \infty$ としたときある二乗可積分関数 (可積分性は λ に関して) に収束し，その収束先の関数は一意に定まるということが示せる．この事実に基づいて，式 (3.106) の積分は，式 (3.107) において $T \to \infty$ としたときの収束先の一意な関数を意味しているのである．このように定義された式 (3.106) を，$x(t)$ の**フーリエ積分** (Fourier integral) という．なおフーリエ積分には逆関数が定義でき，式 (3.105) から，

$$x(t) = \frac{1}{2\pi} \int_{-\infty}^{\infty} h(\lambda) e^{i\lambda t} d\lambda \tag{3.109}$$

が得られる．式 (3.106) と式 (3.109) は，式 (3.105) から得られたものであるので，定数 $1/2\pi$ をどちらにつけるのかには任意性がある．式 (3.106) の方に定数をつけたり，$1/\sqrt{2\pi}$ を両方の式につけたりなど，いくつかの流儀があることに注意しよう．以下では式 (3.98) のフーリエ級数を，式 (3.109) と同じ流儀で $1/2T$ をつけて (周期が 2π のときには $1/2\pi$)

$$x(t) = \frac{1}{2T} \sum_{n=-\infty}^{\infty} h_n e^{in\theta t} \tag{3.110}$$

と表すことにしよう．なお係数の記号 h_n は同じものを使ったが，その値は式 (3.100) とは異なり，

$$h_n = \int_{-T}^{T} x(t) e^{-in\theta t} dt \tag{3.111}$$

であることに注意しよう．

式 (3.106) で定義された

$$h(\lambda) = \int_{-\infty}^{\infty} x(t) e^{-i\lambda t} dt \tag{3.106}$$

は，角周波数 λ における $x(t)$ の成分 (複素数) を表しており，これを λ の関数とみて，$x(t)$ の**スペクトル** (spectrum) という．

信号 $x(t)$ に含まれる角周波数の成分が，式 (3.100) では $\theta, 2\theta, 3\theta, \cdots$ と離散な

ものだけであったのに対して，式 (3.106) では連続的な値をとることに注意しよう．この複素数 $h(\lambda)$ を極座標表示 $A(\lambda)e^{i\phi(\lambda)}$ したときの大きさ $A(\lambda) = |h(\lambda)|$ を $x(t)$ の**振幅スペクトル** (amplitude spectrum) といい，偏角 $\phi(\lambda) = \angle h(\lambda)$ を $x(t)$ の**位相スペクトル** (phase spectrum) という．

> 式 (3.109) のフーリエ積分と式 (3.110) のフーリエ級数とは，**スティルチェス積分** (Stieltjes integral)
>
> $$x(t) = \frac{1}{2\pi}\int_{-\infty}^{\infty} e^{i\lambda t} dH(\lambda) \tag{3.112}$$
>
> によって統一的に表すことができる．ここで $dH(\lambda)$ は，角周波数 λ を微小量 $d\lambda$ だけ変化させたときのスペクトル $h(\lambda)$ の変化量 (複素数値) を表しており，$H(\lambda)$ を**積分スペクトル** (integrated spectrum) と呼ぶ．

> スペクトル $h(\lambda)$ が λ について連続の場合には，
>
> $$dH(\lambda) = h(\lambda)d\lambda \tag{3.113}$$
>
> となり，式 (3.112) のスティルチェス積分は式 (3.109) のフーリエ積分に一致する．また $h(\lambda)$ がある角周波数 $\{\theta_k | k = 1, 2, \cdots\}$ において値を持ち，他では 0 である場合には，式 (3.112) のスティルチェス積分は級数
>
> $$x(t) = \frac{1}{2\pi}\sum_{k=1}^{\infty} h_k e^{i\theta_k t} \tag{3.114}$$
>
> となる．この特殊な場合として，$h(\lambda)$ が 0 でない値を持つ角周波数の集合が $\{\theta_k | k = 1, 2, \cdots\} = \{\pm n\theta | n = 0, 1, 2, \cdots\}$ のときには，式 (3.112) のスティルチェス積分は式 (3.110) のフーリエ級数に一致する．

次に信号 $x(t)$ のエネルギーについて考えてみよう．今，$x(t)$ が正弦波のような 0 を中心とした振動であるとすると，中心の値自体は変化しないものの，振動した分だけのエネルギーを内在していると考えられる．よってその振動した分をエネルギーとみなすのが妥当であろう．全ての時刻にわたる信号の振動による変化分は，信号 $x(t)$ の 2 乗を全時刻について積分した

$$\int_{-\infty}^{\infty} x(t)^2 dt \tag{3.115}$$

で測ることができる．式 (3.115) を，信号 $x(t)$ の**全エネルギー** (total energy) と呼ぶ．

同様に，スペクトルについても，信号の場合の全エネルギーに相当するもの

$$\int_{-\infty}^{\infty} |h(\lambda)|^2 d\lambda \tag{3.116}$$

を考えよう．ここでスペクトルは複素数値をとるので，信号 $x(t)$ の場合に 2 乗であった計算は，$h(\lambda)$ とその共役複素数 $\overline{h(\lambda)}$ との積で表されるノルム

$$|h(\lambda)|^2 = h(\lambda)\overline{h(\lambda)} \tag{3.117}$$

に置き換えられる．式 (3.117) を，$x(t)$ の**エネルギースペクトル** (energy spectrum) と呼ぶ．このように呼ぶ理由は，式 (3.115) は式 (3.116) の定数 $(1/2\pi)$ 倍に等しいということが，

$$\begin{aligned}
\int_{-\infty}^{\infty} x(t)^2 dt &= \frac{1}{2\pi} \int_{-\infty}^{\infty} x(t) \left[\int_{-\infty}^{\infty} h(\lambda) e^{i\lambda t} d\lambda \right] dt \\
&= \frac{1}{2\pi} \int_{-\infty}^{\infty} h(\lambda) \left[\int_{-\infty}^{\infty} x(t) e^{i\lambda t} dt \right] d\lambda \\
&= \frac{1}{2\pi} \int_{-\infty}^{\infty} |h(\lambda)|^2 d\lambda
\end{aligned} \tag{3.118}$$

と示せるからである．こうして得られた関係式

$$\int_{-\infty}^{\infty} x(t)^2 dt = \frac{1}{2\pi} \int_{-\infty}^{\infty} |h(\lambda)|^2 d\lambda \tag{3.119}$$

を**パーシバルの等式** (Parseval equality) という．この関係式から，$|h(\lambda)|^2$ は信号 $x(t)$ のある角周波数 λ におけるエネルギーを表していると考えることができるので，$|h(\lambda)|^2$ をエネルギースペクトルと呼ぶのである．

時刻 $[-T, T]$ における信号 $x(t)$ のエネルギースペクトル $|h^T(\lambda)|^2$ を，時間区間の長さ $2T$ で割ったものを

$$p^T(\lambda) \equiv \frac{|h^T(\lambda)|^2}{2T} \tag{3.120}$$

と定義する．$p^T(\lambda)$ は，角周波数 λ についての単位時間あたりのエネルギーを意味している．これを $T \to \infty$ とした極限

$$p(\lambda) = \lim_{T \to \infty} \frac{|h^T(\lambda)|^2}{2T} \qquad (3.121)$$

を**パワースペクトル** (power spectrum) もしくは**パワースペクトル密度関数** (power spectral density function) という．

パワースペクトルはおのおのの角周波数の正弦波に対するパワー (単位時間あたりのエネルギー) の「分布」を表している．ここでは「分布」を日常的な意味で用いたが，実はこの「分布」を確率分布と同様な考え方でとらえることができる．これを以下で説明しよう．

式 (3.112) のスティルチェス積分において定義した $dH(\lambda)$ は，角周波数 λ を微小量 $d\lambda$ だけ変化させたときのスペクトル $h(\lambda)$ の変化量 (複素数値) であった．これを使って，パワースペクトルについても同様のものが定義できる．

角周波数 λ を微小量 $d\lambda$ だけ変化させたときのパワースペクトル $p(\lambda)$ の変化量 (増分) を

$$dP(\lambda) = |dH(\lambda)|^2 \qquad (3.122)$$

と表すことができる．これより得られる関数 $P(\lambda)$ を，**パワースペクトル分布関数** (power spectral distribution function) と呼ぶ．

パワースペクトル分布関数は確率分布関数の性質の一部

i) 非減少性 　　$\theta_1 < \theta_2 \Rightarrow P(\theta_1) \leq P(\theta_2)$ 　　　　(3.123)

ii) 右連続性 　　$\lim_{\tau \to +0} P(\theta + \tau) = P(\theta)$ 　　　　(3.124)

iii) $P(-\infty) = 0$ 　　　　(3.125)

を持つということが示せる．確率分布関数とパワースペクトル分布関数 $P(\lambda)$ との違いは，$P(+\infty)$ が必ずしも 1 とはならない点だけであるので，これが 1 となるように正規化すれば，パワースペクトル分布関数 $P(\lambda)$ は確率分布関数とまったく同じ性質を持つ．よって $P(\lambda)$ は，角周波数 λ における成分の分布

を表していると考えることができる.

パワースペクトル分布関数 $P(\lambda)$ の具体例としては,まず,信号 $x(t)$ のパワースペクトル $p(\lambda)$ が λ について連続でない場合の例として,信号が $x(t) = A\sin(\theta t)$ の角周波数 θ の正弦波のときには,パワースペクトル分布関数 $P(\lambda)$ は $\lambda = \theta$ において高さ(変化量)A^2 を持つ階段関数となる.また複数の正弦波の線形結合 $x(t) = \sum_n A_n \sin(\theta_n t)$ の場合には,$P(\lambda)$ はそれぞれの正弦波の角周波数 θ_n において高さ $A_n{}^2$ を持つ階段関数となる.このようにパワースペクトル分布関数が階段関数になる場合には,スペクトル $h(\lambda)$ は線スペクトルとなっている.これらの例のパワースペクトル分布関数は,離散型確率変数の確率分布関数に対応している.次に,パワースペクトル $p(\lambda)$ が全ての λ について連続な場合には,パワースペクトル分布関数 $P(\lambda)$ はパワースペクトル $p(\lambda)$ の積分

$$P(\lambda) = \int_{-\infty}^{\lambda} p(\tau) d\tau \tag{3.126}$$

となる.またこの場合には

$$dP(\lambda) = p(\lambda) d\lambda \tag{3.127}$$

と書くことができる.この場合のパワースペクトル分布関数は,連続型確率変数の確率分布関数に対応している.またこれらの他にも,確率分布関数の混合型に対応するようなパワースペクトル分布関数を考えることもできる.

以上で学んだように,確定的信号 $x(t)$ のスペクトル $h(\lambda)$ は,周波数の異なる正弦波の成分の,周波数上での分布を表している.これは見方を変えれば,$x(t)$ が**時間領域** (time domain) での信号の表現(各時刻 t における値の表現)であるのに対し,スペクトルは**周波数領域** (frequency domain) における信号の表現(各周波数 λ における値の表現)であると考えることもできる.このような考えに基づき,時間領域の表現 $x(t)$ を周波数領域の表現 $\tilde{x}(\lambda)$ に変換する(もしくはその逆変換を行う)方法を見ていくことにしよう.スペクトル $h(\lambda)$ は周波数領域における信号 $x(t)$ の表現であることから,これを改めて $\tilde{x}(\lambda)$ と表すことにする.

$L_2(-\infty, \infty)$ に属する信号 $x(t)$ からスペクトル $\tilde{x}(\lambda)$ を求めることをフー

リエ変換 (Fourier transform) といい,

$$\tilde{x}(\lambda) = \int_{-\infty}^{\infty} x(t)e^{-i\lambda t}dt \qquad (3.128)$$

と定義される. 信号 $x(t)$ は $L_2(-\infty,\infty)$ に属するので, この積分は存在し, かつ得られた $\tilde{x}(\lambda)$ もまた $L_2(-\infty,\infty)$ に属する.

$L_2(-\infty,\infty)$ に属するスペクトル $\tilde{x}(\lambda)$ から信号 $x(t)$ を求めることをフーリエ逆変換 (inverse Fourier transform) といい,

$$x(t) = \frac{1}{2\pi}\int_{-\infty}^{\infty} \tilde{x}(\lambda)e^{i\lambda t}d\lambda \qquad (3.129)$$

と定義される. スペクトル $\tilde{x}(\lambda)$ は $L_2(-\infty,\infty)$ に属するので, この積分は存在し, かつ得られた $x(t)$ もまた $L_2(-\infty,\infty)$ に属する.

時刻が離散の場合のフーリエ変換およびフーリエ逆変換も, 以下のように定義できる. ただしフーリエ変換においては, 連続的な時刻 $t \in \Re$ に関する積分の代わりに, 離散的な時刻 $n \in \mathcal{Z}$ についての和で定義される. またフーリエ逆変換においては, 定積分の範囲が有限な角周波数の範囲 $\lambda \in [-\pi,\pi]$ になる. なお離散時間の信号 x_n が $l_2(-\infty,\infty)$ に属するとは

$$\sum_{j=-\infty}^{\infty} |x_j|^2 < \infty \qquad (3.130)$$

であることとする.

$l_2(-\infty,\infty)$ に属する離散時間の信号 x_n のフーリエ変換を**離散時間フーリエ変換** (descrete time Fourier transform : DFT) といい,

$$\tilde{x}(\lambda) = \sum_{n=-\infty}^{\infty} x_n e^{-i\lambda n} \qquad (3.131)$$

と定義する. x_n は $l_2(-\infty,\infty)$ に属するので, この級数は収束し, 得られた離散時間スペクトル $\tilde{x}(\lambda)$ は $L_2(-\pi,\pi)$ に属する.

$L_2(-\pi,\pi)$ に属する離散時間スペクトル $\tilde{x}(\lambda)$ に対して, **離散時間フーリ**

エ逆変換 (inverse descrete time Fourier transform : IDFT) を

$$x_n = \frac{1}{2\pi}\int_{-\pi}^{\pi}\tilde{x}(\lambda)e^{i\lambda n}d\lambda \tag{3.132}$$

と定義する．$\tilde{x}(\lambda)$ は $L_2(-\pi,\pi)$ に属するので，この積分は存在し，得られた離散時間信号 x_n は $l_2(-\infty,\infty)$ に属する．

角周波数の範囲が限られる理由は，離散時間の信号 x_n から知りうる角周波数には上限があるためである．一方，その範囲においては，角周波数 λ は連続的に変化させることができる．これは角周波数の分解能が連続的，つまり x_n の任意の角周波数の成分を知ることができる，ということを意味する．その理由は，信号 x_n が過去無限から未来永劫まで与えられていることによる．

信号が有限な時間の間 $[-T,T]$ だけ与えられているときには，角周波数の分解能が連続的ではなくなる．よってフーリエ逆変換の積分も，和の形となる．この信号列を $\{x_n^T\}$ で表すと，x_n^T の離散時間フーリエ変換は以下のように定義できる．

離散時間有限長の信号 x_n^T が $l_2(-T,T)$ に属するとき，x_n^T のフーリエ変換を

$$\tilde{x}_\lambda^T = \sum_{n=-T}^{T} x_n^T e^{-i\lambda n} \tag{3.133}$$

と定義する．x_n^T は $l_2(-T,T)$ に属するので，この級数は収束し，得られた離散周波数有限長のスペクトル $\tilde{x}_\lambda^T$ は $l_2(-\pi,\pi)$ に属する．

離散周波数有限長のスペクトル $\tilde{x}_\lambda^T$ が $l_2(-\pi,\pi)$ に属するとき，フーリエ逆変換を

$$x_n^T = \frac{1}{2T+1}\sum_{\lambda}\tilde{x}_\lambda^T e^{i\lambda n} \tag{3.134}$$

と定義する．ここで，和をとる角周波数は $\lambda = 2\pi k/T$, $k=-T,\cdots,0,\cdots,T$ である．$\tilde{x}_\lambda^T$ は $l_2(-\pi,\pi)$ に属するので，この級数は収束し，得られた離

散時間有限長の信号 x_n^T は $l_2(-T,T)$ に属する.

3.3.2 定常過程のスペクトル

定常確率過程において,スペクトルがどのように定義できるか見てみよう.パワースペクトルは,確定的な信号 $x(t)$ の場合には式 (3.121) で定義できたが,定常確率過程の場合には確率変数 $X(t)$ に対して同様な性質を持つものを定義することになる.

定常確率過程 $X(t)$ のパワースペクトルを

$$p(\lambda) = \lim_{T \to \infty} \mathrm{E}\left[\frac{|\tilde{X}^T(\lambda)|^2}{2T}\right] \qquad (3.135)$$

と定義する.ここで $\tilde{X}^T(\lambda)$ は,区間 $[-T,T]$ における $X(t)$ のフーリエ変換

$$\tilde{X}^T(\lambda) = \int_{-T}^{T} X(t)e^{-i\lambda t}dt \qquad (3.136)$$

である.

式 (3.135) で定義された定常確率過程のパワースペクトルは,単位時間あたりのエネルギースペクトルの期待値の,全時間区間にわたる極限として定義されている.単位時間あたりの量を用いている理由は,定常確率過程等では一般にはエネルギースペクトルが有限とは限らないからである.また,確定的な信号ではなく確率過程であることから,その代表的な値を選ぶ必要があり,代表値の計算方法として期待値をとっている.

確定的信号 $x(t)$ は,スティルチェス積分によって式 (3.112) のように表現することができた.定常確率過程の場合も,これに相当する表現がある.

$X(t)$ を定常確率過程とするとき,

$$X(t) = \int_{-\infty}^{\infty} e^{i\lambda t} dZ(\lambda) \qquad (3.137)$$

を $X(t)$ のスペクトル表現 (spectral representation) という.

ここで $Z(\lambda)$ は，複素数値をとる確率過程で，δ 相関過程 $W_A(s)$ により構成される重み付き直交増分過程

$$Z(\lambda) = \int_0^\lambda W_A(s)ds \tag{3.138}$$

である．ここで δ 相関過程 $W_A(s)$ は複素数値をとり，性質

$$\mathrm{E}\left[W_A(s)\right] = 0 \tag{3.139}$$

$$\mathrm{E}\left[W_A(s+ds)\overline{W_A(s)}\right] = |A(s)|^2 \delta(ds) \tag{3.140}$$

を持つ．ここで $\overline{W_A(s)}$ は $W_A(s)$ の複素共役で，$W_A(-s) = \overline{W_A(s)}$ という関係がある．またこれより

$$Z(-\lambda) = \int_0^\lambda W_A(-s)ds = \int_0^\lambda \overline{W_A(s)}ds = \overline{Z(\lambda)} \tag{3.141}$$

となることがわかる．

定常過程のパワースペクトルに対しても，確定的信号の場合と同様な考え方に沿って，パワースペクトル分布関数 $P(\lambda)$ を定義することができる．確定的信号 $x(t)$ においては，$x(t)$ の表現である式 (3.112) のスティルチェス積分で現れる $dH(\lambda)$ によって，パワースペクトルの増分 $dP(\lambda)$ を式 (3.122) で表すことができた．定常確率過程の場合には，式 (3.112) のスティルチェス積分の代わりに式 (3.137) のスペクトル表現によって $X(t)$ が表されるので，ここに現れる $dZ(\lambda)$ を使ってパワースペクトルの増分 $dP(\lambda)$ を表すことになる．ただし $dZ(\lambda)$ は (複素) 確率変数なので，その期待値をとったもの

$$dP(\lambda) = \mathrm{E}\left[|dZ(\lambda)|^2\right] \tag{3.142}$$

になり，また式 (3.140) から

$$= |A(\lambda)|^2 \tag{3.143}$$

となる．

平均連続な定常過程においては，その自己共分散関数とパワースペクトル分布関数との間には密接な関係があることが知られている．その関係を以下にま

とめておこう.

> 平均連続な定常過程において,自己共分散関数 $C(\tau)$ は
>
> $$C(\tau) = \int_{-\infty}^{\infty} e^{i\lambda\tau} dP(\lambda) \tag{3.144}$$
>
> と,パワースペクトル分布関数 $P(\lambda)$ のフーリエ積分によって表すことができる.式 (3.144) の表現を,自己共分散関数の**スペクトル分解** (spectral decomposition) という.

スペクトル分解は,以下のようにして求めることができる.自己共分散関数 $C(\tau)$ の性質として,正定値性,および $\tau=0$ での連続性 (平均連続な場合) があったことを思い出そう.そして**ボホナーの定理** (Bochner theorem) として知られている事実では,正定値性および 0 での連続性を持つ関数 $C(\tau)$ は,

$$C(\tau) = \int_{-\infty}^{\infty} e^{i\lambda\tau} dQ(\lambda) \tag{3.145}$$

と表すことができることが知られている.次にこの関数 $Q(\lambda)$ が,パワースペクトル分布関数 $P(\lambda)$ に等しいことを示そう.自己共分散関数の定義式 (3.72) の $X(t)$ に,式 (3.137) のスペクトル表現を代入すると,

$$\begin{aligned}
C(\tau) &= \mathrm{E}\left[X(t+\tau)X(t)\right] \\
&= \mathrm{E}\left[\int_{-\infty}^{\infty} e^{i\lambda(t+\tau)} dZ(\lambda) \int_{-\infty}^{\infty} e^{-ist} dZ(-s)\right] \\
&= \int_{-\infty}^{\infty}\int_{-\infty}^{\infty} e^{i\lambda(t+\tau)} e^{-ist} \mathrm{E}\left[dZ(\lambda)\overline{dZ(s)}\right]
\end{aligned} \tag{3.146}$$

ここで $Z(\lambda)$ は重み付き直交増分過程なので, $\mathrm{E}\left[dZ(\lambda)\overline{dZ(s)}\right]$ は $\lambda \neq s$ については 0 であるから

$$C(\tau) = \int_{-\infty}^{\infty} e^{i\lambda\tau} \mathrm{E}\left[|dZ(\lambda)|^2\right] \tag{3.147}$$

となる.さらに,式 (3.142) より $\mathrm{E}\left[|dZ(\lambda)|^2\right] = dP(\lambda)$ なので,式 (3.144) が得られる.

式 (3.144) において $\tau=0$ とおくと,

$$C(0) = \int_{-\infty}^{\infty} dP(\lambda) = P(\infty) \tag{3.148}$$

となる.一方 $C(0) = \sigma^2$ であったから,分散 σ^2 が有限の定常確率過程においてスペクトル分布関数 $P(\lambda)$ を正規化するには $P(\lambda)$ を σ^2 で割ればよいことがわかる.

$$F(\lambda) = P(\lambda)/\sigma^2 \tag{3.149}$$

これを正規化されたパワースペクトル分布関数と呼ぶことにしよう.ここで式 (3.144) の両辺を σ^2 で割ると,

$$R(\tau) = \int_{-\infty}^{\infty} e^{i\lambda\tau} dF(\lambda) \tag{3.150}$$

が得られる.つまり,自己相関関数 $R(\tau)$ と正規化されたパワースペクトル分布関数との間にも,式 (3.144) と同様な関係が成り立つのである.

以上で学んだように,自己共分散関数はパワースペクトルのフーリエ変換によって表されることがわかった.この逆を考えれば,パワースペクトルは自己共分散関数のフーリエ変換によって得られることになる.この事実は,**ウイナー–ヒンチンの定理** (Wiener–Khintchine theorem) として知られている.このことを以下にまとめよう.

平均連続な連続時間確率過程 $X(t)$ のパワースペクトルは

$$p(\lambda) = \frac{1}{2\pi} \int_{-\infty}^{\infty} C(\tau) e^{-i\lambda\tau} d\tau \tag{3.151}$$

と,自己共分散関数 $C(\tau)$ のフーリエ変換により求められる.また,平均連続な離散時間確率過程 X_n のパワースペクトルは

$$p(\lambda) = \frac{1}{2\pi} \sum_{\tau=-\infty}^{\infty} C_\tau e^{-i\lambda\tau} \tag{3.152}$$

と,自己共分散関数 C_τ の離散時間フーリエ変換により求められる.

今,確率過程 $X(t)$ が実数値をとるものとすれば,その自己共分散関数 $C(\tau)$ は実数値をとり,すでに見たように偶関数となる.偶関数なので,式 (3.151) にて $e^{i\lambda\tau} = \cos(\lambda\tau) + i\sin(\lambda\tau)$ との積を積分すると,$\sin$ の項については $C(\tau)$

と $C(-\tau)$ を足して 0 になるので,

$$p(\lambda) = \frac{1}{2\pi} \int_{-\infty}^{\infty} C(\tau) \cos(\lambda\tau) d\tau \qquad (3.153)$$

となる.また式 (3.152) も同様にして

$$p(\lambda) = \frac{1}{2\pi} \sum_{\tau=-\infty}^{\infty} C_\tau \cos(\lambda\tau) \qquad (3.154)$$

となる.

　実数値をとる定常確率過程の観測系列から,パワースペクトルを推定する方法を考えよう.まず素朴な考え方として,ウイナー–ヒンチンの定理で示したパワースペクトルと自己共分散関数との間の関係を使って,パワースペクトルの式 (3.152) 中の自己共分散関数 C_τ を,標本自己共分散関数 $\hat{C}_\tau$ で置き換えた**標本スペクトル** (sample spectrum)

$$\hat{p}(\lambda) = \sum_{\tau=-N+1}^{N-1} \hat{C}_\tau e^{-i\lambda\tau} = \sum_{\tau=-N+1}^{N-1} \hat{C}_\tau \cos(\lambda\tau) \qquad (3.155)$$

を,パワースペクトルの推定値とする方法がある.標本スペクトルでは角周波数 λ は区間 $[-\pi, \pi]$ で連続値をとるが,λ が $\pm 2\pi j/N$ $(j = 0, 1, \cdots, [N/2])$ の離散的な値をとる場合には特に,**ピリオドグラム** (periodogram) と呼ぶ.しかしピリオドグラムには**一致性** (consistency) がないので,パワースペクトルの推定値としては不十分である.一致性を持つ推定値を得るためには,**スペクトルウインドウ** (spectral window) を使う必要がある.

演 習 問 題

問題 3.1 硬貨 2 枚を同時に投げて,表の出た硬貨の枚数を値に持つ確率変数 X_n を考える (n は繰り返しの回数を表す).X_n を確率過程として定式化せよ ($n = 1, 2, \cdots, N$ とする).

問題 3.2 指数分布の無記憶性の式 (3.59) を証明せよ.

問題 3.3 Y を $N(0,1)$ に従う確率変数とする.確率過程を $X_n = Y$ と定義するとき,X_n はエルゴード性を持つか.

4 定常線形過程

定常時系列に対してよく使われる確率過程に定常線形過程があり，これは白色雑音を入力とする安定な線形システムとして定式化される．本章では，まず最初に白色雑音について，その復習を兼ねて改めて定式化する．次に，決定論的システムである線形システムとその性質について学ぶ．そこではインパルス応答関数，伝達関数と周波数応答関数，およびこれらを扱うための z-変換やラプラス変換などの概念と，これらとスペクトルとの関連などについて学ぶ．そして定常線形過程の定式化を行い，定常線形過程のうちよく使われる例として，移動平均過程，自己回帰過程，およびこれらの結合である自己回帰–移動平均過程について，それらの定義と性質について学ぶ．

4.1 白 色 雑 音

異なる時刻の相関がない確率過程 $W_A(t)$ を δ 相関過程と呼んだ (3.1.4 項参照)． δ 相関過程のうち，同じ時刻の相関が，時刻によらず一定のものを白色雑音 $W(t)$ と定義した．ここでは白色雑音 $W(t)$ を $\varepsilon(t)$ と表すことにし，その平均は 0，すなわち $\mathrm{E}[\varepsilon(t)] = 0$ であるものとし，分散については $\mathrm{Var}[\varepsilon(t)] = \sigma_\varepsilon{}^2$ とする．自己相関関数は

$$R_\varepsilon(\tau) = \begin{cases} 1, & \tau = 0 \\ 0, & \tau \neq 0 \end{cases} \qquad (4.1)$$

であるものとする．これと分散より，自己共分散関数は

$$C_\varepsilon(\tau) = \begin{cases} \sigma_\varepsilon{}^2, & \tau = 0 \\ 0, & \tau \neq 0 \end{cases} \qquad (4.2)$$

となる．白色といわれる理由は，そのパワースペクトルが白色光のスペクトルのように波長によらず一定であることからの類推で，実際に式 (3.151) にて白色雑音 $\varepsilon(t)$ のパワースペクトルを求めてみると，

$$p_\varepsilon(\lambda) = \sigma_\varepsilon{}^2 \qquad (4.3)$$

となり，角周波数 λ によらず一定であることがわかる．

白色雑音でガウス過程の場合を，白色ガウス雑音と呼んだ (3.1.4 項参照)．以下，必要に応じて白色ガウス雑音を使う場合があるが，特に断らない限りは単なる白色雑音を扱う (ガウス過程とは限らない)．

また離散時間の場合には，白色ガウス雑音を ε_n で表し，その平均は 0，分散は $\sigma_\varepsilon{}^2$ であるとする．

4.2 線形システム

解析の対象を，図 4.1 のような入力を $x(t)$，出力を $y(t)$ とするシステムと考えよう．このシステムは，対象が単純な場合には現在 t_c の入力 $x(t_c)$ だけから出力 $y(t_c)$ が定まるような**静的システム** (static system) でもよいが，一般には出力 $y(t_c)$ が現在の入力 $x(t_c)$ だけでなく，入力の履歴 $\{x(t)|t \leq t_c\}$ にも依存して定まる**動的システム** (dynamic system) であるとする．静的システムは，動的システムの特殊な場合と考えることができる．また動的システムは，別の考え方に基づけば，適切に定義された内部状態をシステムが持ち，内部状態は現在の入力に基づいて (適切に定義された方法で) 更新され，現在の出力 $y(t_c)$ は内部状態により決定される，と定式化することもできる．この場合には，内部状態の初期値と過去の入力の履歴から，現在の出力が定まることになる．このような考えに基づくシステムの一般的取り扱いは，6 章で学ぶことにする．

システムが以下の性質を持つ場合を**線形システム** (linear system) という．まず，入力が $x_1(t)$ のときには出力が $y_1(t)$ で，入力が $x_2(t)$ のときには出力が

4.2 線形システム

```
x(t) ──→ [ H ] ──→ y(t)

x_1(t) ────────────────→ y_1(t)
x_2(t) ────────────────→ y_2(t)
ax_1(t) + bx_2(t) ──────→ ay_1(t) + by_2(t)
```

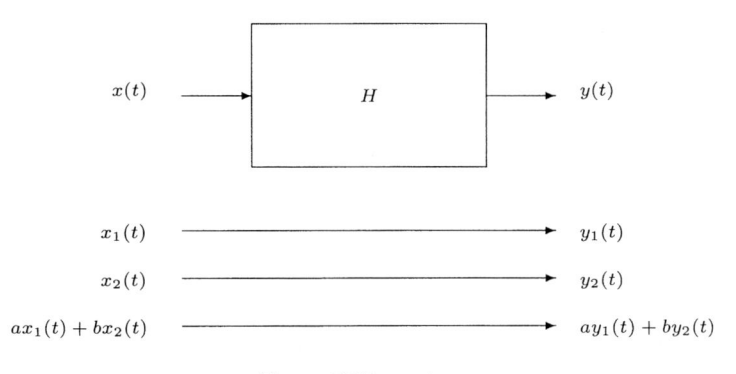

図 **4.1** 線形システム

$y_2(t)$ であるとしよう．適当な実数の定数を a, b とし，システムに入力として $x_1(t)$ と $x_2(t)$ を線形結合によって重畳した $ax_1(t) + bx_2(t)$ を与えた場合には，出力は $ay_1(t) + by_2(t)$ となる．つまり線形システムでは，入力をスカラー倍すれば出力も同じだけ倍増され，複数の信号を重畳した入力を加えた場合には，おのおのの信号を単独で線形システムに入力した場合の出力の和が出てくる．この性質を**線形性** (linearity) という．

線形システムの定式化手法として，インパルス応答関数による方法がある．これにはまず，信号を**単位インパルス** (unit impulse) を用いて表現する．連続時間の場合には，単位インパルスはディラックのデルタ関数 $\delta(t)$ を用いる．$\delta(t)$ は，3 章で定義したように

$$\delta(t) = 0, \qquad t \neq 0 \tag{4.4}$$

$$\int_{-\infty}^{\infty} \delta(t) dt = 1 \tag{4.5}$$

という性質を持つものであった．離散時間の場合には，単位インパルス (列) を

$$\delta_n = \begin{cases} 1, & n = 0 \\ 0, & n \neq 0 \end{cases}$$

と定義する．時刻 n が 0 のときに単位となる値 1 を持ち，それ以外では値が 0 であるような信号である．時刻 0 においてシステムにインパルスを加えて，システムの出力の過渡的な特性を知りたい場合などに，これらの単位インパル

スを入力信号として用いる．

連続時間の信号 $x(t)$ は，単位インパルス $\delta(t)$ を用いて

$$x(t) = \int_{-\infty}^{\infty} x(\tau)\delta(t-\tau)d\tau \tag{4.6}$$

と表すことができる．また離散時間の信号 x_n は，単位インパルス列 δ_n を使って

$$x_n = \sum_{\tau=-\infty}^{\infty} x_\tau \delta_{n-\tau} \tag{4.7}$$

と表すことができる．これらは，インパルスを加える時刻 τ の異なる単位インパルス $\delta(t-\tau)$, $\delta_{n-\tau}$ が複数 (連続時間の場合は非可算無限個，離散時間の場合は可算無限個) あって，それらにその時刻 τ の値 $x(\tau)$, x_τ を係数として重み付けした線形結合演算とみなすこともできる．連続時間の場合には，この重み付けが連続的になされるので，式 (4.6) のように積分演算の形となる．これらの演算は，2 つの信号 $x(t)$ と $\delta(t)$ (もしくは x_n と δ_n) を，時間差をつけて掛け合わせたものの積分 (もしくは和) となっている．このような演算を**畳み込み** (convolution) という．

次に，時刻 τ において 0 でない値を持つ単位インパルス $\delta(t-\tau)$ を線形システムに入力したとき，得られる出力を $g_\tau(t)$ で表すことにしよう．離散時間の場合には，時刻 τ において 0 でない値を持つ単位インパルス列 $\delta_{n-\tau}$ を入力し，そのときの線形システムの出力を $g_{\tau n}$ で表すことにする．この出力 ($g_\tau(t)$ または $g_{\tau n}$) は，インパルス ($\delta(t-\tau)$ または $\delta_{n-\tau}$) を入力したときのシステムの応答であることから**インパルス応答** (impulse response) と呼ばれる．システムの性質が時間的に変化する場合を**時変システム** (time variant system) というが，この場合には，インパルスを加えた時刻 τ によって，インパルス応答 ($g_\tau(t)$ や $g_{\tau n}$) が異なるものとなる．一方，システムの性質が時間的に変化しない場合を**時間不変システム** (time invariant system) という．この時間不変システムの場合には，時刻 0 においてインパルスを加えたときのインパルス応答を $g(t) \equiv g_0(t)$ や $g_n \equiv g_{0n}$ と表せば，任意時刻 τ のインパルス応答は同一の形で，τ だけ時間をずらせば $g(t)$ や g_n となる．これらを t や n の関数とみて，**インパルス応答関数** (impulse response function) と呼ぶ．なお本章の

以下では，時間不変システムのみを扱うものとする．

さて，信号 $x(t)$ (あるいは x_n) を線形システムに入力した場合を考えよう．簡単のため，離散時間の場合 x_n をまず考えることにする．信号 x_n は式 (4.7) で表されるが，これは単位インパルス $\{\delta_{n-\tau}|\tau=-\infty,\cdots,\infty\}$ の信号 $\{x_\tau|\tau=-\infty,\cdots,\infty\}$ を重みとする線形結合とみることもできた．そして個々の単位インパルスの時刻 n における出力は $\{g_{n-\tau}|\tau=-\infty,\cdots,\infty\}$ となる．すると，システムの線形性から，x_n を線形システムに入力したときの出力 y_n は，個々の単位インパルスの時刻 n における出力 $\{g_{n-\tau}|\tau=-\infty,\cdots,\infty\}$ を信号 $\{x_\tau|\tau=-\infty,\cdots,\infty\}$ で重み付けしたもの

$$y_n = \sum_{\tau=-\infty}^{\infty} x_\tau g_{n-\tau} \tag{4.8}$$

になることがわかる．つまり，出力 y_n は入力 x_n とインパルス応答 $g_{n-\tau}$ との畳み込みにより表される．ところで，和の計算で $k=n-\tau$ とすれば

$$y_n = \sum_{k=-\infty}^{\infty} g_k x_{n-k} \tag{4.9}$$

と書くこともできるので，畳み込みには交換則が成り立っている．

同様にして，連続時間の場合には線形システムの出力は

$$y(t) = \int_{-\infty}^{\infty} x(\tau) g(t-\tau) d\tau \tag{4.10}$$

となり，また積分において $r=t-\tau$ とすれば

$$y(t) = \int_{-\infty}^{\infty} g(r) x(t-r) dr \tag{4.11}$$

が得られるので，連続時間の場合についても，畳み込みにおいて交換法則の成り立つことがわかる．

式 (4.9) (あるいは式 (4.11)) では，現時刻 n の出力 y_n を計算するために，未来の入力 $x_{n+1}, x_{n+2}, \cdots$ を使っていることに注意しよう．もしインパルス応答 g_τ が $\tau<0$ において値 0 をとるならば，線形システムの出力は

$$y_n = \sum_{\tau=0}^{\infty} g_\tau x_{n-\tau} \tag{4.12}$$

となり，y_n は未来の入力に依存しないものとなる．このようなインパルス応答を持つシステムを**因果的なシステム** (causal system) という．

線形システムに正弦波を入力した場合を考えよう．最初は簡単のため，離散時間の場合について考えることにする．数学的取り扱いの簡潔さから，振幅が 1 の正弦波の振動を複素数 $e^{i\lambda n}$ で表す．ここで i は虚数単位であり，また λ は角周波数 (単位はラジアン) である．入力を $x_n = e^{i\lambda n}$ とすれば，線形システムの出力は

$$y_n = \sum_{j=-\infty}^{\infty} x_j g_{n-j} = \sum_{j=-\infty}^{\infty} e^{i\lambda j} g_{n-j}$$
$$= e^{i\lambda n} \sum_{j=-\infty}^{\infty} g_{n-j} e^{-i\lambda(n-j)} = e^{i\lambda n} \sum_{k=-\infty}^{\infty} g_k e^{-i\lambda k} \quad (4.13)$$

となる．ここで

$$G(z) \equiv \sum_{k=-\infty}^{\infty} g_k z^{-k} \quad (4.14)$$

と定義すれば，正弦波 $e^{i\lambda n}$ に対する線形システムの出力は，入力の $G(e^{i\lambda})$ 倍となることがわかる．ただし $G(e^{i\lambda})$ は一般には複素数であるから，その絶対値 $|G(e^{i\lambda})|$ が振幅の倍率を，偏角 $\angle G(e^{i\lambda})$ が位相の遅れをそれぞれ表していることに注意しよう．この角周波数 λ ごとの倍率 $G(e^{i\lambda})$ を，角周波数 λ の複素数値関数とみて，**(角) 周波数応答関数** ((angular)frequency response function) と呼ぶ．

(角) 周波数応答関数は，インパルス応答関数のフーリエ変換 $\tilde{g}_\lambda$ になっていることに注意しよう．これは $z = e^{i\lambda}$ とおけば，式 (4.14) は

$$G(e^{i\lambda}) = \sum_{k=-\infty}^{\infty} g_k e^{-i\lambda k} = \tilde{g}_\lambda \quad (4.15)$$

となることから確認できる．

線形システムの出力をフーリエ変換し，出力 y_n を入力 x_n とインパルス応答 g_n との畳み込みにより表すと，

4.2 線形システム

$$\begin{aligned}
\tilde{y}_\lambda &= \sum_{n=-\infty}^{\infty} y_n e^{-i\lambda n} = \sum_{n=-\infty}^{\infty} e^{-i\lambda n} \sum_{j=-\infty}^{\infty} g_j x_{n-j} \\
&= \sum_{n=-\infty}^{\infty} \sum_{j=-\infty}^{\infty} g_j x_{n-j} e^{-i\lambda(n-j)} e^{-i\lambda j} \\
&= \sum_{j=-\infty}^{\infty} g_j e^{-i\lambda j} \sum_{n=-\infty}^{\infty} x_{n-j} e^{-i\lambda(n-j)} \\
&= \sum_{j=-\infty}^{\infty} g_j e^{-i\lambda j} \sum_{k=-\infty}^{\infty} x_k e^{-i\lambda k} = \tilde{g}_\lambda \tilde{x}_\lambda \quad (4.16)
\end{aligned}$$

が得られる．つまり線形システムの出力 y_n のフーリエ変換は，入力信号 x_n のフーリエ変換 $\tilde{x}_\lambda$ と周波数応答 (インパルス応答のフーリエ変換) $\tilde{g}_\lambda$ との積になるのである．

このように，周波数領域においては，畳み込みの計算が簡単な積で表されるという便利な性質がある．このような性質を持つフーリエ変換を，より一般的な形に拡張したものに **z-変換** (z-transform) がある．信号 x_n の z-変換を

$$X(z) = \sum_{n=-\infty}^{\infty} x_n z^{-n} \quad (4.17)$$

と定義する．ここで $z = re^{i\lambda}$ は複素数である．$r = 1$ のときには，z-変換はフーリエ変換と同じものになる．式 (4.14) で定義したものは，インパルス応答関数 g_n の z-変換ということになる．式 (4.14) は角周波数に関する入出力の伝達特性を表していたことから，これを特に**伝達関数** (transfer function) という．z-変換に対しても，式 (4.16) で得られた積の関係と同様な

$$Y(z) = G(z)\, X(z) \quad (4.18)$$

が成り立つことが示せる．ここで $Y(z)$ は線形システムの出力 y_n の z-変換である．

なお，因果的なシステムの場合には，インパルス応答関数が $j < 0$ において $g_j = 0$ となるので，z-変換は片側だけ

$$X(z) = \sum_{k=0}^{\infty} x_k z^{-k} \quad (4.19)$$

で定義してもよい．信号 x_k も片側だけ (つまり $k < 0$ について $x_k = 0$) のときには，この定義を使っても，式 (4.18) が成り立つ．

連続時間の場合にも，同じような考え方に基づいて，周波数応答関数や伝達関数が定義できる．以下では因果的なシステムを仮定する．すなわち，インパルス応答関数は $t < 0$ において $g(t) = 0$ であるとする．また信号 $x(t)$ は，$t \leq 0$ において $x(t) = 0$ とする．連続時間の場合の z-変換に相当するものに**ラプラス変換** (Laplace transform) があり，

$$\tilde{X}(s) = \int_0^\infty x(t) e^{-st} dt \qquad (4.20)$$

と定義する．ここで s は複素数である．離散時間の信号 x_n が連続時間の信号 $x(t)$ から時間間隔 Δt でサンプリングされたものとしよう．Δt のことを**サンプリングタイム** (sampling time) という．すなわち，t_0 をある基準となる時刻として，$x_n = x(t_0 + n\Delta t)$ であるものとする．このときラプラス変換と z-変換の変数の間には，

$$z = e^{s\Delta t} \qquad (4.21)$$

という関係が成り立つ．これを示すには，まず $y(t) = x(t - \Delta t)$ のラプラス変換を計算すると

$$\begin{aligned}\int_0^\infty y(t) e^{-st} dt &= \int_0^\infty x(t - \Delta t) e^{-st} dt \\ &= e^{-s\Delta t} \int_0^\infty x(t - \Delta t) e^{-s(t - \Delta t)} dt \\ &= e^{-s\Delta t} \tilde{X}(s) \qquad (4.22)\end{aligned}$$

と，$x(t)$ のラプラス変換 $\tilde{X}(s)$ に $e^{-s\Delta t}$ を掛けたものとなる．一方，$y(t)$ をサンプリングタイム Δt でサンプリングした信号 y_n は，$y_n = y(t_0 + n\Delta t) = x(t_0 + (n-1)\Delta t) = x_{n-1}$ と，$x(t)$ を同様にサンプリングした信号 x_n を 1 時刻遅らせたものとなる．y_n の z-変換は

$$\sum_{k=-\infty}^\infty y_k z^{-k} = \sum_{k=-\infty}^\infty x_{k-1} z^{-k}$$

4.2 線形システム

$$= z^{-1} \sum_{k=-\infty}^{\infty} x_{k-1} z^{-(k-1)} = z^{-1} X(z) \qquad (4.23)$$

となり, x_n の z-変換 $X(z)$ に z^{-1} を掛けたものになる. 式 (4.22) と式 (4.23) から, 式 (4.21) が成り立つことがわかる.

インパルス応答関数 $g(t)$ のラプラス変換を $\tilde{G}(s)$, 線形システムの出力 $y(t)$ のラプラス変換を $\tilde{Y}(s)$ とするとき,

$$\tilde{Y}(s) = \tilde{G}(s)\tilde{X}(s) \qquad (4.24)$$

が成り立つ. これは

$$\begin{aligned}
\tilde{Y}(s) &= \int_0^\infty y(t)e^{-st}dt \\
&= \int_0^\infty e^{-st}\left\{\int_0^\infty g(r)x(t-r)dr\right\}dt \\
&= \int_0^\infty g(r)\left\{\int_0^\infty x(t-r)e^{-st}dt\right\}dr \\
&= \int_0^\infty g(r)e^{-sr}\left\{\int_0^\infty x(t-r)e^{-s(t-r)}dt\right\}dr \\
&= \int_{-\infty}^\infty g(r)e^{-sr}dr \int_0^\infty x(\tau)e^{-s\tau}d\tau = \tilde{G}(s)\tilde{X}(s)
\end{aligned}$$

と示すことができる. インパルス応答関数 $g(t)$ のラプラス変換 $\tilde{G}(s)$ を, 離散時間の場合と同様に, **伝達関数**という. 式 (4.14) の離散時間の場合の伝達関数を, これと区別して**パルス伝達関数** (pulse transfer function) ということもある.

λ を角周波数とするとき, $s = i\lambda$ とおけば, ラプラス変換は (片側の) フーリエ変換

$$\tilde{x}(\lambda) = \int_0^\infty x(t)e^{-i\lambda t}dt$$

となる. 式 (4.24) から, 関係

$$\tilde{y}(\lambda) = \tilde{g}(\lambda)\tilde{x}(\lambda)$$

が成り立つ. $\tilde{G}(i\lambda) = \tilde{g}(\lambda)$ を, 離散時間の場合と同様に**(角) 周波数応答関数**と呼ぶ.

因果的な線形システムの**安定性** (stability) について考えてみよう．ここで学ぶのは入出力安定性という概念で，主に古典制御理論において用いられた考え方である．これは，現代制御理論で用いられるリアプノフの意味での安定性や漸近安定性などとは一般には異なるが，可制御および可観測と呼ばれる条件が満たされる場合には同じ考え方であるということを注意しておく．システムが安定であるということを，有界な入力を与えた場合には出力も有界であると定義しよう．安定性の条件として，最初に離散時間の場合について考えることにする．離散時間信号の空間に関する概念を定義しておくと，

$$\sum_{j=0}^{\infty} |g_j| < \infty \tag{4.25}$$

となることを，$\{g_j\}$ が l^1-**空間** (l^1-space) に属するという．また

$$\sum_{j=0}^{\infty} g_j{}^2 < \infty \tag{4.26}$$

となることを，$\{g_j\}$ が l^2-**空間** (l^2-space) に属するという．インパルス応答 $\{g_j\}$ が l^1-空間 に属するということと，有界な入力に対して出力は有界となるということが等価であることを以下で示そう．

まず基本的な準備として，次の事柄を証明は省略して示しておく．まず $\{g_j\}$ が l^1-空間 に属すれば，$\{g_j\}$ は l^2-空間 にも属する (演習問題 4.2)．次に l^1-空間 に属する $\{g_j\}$ は完備であることが知られている．完備とは，l^1-空間 に属する任意のコーシー列 $\{g_j\}$ は常に収束する (収束先もまた l^1-空間 に属する) という性質である．

さて，これらの基本的事柄を踏まえて，安定性の検討に入ろう．入力が有界であるとは，入力の絶対値の上限について

$$\sup_j |x_j| < \infty$$

が成り立つことである．また出力の絶対値の上限は

$$\sup_j |y_j| < \sup_j |x_j| \sum_{k=0}^{\infty} |g_k|$$

となり，これよりインパルス応答 $\{g_j\}$ が l^1-空間 に属するならば右辺は有限

となり，出力が有界であることがわかる．また逆の，有界な入力に対して出力が有界ならば，インパルス応答 $\{g_j\}$ が l^1-空間 に属することについては，その対偶を考えれば成り立つことがわかる．よって $\{g_j\}$ が l^1-空間 に属することと線形システムが安定であることが等価なことが示せた．

次に伝達関数を用いて，線形システムが安定であるための必要十分条件を表してみよう．因果的な線形システムの伝達関数は，$B = z^{-1}$ とすれば

$$G(z) = G(B^{-1}) = \sum_{k=0}^{\infty} g_k B^k \qquad (4.27)$$

と，複素数 B の整級数である．なお，因果的でない場合には，級数に $k < 0$ の項が現れる．整級数の収束発散に関して知られている事実として，一般に式 (4.27) は収束半径 $r(\geq 0)$ を持ち，原点を中心とするある半径 r の内側 $|B| < r$ において収束し，外側 $|B| > r$ においては発散するという性質がある．さて，インパルス応答が l^1-空間 に属するということは，$z = 1$ において式 (4.27) の整級数が収束するということと等価である．よって $r > 1$ であれば，$z = 1$ においてもこの整級数は収束するので，インパルス応答は l^1-空間 に属することになる．またその逆もいえるので，$r > 1$ ということとインパルス応答が l^1-空間に属するということは等価である．

一般の伝達関数の場合でも，正則な領域 D において式 (4.27) の整級数に展開することができる．ただし一般の伝達関数は特異点 (正則でない点) を持つので，注意が必要である．たとえば伝達関数が有理形 $G(B^{-1}) = a(B)/b(B)$ の場合には，$b(B) = 0$ となる点 (これを満たす $z = B^{-1}$ を $G(z)$ の極 (pole) という) が特異点となる．特異点が単位円の外側にしかなければ，正則な領域 D は単位円を含むものとなり，収束半径も $r > 1$ となる．また逆に，$r > 1$ ならば，特異点は全て単位円の外側にしか存在しないということになる．よって $r > 1$ ということと，全ての特異点が単位円の外側に存在するということが，等価なことが示せた．

以上の結果をまとめると，「線形システムが安定である」は「インパルス応答が l^1-空間 に属する」と等価で，「インパルス応答が l^1-空間 に属する」は「$r > 1$」と等価であり，「$r > 1$」は「全ての特異点が単位円の外側に存在する」と等価

である.よって伝達関数の全ての極が単位円の内側にあることが,線形システムが安定であるための必要十分条件ということになる.

連続時間の場合には,まず伝達関数がインパルス応答関数のラプラス変換により

$$\tilde{G}(s) = \int_0^\infty g(t)e^{-st}dt$$

となる.伝達関数 $\tilde{G}(s)$ の全ての極の実部が負なら (複素平面の左半分に位置すれば),線形システムは安定である.なぜなら複素数 s を $s = a + ib$ と表すと,式 (4.21) の関係から

$$z = e^{s\Delta t} = e^{a\Delta t}e^{ib\Delta t}$$

となり,離散時間の場合の安定性の条件 $|z| < 1$ より,$e^{a\Delta t} < 1$ が得られ,これより複素数 s の実部 a が負であることが導けるからである.

4.3 線 形 過 程

因果的な離散時間線形システムに,平均が 0 で式 (4.2) の自己共分散関数を持つ白色ガウス雑音系列 $\{\varepsilon_n\}$ を入力した確率過程

$$X_n = \sum_{j=-\infty}^\infty g_j \varepsilon_{n-j} \qquad (4.28)$$

を考えよう.ここで因果的であるので $j < 0$ においては $g_j = 0$ であることに注意しよう.この X_n を**一般線形過程** (general linear process) という.まず,一般線形過程 X_n が定常 (弱定常) であるための条件について考えることにする.そのために X_n の平均,分散,自己共分散を順に求めてみよう.まず X_n の平均は

$$\mathrm{E}[X_n] = \mathrm{E}\left[\sum_{j=-\infty}^\infty g_j \varepsilon_{n-j}\right] = \sum_{j=-\infty}^\infty g_j \mathrm{E}[\varepsilon_{n-j}] = 0 \qquad (4.29)$$

で,時刻 n によらず一定 ($= 0$) であることがわかる.次に X_n の分散は

4.3 線形過程

$$\mathrm{Var}\,[X_n] = \mathrm{Var}\left[\sum_{j=-\infty}^{\infty} g_j \varepsilon_{n-j}\right]$$
$$= \sum_{j=-\infty}^{\infty} g_j{}^2 \mathrm{Var}\,[\varepsilon_{n-j}] = \sum_{j=-\infty}^{\infty} g_j{}^2 \sigma_\varepsilon{}^2 \quad (4.30)$$

となる．ここでインパルス応答 g_j が l^2-空間 に属すれば，$\sum_{j=-\infty}^{\infty} g_j{}^2 < \infty$ であるから，X_n の分散も有限の値となる．これを $\sigma_x{}^2$ と表すことにしよう．$\sigma_x{}^2$ は時刻 n によらず一定である．また時刻 $n+\tau$, n における自己共分散は

$$\mathrm{Cov}\,[X_{n+\tau}, X_n] = \mathrm{E}\,[X_{n+\tau} X_n]$$
$$= \mathrm{E}\left[\sum_{j=-\infty}^{\infty} g_j \varepsilon_{n+\tau-j} \sum_{k=-\infty}^{\infty} g_k \varepsilon_{n-k}\right]$$
$$= \sigma_\varepsilon{}^2 \sum_{j=-\infty}^{\infty} g_j g_{j-\tau} \quad (4.31)$$

ここで，インパルス応答 g_j が l^2-空間 に属すれば，$\sum_{j=-\infty}^{\infty} g_j g_{j-\tau} \leq \sum_{j=-\infty}^{\infty} g_j{}^2 < \infty$ であるから，X_n の時刻 $n+\tau$, n における自己共分散も有限の値を持ち，時間間隔 τ には依存するが時刻 n によらず一定であることがわかる．これを $C_x(\tau)$ と表すことにしよう．

以上のように，式 (4.28) の一般線形過程において，インパルス応答 g_j が l^2-空間に属する場合には，出力系列 X_n は弱定常性を満たすものとなる．この場合の一般線形過程を特に**線形過程** (linear process)，もしくは定常であることを強調して**定常線形過程** (stationary linear process) と呼ぶ．因果的で安定な線形システムのインパルス応答は l^1-空間に属し，l^1-空間は l^2-空間に含まれることから，白色ガウス雑音を入力とする因果的で安定な線形システムの出力は定常線形過程となる．

線形性を持つ演算子を使った表記をすると，線形過程の性質を調べるうえで便利である．ここでは時間を遅れさせる演算子であるバックワードシフトオペレータ (backward shift operator) B を

$$Bx_n = x_{n-1} \quad (4.32)$$

$$B^k x_n = B^{k-1}(Bx_n) \qquad (4.33)$$

と定義する．B は以下の性質を持つ．

$$B\{\alpha x_n + \beta y_n\} = \alpha Bx_n + \beta By_n \qquad (線形性) \qquad (4.34)$$

$$B\{x_n y_n\} = Bx_n By_n \qquad (4.35)$$

$$B\left\{\frac{x_n}{y_n}\right\} = \frac{Bx_n}{By_n} \qquad (4.36)$$

バックワードシフトオペレータ B と伝達関数 $G(z)$ を用いると，線形過程は次のように表すことができる．

$$X_n = \left(\sum_{j=0}^{\infty} g_j B^j\right)\varepsilon_n = G(B^{-1})\varepsilon_n \qquad (4.37)$$

線形過程の反転可能性という概念を学ぼう．反転可能性とは，式 (4.37) の線形過程を，$H(z) = 1/G(z)$ について

$$\varepsilon_n = H(B^{-1})X_n \qquad (4.38)$$

とすることができるという性質である．そのためには，$H(B^{-1})$ が B の級数として収束し，かつ $H(z)$ を伝達関数に持つ線形システムは因果的で安定であればよい．$G(z) = 0$ の根を，$G(z)$ の**零点** (zero) というが，零点において $H(z)$ は発散することがわかる (つまり，$G(z)$ の零点は $H(z)$ の特異点である)．因果的であるためには，$H(B^{-1})$ は整級数展開可能である必要があるので，$H(B^{-1})$ は原点を含む領域 D において正則でなければならない．また安定であるためには，この領域 D は単位円を含む必要がある．これらを満たすためには，全ての $G(z)$ の零点が単位円の内側にある必要がある．よって，伝達関数 $G(z)$ の全ての零点が単位円の内側にあれば，($B = z^{-1}$ については単位円の外側にあれば)，線形過程は**反転可能** (invertible) であることがわかる．

以下では，定常線形過程の代表的な例として，移動平均過程，自己回帰過程，および自己回帰–移動平均過程について学ぶことにしよう．

4.3.1　移動平均過程

因果的な線形システムにおいて，インパルス応答関数が

4.3 線形過程

$$g_j = \begin{cases} \beta_j, & j = 0, 1, 2, \cdots, q \\ 0, & j > q \end{cases} \quad (4.39)$$

と，高々時刻 q までが (一般的には) 0 でない値を持ち，$q+1$ 以降については 0 である場合を考えよう．もしくは簡単のため，β_j を β_0 で割り，時刻 0 について正規化した

$$g_j = \begin{cases} 1, & j = 0 \\ b_j = \beta_j/\beta_0, & j = 1, 2, \cdots, q \\ 0, & j > q \end{cases} \quad (4.40)$$

を考える．これらの場合の線形過程は，それぞれ

$$X_n = \sum_{j=0}^{q} \beta_j \varepsilon_{n-j} \quad (4.41)$$

および

$$X_n = \sum_{j=1}^{q} b_j \varepsilon_{n-j} + \varepsilon_n \quad (4.42)$$

と書ける．これらを**移動平均過程** (moving-average process) という．β_j または b_j のことを**移動平均係数** (moving-average coefficient) といい，q を移動平均の**次数** (order) という．

ここで登場した**移動平均** (moving-average) という操作は，微小変動を抑えて滑らかな時系列を得るための一つの方法で，経済時系列などでデータの傾向を見るときによく使われる．データの傾向のことをトレンド (趨勢，trend) という．なお，より一般的な因果性にとらわれない移動平均の求め方は時系列 x_n に対して

$$y_n = \frac{1}{2q+1} \sum_{j=-q}^{q} x_{n+j} \quad (4.43)$$

のように系列 y_n を計算する．系列 y_n は元の系列 x_n よりも滑らかなものになる．特に，$q=1$ とした場合は 3 項移動平均，$q=2$ とした場合は 5 項移動平均，同様に $q=3$ ならば 7 項移動平均などという．また，次のような重み係数 w_j を持つ移動平均

$$y_n = \sum_{j=-q}^{q} w_j x_{n+j} \qquad (4.44)$$

もある．ただし $\sum_{j=-q}^{q} w_j = 1$ とする．このような移動平均を**加重移動平均** (weighted moving-average) という．$\beta_j = w_j$ とおくと，因果的でないシステムを

$$X_n = \sum_{j=-q}^{q} \beta_j \varepsilon_{n+j} \qquad (4.45)$$

と書くことができる．これは入力の白色ガウス雑音に対して移動平均の操作を行い，得られた系列を出力する確率過程となっている．式 (4.41) の因果的なシステムの場合もこれと類似しているので，移動平均過程と呼ばれるのである．

移動平均過程とは，白色雑音の過去 q 時刻分の値 $\varepsilon_{n-1}, \varepsilon_{n-2}, \cdots, \varepsilon_{n-q}$ に係数 $b_1, b_2, \cdots, b_q$ を掛けて和をとり (これはつまり入力の線形和である)，それに現在の白色雑音 ε_n を加えたものと見ることができる．本書では，式 (4.42) を移動平均過程と呼ぶことにする．移動平均過程のことを略して **MA 過程** (moving-average process) または，**MA (q)** と表す．移動平均過程の定義からわかるように，MA(0) は白色雑音である．

例題 4.1 1 次の移動平均過程 MA(1) の式を示せ．
解答 $q = 1$ であることから，式 (4.42) より

$$X_n = \sum_{j=1}^{1} b_j \varepsilon_{n-j} + \varepsilon_n = \varepsilon_n + b_1 \varepsilon_{n-1} \quad \square \qquad (4.46)$$

例題 4.2 2 次の移動平均過程 MA(2) の式を示せ．
解答 $q = 2$ より

$$X_n = \sum_{j=1}^{2} b_j \varepsilon_{n-j} + \varepsilon_n = \varepsilon_n + b_1 \varepsilon_{n-1} + b_2 \varepsilon_{n-2} \quad \square \qquad (4.47)$$

移動平均過程 MA(q) の期待値を求めてみよう．まず期待値演算の線形性より

$$\mathrm{E}\left[X_n\right] = \mathrm{E}\left[\sum_{j=1}^{q} b_j \varepsilon_{n-j} + \varepsilon_n\right]$$

$$= \sum_{j=1}^{q} b_j \mathrm{E}\left[\varepsilon_{n-j}\right] + \mathrm{E}\left[\varepsilon_n\right] \tag{4.48}$$

となる.次に,白色雑音の期待値は0であることから,式 (4.48) に出てくる期待値は全て0である.よって移動平均過程の期待値は0であることがわかる.

移動平均過程の自己共分散関数 (もしくは自己相関関数) を求めてみよう.まず最初は MA(1) について考えよう. MA(1) の自己共分散関数 C_τ のうち, C_0, すなわち分散 σ_x^2 をまず求めると

$$\begin{aligned} C_0 &= \mathrm{E}\left[X_n X_n\right] \\ &= \mathrm{E}\left[\left(\varepsilon_n + b_1 \varepsilon_{n-1}\right)\left(\varepsilon_n + b_1 \varepsilon_{n-1}\right)\right] \\ &= \mathrm{E}\left[\varepsilon_n^2 + b_1 \varepsilon_{n-1}\varepsilon_n + b_1 \varepsilon_n \varepsilon_{n-1} + b_1^2 \varepsilon_{n-1}^2\right] \end{aligned} \tag{4.49}$$

となるが,白色雑音の積の期待値は時刻が異なれば0であることから,

$$C_0 = \mathrm{E}\left[\varepsilon_n^2\right] + b_1^2 \mathrm{E}\left[\varepsilon_{n-1}^2\right] = \left(1 + b_1^2\right) \sigma_\varepsilon^2 \tag{4.50}$$

となることがわかる.次に C_1 を求めると

$$\begin{aligned} C_1 &= \mathrm{E}\left[X_{n+1} X_n\right] \\ &= \mathrm{E}\left[\left(\varepsilon_{n+1} + b_1 \varepsilon_n\right)\left(\varepsilon_n + b_1 \varepsilon_{n-1}\right)\right] \\ &= \mathrm{E}\left[\varepsilon_{n+1}\varepsilon_n + b_1 \varepsilon_n^2 + b_1 \varepsilon_{n+1}\varepsilon_{n-1} + b_1^2 \varepsilon_n \varepsilon_{n-1}\right] \\ &= b_1 \mathrm{E}\left[\varepsilon_n^2\right] = b_1 \sigma_\varepsilon^2 \end{aligned} \tag{4.51}$$

となる.さらに C_2 を求めてみると

$$\begin{aligned} C_2 &= \mathrm{E}\left[X_{n+2}\, X_n\right] \\ &= \mathrm{E}\left[\left(\varepsilon_{n+2} + b_1 \varepsilon_{n+1}\right)\left(\varepsilon_n + b_1 \varepsilon_{n-1}\right)\right] \\ &= \mathrm{E}\left[\varepsilon_{n+2}\varepsilon_n + b_1 \varepsilon_{n+1}\varepsilon_n + b_1 \varepsilon_{n+2}\varepsilon_{n-1} + b_1^2 \varepsilon_{n+1}\varepsilon_{n-1}\right] \\ &= 0 \end{aligned} \tag{4.52}$$

となる.また $C_3, C_4, \cdots$ も同様に 0 となる.よって MA(1) の自己共分散関数は, C_0, C_1 までが (一般的には) 非零の値を持ち,残りの $C_2, C_3, \cdots$ は全て 0 であることがわかる.

同様にして，MA(2) についても自己共分散関数を求めてみると，

$$\left.\begin{aligned} C_0 &= \left(1 + b_1{}^2 + b_2{}^2\right)\sigma_\varepsilon{}^2 \\ C_1 &= (b_1 + b_1 b_2)\sigma_\varepsilon{}^2 \\ C_2 &= b_2 \sigma_\varepsilon{}^2 \\ C_3 &= C_4 = \cdots = 0 \end{aligned}\right\} \quad (4.53)$$

となる．さらに MA(3) では

$$\left.\begin{aligned} C_0 &= \left(1 + b_1{}^2 + b_2{}^2 + b_3{}^2\right)\sigma_\varepsilon{}^2 \\ C_1 &= (b_1 + b_1 b_2 + b_2 b_3)\sigma_\varepsilon{}^2 \\ C_2 &= (b_2 + b_1 b_3)\sigma_\varepsilon{}^2 \\ C_3 &= b_3 \sigma_\varepsilon{}^2 \\ C_4 &= C_5 = \cdots = 0 \end{aligned}\right\} \quad (4.54)$$

そして一般の MA(q) では，$b_0 = 1$ として

$$\left.\begin{aligned} C_0 &= \left(b_0{}^2 + b_1{}^2 + \cdots + b_q{}^2\right)\sigma_\varepsilon{}^2 \\ C_1 &= (b_0 b_1 + b_1 b_2 + \cdots + b_{q-1} b_q)\sigma_\varepsilon{}^2 \\ &\vdots \\ C_\tau &= (b_0 b_\tau + b_1 b_{\tau+1} + \cdots + b_{q-\tau} b_q)\sigma_\varepsilon{}^2 \\ &\vdots \\ C_{q+1} &= C_{q+2} = \cdots = 0 \end{aligned}\right\} \quad (4.55)$$

となる (ただし $|\tau| \leq q$)．これらを一般式としてまとめると

$$C_\tau = \begin{cases} \sigma_\varepsilon{}^2 \sum_{j=0}^{q-|\tau|} b_j b_{|\tau|+j}, & |\tau| \leq q \\ 0, & |\tau| > q \end{cases} \quad (4.56)$$

となる．このように，移動平均過程 MA(q) の自己共分散関数 C_τ は次数 q までが (一般的には) 0 でない値を持ち，$q+1$ 以降は 0 となることがわかった．これは，線形過程のインパルス応答関数を q で打ち切ったものが MA(q) であることを考えれば，直観的にも納得のいく結果であろう．

移動平均過程が定常であるためには，X_n の平均，分散および自己共分散が，

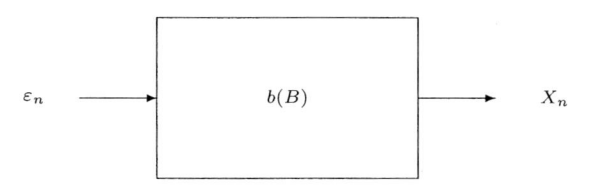

図 4.2 MA 過程

時刻 n によらず一定の有限値を持てばよい．これらの特性値が時刻によらず一定であることはすでに確認したので，あとは分散および自己共分散が有限の値であることを示せばよい．これらが有限であるためには，式 (4.56) の和が収束すればよい．これは有限項の和であるので，移動平均係数 b_j が有限の値をとる限り，その和は収束する．よって有限次の移動平均過程においては，係数 b_j が有限の値をとる場合には定常であることがわかった．

移動平均過程 MA(q) を，バックワードシフトオペレータを使って表すと，

$$X_n = \left(1 + \sum_{j=1}^{q} b_j B^j\right) \varepsilon_n \tag{4.57}$$

となる．また

$$b(B) \equiv 1 + \sum_{j=1}^{q} b_j B^j \tag{4.58}$$

と定義すれば，移動平均過程は

$$X_n = b(B)\varepsilon_n \tag{4.59}$$

と表すこともできる．つまり白色雑音 ε_n に対して演算子 $b(B)$ を作用させた結果得られる情報が移動平均過程ということになる．これを白色雑音 ε_n を入力とする線形システムとして，図 4.2 のように表すことにしよう．ここで，B を z^{-1} に置き換えれば，移動平均過程の伝達関数は $G(z) = b(z^{-1})$ であることに注意しよう．

演算子 $b(B)$ が 0 に等しいとし，これを B を未知変数として見た方程式

$$b(B) = 1 + \sum_{j=1}^{q} b_j B^j = 0 \tag{4.60}$$

を移動平均過程の**特性方程式** (characteristic equation) という．特性方程式の根のことを**特性根** (characteristic root) という．

さて，移動平均過程と反転可能性について考察してみよう．たとえば1次の移動平均過程

$$X_n = b\varepsilon_{n-1} + \varepsilon_n \tag{4.61}$$

を考える．この自己共分散関数を求めてみると，

$$C_0 = (1+b^2)\sigma_\varepsilon^2$$
$$C_1 = b\sigma_\varepsilon^2$$
$$C_2 = C_3 = C_4 = \cdots 0$$

となり，これより時間差1における自己相関関数の値 ρ は

$$\rho \equiv R_1 = \frac{b}{1+b^2}$$

となる．つまり，移動平均係数 b と相関 ρ との間には

$$b^2 - \frac{b}{\rho} + 1 = 0 \tag{4.62}$$

という関係が成り立つ．ところで b を $1/b$ と置き換えても式 (4.62) を満たす．これより，同じ自己相関関数を持つ移動平均過程として，移動平均係数を逆数にした

$$X_n = \frac{1}{b}\varepsilon_{n-1} + \varepsilon_n \tag{4.63}$$

が存在することがわかる．以上のように，同じ自己相関関数を持つ移動平均過程には，1次の場合には2つの係数が存在することがわかったが，これらの係数について反転可能性を見てみると，式 (4.61) が反転可能であれば ($b<1$)，式 (4.63) は反転可能ではないことがわかる．同様の事実は，2次以上の移動平均過程についても成り立つ．たとえば2次の場合には，特性方程式

$$1 + b_1 B + b_2 B^2 = 0 \tag{4.64}$$

の根を λ_1, λ_2 とするとき，

$$1 + b_1 B + b_2 B^2 = (1 - \lambda_1^{-1} B)(1 - \lambda_2^{-1} B) \qquad (4.65)$$

と書くことができるが,特性根を逆数にした場合の移動平均係数,つまり

$$1 + b_1 B + b_2 B^2 = (1 - \lambda_1 B)(1 - \lambda_2^{-1} B) \qquad (4.66)$$

$$1 + b_1 B + b_2 B^2 = (1 - \lambda_1^{-1} B)(1 - \lambda_2 B) \qquad (4.67)$$

を満たす移動平均係数の組についても,自己相関関数は同じものとなることが示せる.つまり,特性根を逆数にした移動平均過程も,元の移動平均過程と同じ自己相関関数を持つのである.しかし同じ自己相関関数を持つ移動平均係数の組合せのうち,反転可能性を満たすものは一つだけである.以上の事実から,移動平均係数が一意に定まるようにするために,移動平均過程には反転可能性を課すのが一般的である.

4.3.2 自己回帰過程

移動平均過程は,入力の過去の値の線形結合に現在の白色雑音を加えたものであった.今度は線形結合を,入力でなく出力に対してとる場合を考えてみよう.この場合,確率過程は

$$X_n = \sum_{j=1}^{p} a_j X_{n-j} + \varepsilon_n \qquad (4.68)$$

と表され,これを**自己回帰過程** (autoregressive process) という.自己回帰過程のことを略して **AR** 過程または,**AR (p)** と表す.係数 a_j のことを**自己回帰係数** (autoregressive coefficient) といい,p のことを自己回帰過程の**次数** (order) という.

例題 4.3 1 次の自己回帰過程 AR(1) の式を示せ.

解答 次数 1 の自己回帰過程 AR(1) は

$$X_n = a_1 X_{n-1} + \varepsilon_n \qquad (4.69)$$

である.ここで ε_n は平均 0,分散 σ_ε^2 の白色ガウス雑音とする. □

AR(1) は 1 時刻前の過去の情報 X_{n-1} に係数を掛けた項を持つ.ここで X_{n-1} 自体も AR(1) により生成された情報なので,その 1 時刻前の情報 X_{n-2}

に係数を掛けた項が現れる. これを繰り返すと, AR(1) は

$$X_n = \varepsilon_n + a_1 X_{n-1}$$
$$= \varepsilon_n + a_1 \varepsilon_{n-1} + a_1{}^2 X_{n-2}$$
$$\vdots$$
$$= \sum_{j=0}^{\infty} a_1{}^j \varepsilon_{n-j} \tag{4.70}$$

と書くことができる. 簡単のため, $|a_1| < 1$ としよう (よって $j \to \infty$ のとき $a_1{}^j \to 0$ となる). さて, こう表現した X_n について, 平均, 分散, 自己共分散を求めてみよう. まず平均は

$$\mathrm{E}[X_n] = \sum_{j=0}^{\infty} a_1{}^j \, \mathrm{E}[\varepsilon_{n-j}] = 0 \tag{4.71}$$

となる. 次に分散は, 分散の性質 $\mathrm{Var}[aX + bY] = a^2 \mathrm{Var}[X] + b^2 \mathrm{Var}[Y]$ を使って,

$$\mathrm{Var}[X_n] = \sum_{j=0}^{\infty} a_1{}^{2j} \mathrm{Var}[\varepsilon_{n-j}] = \sigma_\varepsilon{}^2 \sum_{j=0}^{\infty} a_1{}^{2j} \tag{4.72}$$

となる ($|a_1| < 1$ より右辺の無限級数は収束する). そして自己共分散は, 式 (4.28) において

$$g_j = \begin{cases} a_1{}^j, & j \geq 0 \\ 0, & j < 0 \end{cases} \tag{4.73}$$

とおけば, 式 (4.70) は線形過程として表されることを使って, 線形過程の自己共分散の式 (4.31) と同じく

$$\mathrm{Cov}[X_{n+\tau}, X_n] = \sigma_\varepsilon{}^2 \sum_{j=-\infty}^{\infty} g_j g_{j-\tau} \tag{4.74}$$

となる. □

2 次以上の自己回帰過程の場合には, このような簡単な方法では平均, 分散, 自己共分散の特性値を求めることはできない. この場合には, 自己回帰過程が差分方程式であることから, 差分方程式の一般解を求めることにより確率過程

4.3 線形過程

X_n の分布を求め,そしてこれらの特性値を求めることになる.

自己回帰過程を線形非同次の差分方程式

$$X_n - \sum_{j=1}^{p} a_j X_{n-j} = \varepsilon_n \tag{4.75}$$

とみなすことができる.線形非同次の差分方程式の一般解は,同時方程式の一般解に非同時方程式の特殊解を加えたものである.これらの解を個別に求めてみよう.

まず p 次の自己回帰過程の差分方程式に対応する同時方程式

$$X_n - a_1 X_{n-1} - a_2 X_{n-2} - \cdots - a_p X_{n-p} = 0 \tag{4.76}$$

の一般解は,差分方程式の特性方程式

$$z^p - a_1 z^{p-1} - a_2 z^{p-2} - \cdots - a_p = 0 \tag{4.77}$$

の根 $\bar{\mu}_1, \bar{\mu}_2, \cdots, \bar{\mu}_p$ (一般には複素数) より求めることができる.ここでは簡単のため,重根はないと仮定する (すなわち,これらの根より構成される解は1次独立であるとする).すると同時方程式の一般解は,これらの根のべき乗の線形結合

$$X_n = \sum_{j=1}^{p} \alpha_j \bar{\mu}_j{}^n \tag{4.78}$$

となる.係数 α_j は,差分方程式の初期値を適切に与えることで定まる.なお自己回帰過程においては,**特性方程式**を

$$a(B) \equiv 1 - \sum_{j=1}^{p} a_j B^j = 0 \tag{4.79}$$

と,バックワードシフトオペレータを使って表す.本書では,単に自己回帰過程の特性方程式といった場合には,特に断らない限りは式 (4.79) を表すものとする.特性方程式 (4.79) と差分方程式の特性方程式 (4.77) とを比べると,$B = z^{-1}$ という関係が成り立つことがわかる.また $\bar{\mu}_1, \bar{\mu}_2, \cdots, \bar{\mu}_p$ は,特性方程式 (4.79) の根の逆数であることもわかる.

次に非同時項 ε_n を右辺に持つ場合の特殊解を,演算子法と呼ばれる方法で

求めてみよう. 自己回帰過程の差分方程式をバックワードシフトオペレータを使って表すと

$$\left(1 - \sum_{j=1}^{p} a_j B^j\right) X_n = \varepsilon_n \qquad (4.80)$$

となる. これを X_n について解くと,

$$X_n = \frac{1}{1 - \sum_{j=1}^{p} a_j B^j} \varepsilon_n \qquad (4.81)$$

が得られる. これは, 式 (4.79) を用いれば,

$$X_n = a(B)^{-1} \varepsilon_n \qquad (4.82)$$

と表すこともできる. 分数 $a(B)^{-1}$ を, 式 (4.77) の根 $\bar{\mu}_j$ を使って部分分数展開すると

$$a(B)^{-1} = \sum_{j=1}^{p} \frac{\gamma_j}{1 - \bar{\mu}_j B} \qquad (4.83)$$

と書くことができる. よって非同時差分方程式の特殊解は

$$X_n = \sum_{j=1}^{p} \frac{\gamma_j}{1 - \bar{\mu}_j B} \varepsilon_n \qquad (4.84)$$

となる.

式 (4.78) および式 (4.84) から, p 次の自己回帰過程の一般解

$$X_n = \sum_{j=1}^{p} \alpha_j \bar{\mu}_j{}^n + \sum_{j=1}^{p} \frac{\gamma_j}{1 - \bar{\mu}_j B} \varepsilon_n \qquad (4.85)$$

が得られた. ここで $|\bar{\mu}_j| < 1$ $(j = 1, 2, \cdots, p)$ のとき, すなわち特性方程式の全ての根 $\mu_j \equiv 1/\bar{\mu}_j$ が単位円の外側にあるならば, 第 1 項は $n \to \infty$ のとき $\to 0$ となる. つまりこの条件が満たされるときには, 差分方程式の計算を適当な初期値から始めても, 十分な時間が経過した後には一般解は式 (4.85) の第 2 項だけになるのである.

以上のことから, 自己回帰過程が定常であるための条件 (定常性の条件) は, 全ての特性根 μ_j $(j = 1, 2, \cdots, p)$ が $|\mu_j| > 1$ を満たすことである, というこ

とがわかった．次にこの条件から，自己回帰係数がどんな値であれば定常性の条件を満たすかについて，1次と2次の場合について見てみよう．

例題 4.4 次数1の自己回帰過程 AR(1)

$$X_n = a_1 X_{n-1} + \varepsilon_n \tag{4.86}$$

について定常性の条件を満たす係数の範囲を求めよ．

解答 特性方程式が

$$1 - a_1 B = 0 \tag{4.87}$$

となることから，その根は $\mu_1 = 1/a_1$ となる．これが定常性の条件 $|\mu_1| > 1$ を満たすためには，$|1/a_1| > 1$ つまり $|a_1| < 1$ となる必要がある．□

例題 4.5 次数2の自己回帰過程 AR(2)

$$X_n = a_1 X_{n-1} + a_2 X_{n-2} + \varepsilon_n \tag{4.88}$$

について，定常性の条件を満たす係数の範囲を求めよ．

解答 まず特性方程式は

$$1 - a_1 B - a_2 B^2 = 0 \tag{4.89}$$

となる．この方程式の2つの根を μ_1, μ_2 と表すことにしよう．これらの根について，$|\mu_1| > 1$ および $|\mu_2| > 1$ を満たせば，式 (4.88) の自己回帰過程は定常である．この条件を満たす自己回帰係数は，図 4.3 の三角の領域の内側となる (詳細は演習問題を参照)．複素根，異なる実根，重根のそれぞれの場合について，この三角形の領域中のどの値をとるか見てみると，まず特性根が重根の場合には，三角形の領域中の2次曲線 $a_2 = -(1/4)a_1^2$ 上の点となる．次に複素根の場合には，2次曲線の下側の領域 (図中の (c),(d)) となる．このうち図中の領域 (c) では $a_1 > 0$ であり，領域 (d) では $a_1 < 0$ である．また異なる実数根の場合には，2次曲線の上側の領域 (図中の (a),(b)) となる．このうち図中の領域 (a) では $a_1 > 0$ であり，領域 (b) では $a_1 < 0$ である．□

次に，自己回帰過程の平均，分散，自己共分散を求めてみよう．まず平均については，式 (4.85) の期待値をとればよいので，

図 4.3 定常な AR(2) 係数の範囲

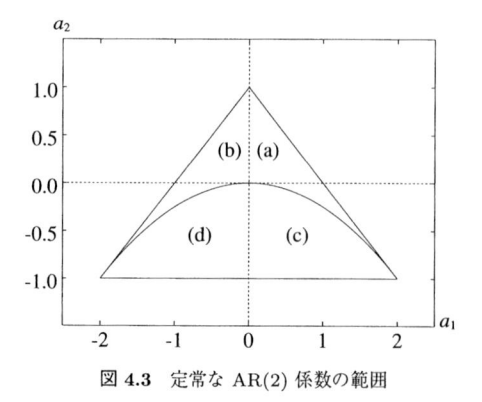

$$\mathrm{E}\left[X_{n}\right]=\sum_{j=1}^{p}\alpha_{j}\bar{\mu}_{j}{}^{n}+\sum_{j=1}^{p}\frac{\gamma_{j}}{1-\bar{\mu}_{j}B}\mathrm{E}\left[\varepsilon_{n}\right] \tag{4.90}$$

となるが,定常性の条件を満たしていることから第 1 項は $n \to \infty$ のとき $\to 0$ であり,また白色雑音の期待値は 0 であることから,$\mathrm{E}\left[X_{n}\right]=0$ となる.

共分散および自己共分散を求めるには,次のような方法を用いるとよい.まず分散 $\mathrm{Cov}\left[X_{n}, X_{n}\right]=\mathrm{E}\left[X_{n}X_{n}\right]$ は,X_{n} が自己回帰過程であることから

$$\mathrm{E}\left[X_{n}X_{n}\right]=\sum_{j=1}^{p}a_{j}\mathrm{E}\left[X_{n}X_{n-j}\right]+\mathrm{E}\left[X_{n}\varepsilon_{n}\right] \tag{4.91}$$

となる.右辺第 2 項は,X_{n} が式 (4.68) で表されるので,

$$\mathrm{E}\left[X_{n}\varepsilon_{n}\right]=\sum_{j=1}^{p}a_{j}\mathrm{E}\left[X_{n-j}\varepsilon_{n}\right]+\mathrm{E}\left[\varepsilon_{n}\varepsilon_{n}\right]=\sigma_{\varepsilon}{}^{2} \tag{4.92}$$

となる.よって式 (4.91) は

$$C_{0}=\sum_{j=1}^{p}a_{j}C_{j}+\sigma_{\varepsilon}{}^{2} \tag{4.93}$$

と書くことができ,$C_{1}, \cdots, C_{p}$ がわかれば C_{0} を得ることができる.次に自己共分散 $C_{\tau}=\mathrm{Cov}\left[X_{n+\tau}, X_{n}\right]=\mathrm{E}\left[X_{n+\tau}X_{n}\right]$ は,$C_{\tau}=C_{-\tau}$ を利用して,式 (4.91) と同様に計算を行えば,

4.3 線形過程

$$E[X_{n-\tau}X_n] = \sum_{j=1}^{p} a_j E[X_{n-\tau}X_{n-j}] + E[X_{n-\tau}\varepsilon_n] \quad (4.94)$$

から,

$$C_\tau = \sum_{j=1}^{p} a_j C_{\tau-j} \quad (4.95)$$

が得られる.これより $\tau \leq p$ については

$$\begin{cases} C_1 = a_1 C_0 + a_2 C_1 + a_3 C_2 + \cdots + a_p C_{p-1} \\ C_2 = a_1 C_1 + a_2 C_0 + a_3 C_1 + \cdots + a_p C_{p-2} \\ \quad \vdots \\ C_p = a_1 C_{p-1} + a_2 C_{p-2} + a_3 C_{p-3} + \cdots + a_p C_0 \end{cases} \quad (4.96)$$

となり,$\tau > p$ の場合には

$$C_\tau = a_1 C_{\tau-1} + a_2 C_{\tau-2} + \cdots + a_p C_{\tau-p} \quad (4.97)$$

となる.

式 (4.97) は,C_τ についての差分方程式と見ることができる.また式 (4.96) は,差分方程式の初期値を与えている.この差分方程式を解けば,自己共分散関数を得ることができる.

例題 4.6 次数 2 の自己回帰過程 (AR(2))

$$X_n = a_1 X_{n-1} + a_2 X_{n-2} + \varepsilon_n \quad (4.98)$$

について,自己共分散関数を求めてみよう.

解答 自己相関は自己共分散を分散で割り正規化したものであるので,これまでの自己共分散に関する議論は,自己相関に関しても同様に成り立つ.自己相関関数 R_τ と分散 $\sigma_x^2 = C_0$ を求めれば自己共分散関数 C_τ が得られるので,まずは自己相関関数を求めることにしよう.式 (4.97) に対応する差分方程式は,$\tau > 2$ について

$$R_\tau = a_1 R_{\tau-1} + a_2 R_{\tau-2} \quad (4.99)$$

と 2 次の式となる.その初期値を与える 2 つの方程式は,式 (4.96) より

$$R_1 = a_1 R_0 + a_2 R_1 \tag{4.100}$$

$$R_2 = a_1 R_1 + a_2 R_0 \tag{4.101}$$

となる．ここで $R_0 = 1$ であるので，式 (4.100) より $R_1 = a_1/(1-a_2)$ が得られ，これと式 (4.101) から $R_2 = a_1{}^2/(1-a_2) + a_2$ が得られる．これらの初期値を式 (4.99) に与えて逐次計算していけば，2 次の自己回帰過程の自己相関関数 R_τ が求まる．

次に分散については，式 (4.93) より

$$C_0 = a_1 C_1 + a_2 C_2 + \sigma_\varepsilon{}^2 \tag{4.102}$$

であるが，この両辺を C_0 で割れば

$$1 = \frac{a_1 C_1}{C_0} + \frac{a_2 C_2}{C_0} + \frac{\sigma_\varepsilon{}^2}{C_0}$$

となり，これを変形して

$$C_0 = \frac{\sigma_\varepsilon{}^2}{1 - a_1 R_1 - a_2 R_2}$$

が得られる．□

図 4.3 の (a),(b),(c),(d) のそれぞれの領域について，自己相関関数の例を図 4.4〜図 4.7 に示す．

移動平均過程は白色雑音 ε_n に対して演算子 $b(B)$ を作用させた結果得られる情報を表していたが，これと同様に，自己回帰過程も，式 (4.82) より，白色雑音 ε_n に対して演算子 $a(B)^{-1}$ を作用させた結果得られる情報を表している．よって移動平均過程と同様に，自己回帰過程を，白色雑音 ε_n を入力とする線形システムとして，図 4.8 のように表すことにしよう．ここで，B を z^{-1} におき換えれば，自己回帰過程の伝達関数は $G(z) = a(z^{-1})$ であることに注意しよう．

ところで反転可能とは，式 (4.37) の線形過程を式 (4.38) で表せることを意味した．有限次数 q の移動平均過程

$$X_n = b(B)\varepsilon_n \tag{4.103}$$

についても，これが反転可能 ($b(B) = 0$ の全ての根が単位円の外側に存在する)

4.3 線形過程

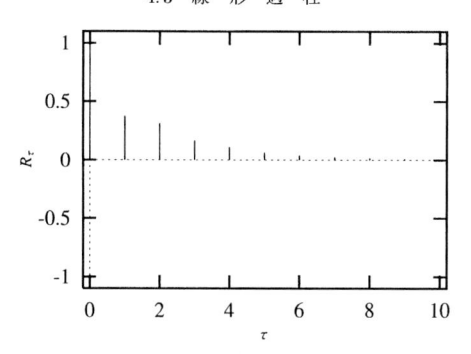

図 4.4 AR(2) の自己相関関数 (a)：$a_1 = 0.3$, $a_2 = 0.2$

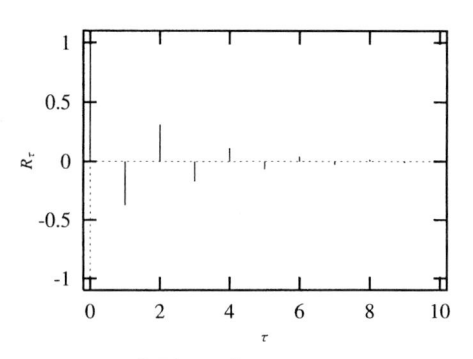

図 4.5 AR(2) の自己相関関数 (b)：$a_1 = -0.3$, $a_2 = 0.2$

であれば，$b(B)^{-1}$ を B の無限級数 $\sum_{j=0}^{\infty} a_j B^j$ (ただし $a_0 = 1$ とする) で表すことができる．よって有限次数の移動平均過程は

$$\sum_{j=0}^{\infty} a_j B^j X_n = \varepsilon_n$$

と，無限次の自己回帰過程により表されることになる．

一方自己回帰過程においては，$a(B) \equiv 1 - \sum_{j=1}^{p} a_j B^j$ として，有限次数 p の自己回帰過程を

$$a(B) X_n = \varepsilon_n$$

と表すとき，自己回帰過程が定常であれば，$a(B) = 0$ の全ての根が単位円の外側に存在する．この条件は，反転可能性の条件と同じであるので，$a(B)^{-1}$ を B の無限級数 $\sum_{j=0}^{\infty} b_j B^j$ (ただし $b_0 = 1$ とする) で表すことができる．つま

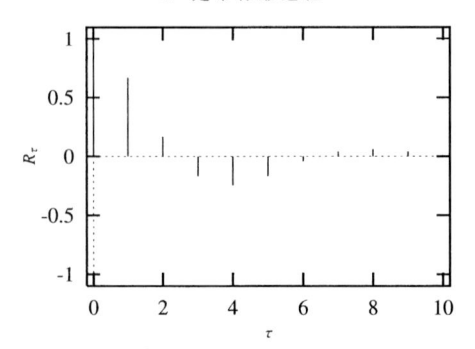

図 4.6 AR(2) の自己相関関数 (c)：$a_1 = 1.0$, $a_2 = -0.5$

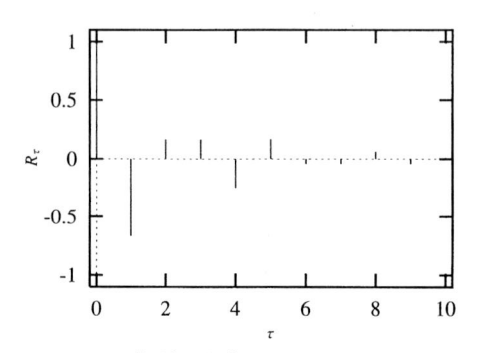

図 4.7 AR(2) の自己相関関数 (d)：$a_1 = -1.0$, $a_2 = -0.5$

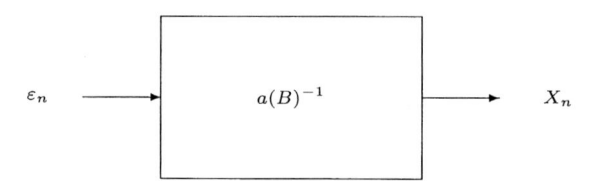

図 4.8 AR 過程

り，有限次数の自己回帰過程は

$$X_n = \sum_{j=0}^{\infty} b_j B^j \varepsilon_n$$

と，無限次の移動平均過程により表すことができるのである．

q 次の移動平均過程 MA(q)

$$X_n = b(B)\varepsilon_n \tag{4.104}$$

は,その特性方程式

$$b(B) \equiv 1 + \sum_{j=1}^{q} b_j B^j \tag{4.105}$$

の全ての根が単位円の外側に存在するとき,**反転可能**であるという.MA(q) が反転可能である場合には,無限次の自己回帰過程 AR(∞)

$$\varepsilon_n = b(B)^{-1}X_n = \sum_{j=0}^{\infty} a_j B^j X_n \tag{4.106}$$

により表すことができる.

p 次の自己回帰過程 AR(p)

$$a(B)X_n = \varepsilon_n \tag{4.107}$$

は,その特性方程式

$$a(B) \equiv 1 - \sum_{j=1}^{p} a_j B^j = 0 \tag{4.108}$$

の全ての根が単位円の外側に存在するとき,**定常**であるという.AR(p) が定常である場合には,無限次の移動平均過程 MA(∞)

$$X_n = a(B)^{-1}\varepsilon_n = \sum_{j=0}^{\infty} b_j B^j \varepsilon_n \tag{4.109}$$

により表すことができる.

4.3.3 自己回帰–移動平均過程

線形確率過程

$$X_n = \sum_{j=1}^{p} a_j X_{n-j} + \sum_{j=1}^{q} b_j \varepsilon_{n-j} + \varepsilon_n \tag{4.110}$$

を次数 (p,q) の**自己回帰–移動平均過程** (autoregressive–moving-average process) という．これを略して次数 (p,q) の **ARMA** 過程または，**ARMA** (p,q) と表す．次数のうち p を自己回帰次数，q を移動平均次数という．

自己回帰–移動平均過程 ARMA(p,q) は，$p=0$ のときには q 次の移動平均過程 MA(q) となり，また $q=0$ のときには p 次の自己回帰過程となる．これより，自己回帰–移動平均過程は，移動平均過程や自己回帰過程を含み，これらを一般化した線形確率過程であることがわかる．

式 (4.110) を，バックワードシフトオペレータを使って表すと，

$$\left(1 - \sum_{j=1}^{p} a_j B^j\right) X_n = \left(1 + \sum_{j=1}^{q} b_j B^j\right) \varepsilon_n \qquad (4.111)$$

と書ける．よって

$$X_n = \frac{1 + \sum_{j=1}^{q} b_j B^j}{1 - \sum_{j=1}^{p} a_j B^j} \varepsilon_n \qquad (4.112)$$

と表すことができる．さらにこれは，式 (4.58) および式 (4.79) を使えば，

$$X_n = \frac{b(B)}{a(B)} \varepsilon_n \qquad (4.113)$$

と表すこともできる．ここで，B を z^{-1} に置き換えれば，自己回帰–移動平均過程の伝達関数は

$$G(z) = \frac{b(z^{-1})}{a(z^{-1})} \qquad (4.114)$$

と，z の有理関数の形で表されることに注意しよう．移動平均過程の特性方程式 $b(z^{-1}) = 0$ の根を $G(z)$ の零点といい，自己回帰過程の特性方程式 $a(z^{-1}) = 0$ の根を $G(z)$ の極という．

ARMA 過程も ε_n を入力とするシステムとして，MA 過程や AR 過程同様の表現を用いれば，図 4.9 のように表すことができる．これは，入力された白色ガウス雑音 ε_n が最初に $b(B)$ によって移動平均過程となり，これを入力として自己回帰過程の演算 $a(B)^{-1}$ が加えられて出力 X_n が得られることを表している．

有限次数の移動平均過程 MA(q) は無限次数の自己回帰過程 AR(∞) により表

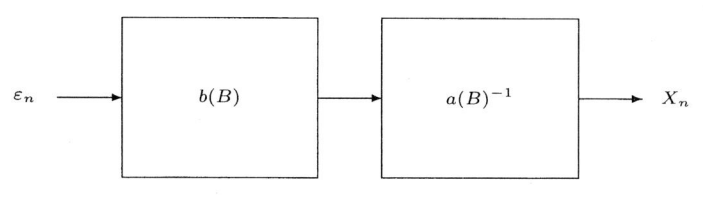

$\varepsilon_n \longrightarrow \boxed{\quad b(B) \quad} \longrightarrow \boxed{\quad a(B)^{-1} \quad} \longrightarrow X_n$

図 4.9 ARMA 過程

され,また有限次数の自己回帰過程 AR(p) は無限次数の移動平均過程 MA(∞) により表されることは,4.3.2 項において学んだ.これは,我々の解析の対象となる実システムが有限次数の移動平均過程であった場合に,自己回帰過程により解析を行うと無限次の自己回帰次数が必要になり,またその逆に実システムが有限次数の自己回帰過程であった場合に,移動平均過程により解析を行うと無限次の移動平均次数が必要になることを意味している.次数が無限であるということは,実システムの観測から定めるべき係数の数が無限であることになり,有限の長さの観測系列からこれを決めることが不可能になってしまう.さらには,実システムがより一層複雑なものであった場合には,自己回帰過程による解析では無限次の自己回帰次数が必要とされ,また移動平均過程による解析でも無限次の移動平均次数が必要になり,どちらも無限次の確率過程となってしまう.つまりこの場合には,自己回帰過程および移動平均過程のどちらの確率過程を用いても不十分な解析しか行えないことになる.

これに対し自己回帰–移動平均過程 ARMA(p,q) は,有限次数 q の移動平均過程と有限次数 p の自己回帰過程とを組み合わせたものとなっていて,無限次の自己回帰過程を有限次の移動平均過程により表し,無限次の移動平均過程を有限次の自己回帰過程によって表すことができるため,AR(p) や MA(q) 単独では表すことができなかった複雑な対象も扱うことが可能になる.また一般には,自己回帰過程 AR(m) や移動平均過程 MA(n) を単独で用いた場合と比べて少ない次数 ($p+q \leq m,n$) で複雑な対象の解析を行えるといった利点もある.つまり自己回帰過程および移動平均過程を単独で用いたときには非常に多くの係数を必要としたのに対し,自己回帰–移動平均過程では,これらより少数の係数によって確率過程を記述することができるのである.

4.4 定常線形過程のパワースペクトル

定常線形過程のパワースペクトルがどのようになるのか見てみよう。ここで扱うのは因果的な線形過程である。自己共分散関数がわかっているとき、パワースペクトルは式 (3.152) から ($1/2\pi$ はここでは省略する)

$$p(\lambda) = \sum_{k=-\infty}^{\infty} C_k e^{-i\lambda k} \tag{4.115}$$

により得られる。定常線形過程 X_n の期待値を μ_x とすると、自己共分散関数の定義式から、

$$C_\tau = \mathrm{Cov}(X_{n+\tau}, X_n) = \mathrm{E}[X_{n+\tau} X_n] - \mu_x^2 \tag{4.116}$$

である。これを式 (4.115) に代入すれば

$$p(\lambda) = \sum_{k=-\infty}^{\infty} \mathrm{E}[X_{n+k} X_n] e^{-i\lambda k} - \mu_x^2 \sum_{k=-\infty}^{\infty} e^{-i\lambda k} \tag{4.117}$$

$\sum_{k=-\infty}^{\infty} e^{-i\lambda k} = 0$ より、

$$p(\lambda) = \sum_{k=-\infty}^{\infty} \mathrm{E}[X_{n+k} X_n] e^{-i\lambda k} \tag{4.118}$$

となる。

インパルス応答関数 g_j が与えられるとき、X_{n+k} および X_n を式 (4.28) を用いて書き直すと、

$$\begin{aligned}
p(\lambda) &= \sum_{k=-\infty}^{\infty} \mathrm{E}\left[\left(\sum_{j=0}^{\infty} g_j \varepsilon_{n+k-j}\right)\left(\sum_{l=0}^{\infty} g_l \varepsilon_{n-l}\right)\right] e^{-i\lambda k} \\
&= \sum_{k=-\infty}^{\infty} \sum_{j=0}^{\infty} g_j g_{j-k} \mathrm{E}[\varepsilon_{n+k-j}^2] e^{-i\lambda k} \\
&= \sigma_\varepsilon^2 \sum_{k=-\infty}^{\infty} \sum_{j=0}^{\infty} g_j g_{j-k} e^{-i\lambda k}
\end{aligned} \tag{4.119}$$

となり、さらに和について書き直すと

4.4 定常線形過程のパワースペクトル

$$p(\lambda) = \sigma_\varepsilon^2 \sum_{k=-\infty}^{\infty} \sum_{j=0}^{\infty} g_j e^{-i\lambda j} g_{j-k} e^{i\lambda(j-k)}$$

$$= \sigma_\varepsilon^2 \sum_{j=0}^{\infty} g_j e^{-i\lambda j} \sum_{k=-\infty}^{j} g_{j-k} e^{i\lambda(j-k)}$$

$$= \sigma_\varepsilon^2 \sum_{j=0}^{\infty} g_j e^{-i\lambda j} \sum_{l=0}^{\infty} g_l e^{i\lambda l} \tag{4.120}$$

が得られる．これを式 (4.15) の (角) 周波数応答関数 $G(e^{i\lambda})$ で書き直すと

$$p(\lambda) = \sigma_\varepsilon^2 G(e^{i\lambda}) G(e^{-i\lambda}) = \sigma_\varepsilon^2 \left|G(e^{i\lambda})\right|^2 \tag{4.121}$$

となる．これは，線形システムにおいて式 (4.18) が成り立つことから，パワースペクトルについても

$$\left|Y(e^{i\lambda})\right|^2 = \left|G(e^{i\lambda})\right|^2 \left|X(e^{i\lambda})\right|^2 \tag{4.122}$$

という関係が成立することに対応しており，定常線形過程の入力である白色雑音のパワースペクトル σ_ε^2 に線形過程の (角) 周波数応答関数の大きさ $\left|G(e^{i\lambda})\right|^2$ を掛けた形になることがわかる．

以上を用いて，ARMA 過程のパワースペクトルを求めてみよう．まず ARMA 過程の (角) 周波数応答関数 $G(e^{i\lambda})$ は，式 (4.114) から

$$G(e^{i\lambda}) = a(e^{-i\lambda})^{-1} b(e^{-i\lambda}) \tag{4.123}$$

であった．$a(B)$, $b(B)$ の定義式 (4.58), (4.79) をこれに適用し，式 (4.121) の関係を使うと，ARMA 過程のパワースペクトルは

$$p(\lambda) = \frac{\left|1 + \sum_{j=1}^{q} b_j e^{-i\lambda j}\right|^2}{\left|1 - \sum_{j=1}^{p} a_j e^{-i\lambda j}\right|^2} \sigma_\varepsilon^2 \tag{4.124}$$

となる．

AR 過程や MA 過程は，ARMA(p,q) において $q=0$ または $p=0$ とした場合である．よって ARMA 過程のパワースペクトルから，AR(p) や MA(q) のパワースペクトルは簡単に求めることができる．AR(p) のパワースペクトルは

$$p(\lambda) = \frac{\sigma_\varepsilon{}^2}{\left|1 - \sum_{j=1}^{p} a_j e^{-i\lambda j}\right|^2} \tag{4.125}$$

であり，MA(q) については

$$p(\lambda) = \left|1 + \sum_{j=1}^{q} b_j e^{-i\lambda j}\right|^2 \sigma_\varepsilon{}^2 \tag{4.126}$$

となる．

例題 4.7 次数 2 の移動平均過程 MA(2) のパワースペクトルの性質を調べよ．
解答 式 (4.126) より，MA(2) のパワースペクトルは

$$p(\lambda) = \left|1 + b_1 e^{-i\lambda} + b_2 e^{-2i\lambda}\right|^2 \sigma_\varepsilon{}^2 \tag{4.127}$$

となる．ここで $w = e^{-i\lambda}$ とおけば，式 (4.127) の絶対値の中は

$$1 + b_1 w + b_2 w^2 \tag{4.128}$$

で，MA(2) の特性方程式と同じ形をしていることがわかる．反転可能性を仮定すれば，特性根は全て単位円の外側にあるので，$w = e^{-i\lambda}$ つまり単位円上では式 (4.128) は 0 にはならないことがわかる．次にこの絶対値の 2 乗 (共役複素数との積) を求めよう．

$$\begin{aligned}
&\left(1 + b_1 e^{-i\lambda} + b_2 e^{-2i\lambda}\right)\left(1 + b_1 e^{i\lambda} + b_2 e^{2i\lambda}\right) \\
&= 1 + b_1 e^{i\lambda} + b_2 e^{2i\lambda} + b_1 e^{-i\lambda}\left(1 + b_1 e^{i\lambda} + b_2 e^{2i\lambda}\right) \\
&\quad + b_2 e^{-2i\lambda}\left(1 + b_1 e^{i\lambda} + b_2 e^{2i\lambda}\right) \\
&= 1 + b_1{}^2 + b_2{}^2 + b_1\left(e^{i\lambda} + e^{-i\lambda}\right) + b_2\left(e^{2i\lambda} + e^{-2i\lambda}\right) \\
&\quad + b_1 b_2\left(e^{i\lambda} + e^{-i\lambda}\right)
\end{aligned} \tag{4.129}$$

ここでオイラーの公式より $e^{i\lambda} + e^{-i\lambda} = 2\cos\lambda$ であるから，

$$\begin{aligned}
&= 1 + b_1{}^2 + b_2{}^2 + 2b_1 \cos\lambda + 2b_2 \cos 2\lambda + 2b_1 b_2 \cos\lambda \\
&= 1 + b_1{}^2 + b_2{}^2 + 2b_1(1 + b_2)\cos\lambda + 2b_2 \cos 2\lambda
\end{aligned} \tag{4.130}$$

また倍角の公式より $\cos 2\lambda = 2\cos^2\lambda - 1$ であるから，

$$= 1 + b_1{}^2 + b_2{}^2 + 2b_1(1 + b_2)\cos\lambda + 2b_2(2\cos^2\lambda - 1)$$

$$= 1 + {b_1}^2 + {b_2}^2 + 2b_1(1+b_2)\cos\lambda + 4b_2\cos^2\lambda - 2b_2 \quad (4.131)$$

と $\cos\lambda$ に関する 2 次式となる．$\lambda \in [0,\pi]$ の範囲について見ると，

$$b_2 > 0, \quad \left|\frac{b_1(1+b_2)}{4b_2}\right| < 1 \quad (4.132)$$

を満たす場合には，式 (4.131) は

$$\lambda = \cos^{-1}\left\{-\frac{b_1(1+b_2)}{4b_2}\right\} \quad (4.133)$$

において極小となる．よって式 (4.127) のパワースペクトルは，式 (4.133) の角周波数において谷を一つ持つ形となる．例として，$b_1 = -0.9\sqrt{2}$, $b_2 = 0.9^2$ のときのパワースペクトルを図 4.10 に示す．□

例題 4.8 次数 2 の自己回帰過程 AR(2) のパワースペクトルの性質を調べよ．

解答 式 (4.125) より，AR(2) のパワースペクトルは

$$p(\lambda) = \frac{\sigma_\varepsilon^2}{|1 - a_1 e^{-i\lambda} - a_2 e^{-2i\lambda}|^2} \quad (4.134)$$

となる．ここで $w = e^{-i\lambda}$ とおけば，式 (4.134) の分母の絶対値の中は

$$1 - a_1 w - a_2 w^2 \quad (4.135)$$

で，AR(2) の特性方程式と同じ形をしていることがわかる．定常性を仮定すれば，特性根は全て単位円の外側にあるので，$w = e^{-i\lambda}$ つまり単位円上では式

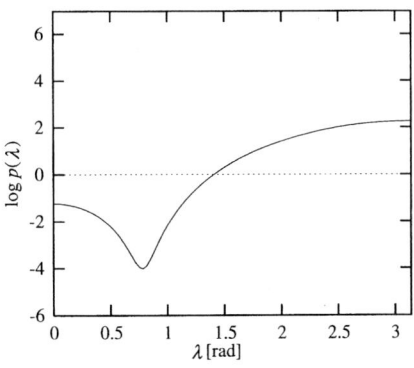

図 4.10 MA(2) のパワースペクトル：$b_1 = -0.9\sqrt{2}$, $b_2 = 0.9^2$

(4.135) は 0 にはならないことがわかる．次にこの絶対値の 2 乗 (共役複素数との積) を求めよう．式 (4.135) は，移動平均過程の式 (4.128) の係数の符号が変わっただけの形であることに注意すれば，移動平均過程の場合と同様にして，

$$1 + a_1{}^2 + a_2{}^2 - 2a_1(1-a_2)\cos\lambda - 4a_2\cos^2\lambda + 2a_2 \quad (4.136)$$

となる．これを $\lambda \in [0, \pi]$ の範囲について見ると，

$$a_2 < 0, \quad \left|\frac{a_1(1-a_2)}{4a_2}\right| < 1 \quad (4.137)$$

を満たす場合には，式 (4.136) は

$$\lambda = \cos^{-1}\left\{-\frac{a_1(1-a_2)}{4a_2}\right\} \quad (4.138)$$

において極大となる．よって式 (4.134) のパワースペクトルは，式 (4.138) の角周波数 λ において山を一つ持つ形となる．例として，$a_1 = 0.95\sqrt{3}$, $a_2 = -0.95^2$ のときのパワースペクトルを図 4.11 に示す． □

例題 4.9 自己回帰次数が 2，移動平均次数が 2 の自己回帰–移動平均過程 ARMA(2,2) のパワースペクトルを調べよ．

解答 式 (4.124) のように，自己回帰過程のスペクトルと移動平均過程のスペクトルとの有理形で表されるので，式 (4.127), (4.134) より

$$p(\lambda) = \frac{\left|1 + b_1 e^{-i\lambda} + b_2 e^{-2i\lambda}\right|^2}{\left|1 - a_1 e^{-i\lambda} - a_2 e^{-2i\lambda}\right|^2} \sigma_\varepsilon{}^2 \quad (4.139)$$

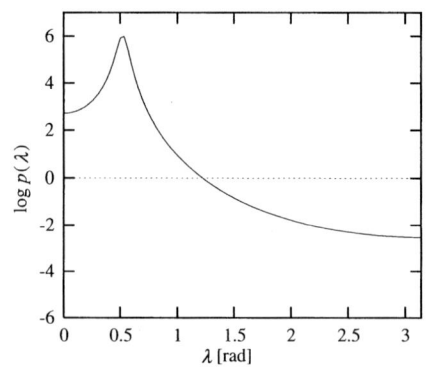

図 4.11　AR(2) のパワースペクトル：$a_1 = 0.95\sqrt{3}$, $a_2 = -0.95^2$

4.4 定常線形過程のパワースペクトル

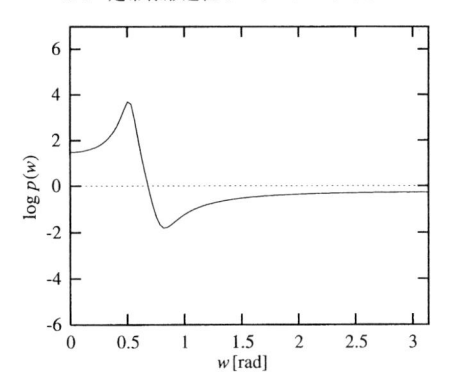

図 4.12 ARMA(2,2) のパワースペクトル：$a_1 = 0.95\sqrt{3}$, $a_2 = -0.95^2$, $b_1 = -0.9\sqrt{2}$, $b_2 = 0.9^2$

となる．例として，$a_1 = 0.95\sqrt{3}$, $a_2 = -0.95^2$, $b_1 = -0.9\sqrt{2}$, $b_2 = 0.9^2$ のときの ARMA(2,2) のパワースペクトルを図 4.12 に示す． □

演 習 問 題

問題 4.1 インパルス応答関数と入力との畳み込みで表された式 (4.8) のシステムが，線形性を持つことを確認せよ．

問題 4.2 l^1-空間が l^2-空間に含まれることを証明せよ．

問題 4.3 反転可能な MA(1) を AR(∞) で表せ．また，定常な AR(1) を MA(∞) で表せ．

問題 4.4 2 次の自己回帰過程が定常である係数は，図 4.3 の三角の領域の内側となることを示せ．

5 モデルの推定

確率過程を表すモデルのパラメータをデータから推定する方法として，最尤法とその原理について学ぼう．本章では自己回帰過程を取り上げ，自己回帰係数の推定について最尤法に基づくいくつかの方法を学ぶ．また自己回帰次数の決定方法として，どのモデルが真の分布をよりよく表すかという規準に基づくモデル選択の方法についても学ぶ．さらに最尤法とは異なるパラメータの推定方法として，ベイズ推定についても触れることにしよう．

5.1 最 尤 法

最初に時系列 X_n が独立で同一な分布 $g(x)$ に従う場合を考えよう．時系列データ x_n ($n = 1, 2, \cdots, N$) が得られたとき，データが従う真の分布 $g(x)$ は未知であるとする．このとき，$g(x)$ になるべく近い分布をデータから求めたい．この分布を**パラメトリックモデル** (parametric model) $f(x;\theta)$ により表す．パラメトリックモデルとは，パラメータ θ （一般にはベクトル）の値を定めれば，分布 $f(x;\theta)$ が完全に定まるモデルを指す．$f(x;\theta)$ が真の分布 $g(x)$ になるべく近くなるような θ を求めるには，どのようにすればよいであろうか．以下ではその方法を学ぶことにしよう．

5.1.1 尤度関数

統計解析におけるパラメータ推定の目的は，分布 $f(\boldsymbol{x};\theta)$ により表される**統計モデル** (statistical model) のパラメータ θ を，妥当と思われる方法で推測することであり，その一つとして**最大尤度法** (maximum likelihood method)，

略して**最尤法**がある．これは，まず観測したデータ $x_1, x_2, \cdots, x_N$ を統計モデル $f(\boldsymbol{x}; \theta)$ (ここでは $X_1, X_2, \cdots, X_N$ の同時分布を表すものとする) に代入し，これをパラメータ θ の関数としてみた**尤度関数** (likelihood function)

$$L(\theta) = f(x_1, x_2, \cdots, x_N; \theta) \tag{5.1}$$

を構成する．θ を固定したときの尤度関数値は，その θ の値のときに，観測したデータを生成する確率に対応するものとなっている．つまり尤度関数値が大きければ，与えられたデータを生成する確率も大きいといえる．次にこの尤度関数の値を最大にするようなパラメータを何らかの手法で求める．このように，尤度を最大化する方法であることから，最尤法と呼ばれている．最尤法は，直観的には，与えられたデータを生成する確率が最大になるようなパラメータを採用するものとして理解することができる．

実際上は尤度の対数をとり，

$$l(\theta) = \log f(x_1, x_2, \cdots, x_N; \theta) \tag{5.2}$$

で定義される**対数尤度関数** (log likelihood function) について最大化を行うことが多い．なぜなら，対数は単調な連続関数なので，$L(\theta)$, $l(\theta)$ それぞれを最大にする θ の値は同じであり，また対数をとると積が和で表せて好都合なためである．最尤法により求められたパラメータを $\hat{\theta}$ で表し，これを**最尤推定値** (maximum likelihood estimate : MLE) と呼ぶ．

$X_1, X_2, \cdots, X_N$ が独立で同一の分布に従う場合 (i.i.d. の場合) には，尤度関数は

$$L(\theta) = f(x_1, x_2, \cdots, x_N; \theta) = \prod_{n=1}^{N} f(x_n; \theta) \tag{5.3}$$

となり[*1)]，対数尤度関数は

$$l(\theta) = \log f(x_1, x_2, \cdots, x_N; \theta) = \sum_{n=1}^{N} \log f(x_n; \theta) \tag{5.4}$$

と書ける．

[*1)] 第 2 項と第 3 項の f は記号は同じだが異なる分布を表す．

最尤推定値がデータから計算されたものであることを強調する場合には，$\hat{\theta}(\boldsymbol{x})$ とデータ $\boldsymbol{x} = [x_1, x_2, \cdots, x_N]$ を明示的に表記する．また最尤推定の方法自体を議論する場合には，$\hat{\theta}(\boldsymbol{X})$ という統計量を考え（ただし $\boldsymbol{X} = [X_1, X_2, \cdots, X_N]$），その期待値が真値に対して偏りを持つかどうか等の検討がなされる．このときの $\hat{\theta}(\boldsymbol{X})$ を**最尤推定量** (maximum likelihood estimator) と呼び，最尤推定値 $\hat{\theta}(\boldsymbol{x})$ とは区別している．

5.1.2 カルバック–ライブラー情報量

前項において，最尤法とは，直観的にはデータの最も出やすいようなパラメータの値を採用する方法であることを学んだ．ここでは最尤法が，真の分布に最も近いようなパラメータを採用する方法として定式化されることを学ぼう．

データの従う真の分布を $g(x)$ と表し，これは未知であるとする．真の分布 $g(x)$ と統計モデル $f(x;\theta)$ との「近さ」を定義し，これによってモデルのよし悪しを計ることを考えよう．この「近さ」の定義の一つに，解析的に都合のよい性質を持つ**カルバック–ライブラー情報量** (Kullback–Leibler information)

$$I(g;f) = \int \log\left\{\frac{g(x)}{f(x;\theta)}\right\} g(x) dx \tag{5.5}$$

がある．カルバック–ライブラー情報量は，次の性質を持つ．

$$\left.\begin{array}{l} I(g;f) \geq 0 \\ I(g;f) = 0 \iff g(x) = f(x;\theta) \end{array}\right\} \tag{5.6}$$

この性質から，カルバック–ライブラー情報量において真の分布に最も近いパラメータを求めるには，$I(g;f)$ を最小にするようなパラメータを求めればよいことになる．

カルバック–ライブラー情報量を書き換えると，

$$\begin{aligned} I(g;f) &= \int \log\left\{\frac{g(x)}{f(x;\theta)}\right\} g(x) dx \\ &= \int \log\{g(x)\} g(x) dx - \int \log\{f(x;\theta)\} g(x) dx \end{aligned} \tag{5.7}$$

となる．統計モデル $f(x;\theta)$ のパラメータ θ が変化したときには，右辺の第 2

項のみが変化する．右辺第2項は，**平均対数尤度** (expected log likelihood) と呼ばれ，

$$\mathrm{E}\left[\log f(X;\theta)\right] = \int \log\{f(x;\theta)\}g(x)dx \tag{5.8}$$

と，モデルの対数値 $\log f(\cdot;\theta)$ の，真の分布 $g(\cdot)$ での期待値となる．

さて，データ $x_1, x_2, \cdots, x_N$ が与えられた場合を考えよう (i.i.d. を仮定する)．大数の法則より，$N \to \infty$ とすると，

$$\frac{1}{N}\sum_{n=1}^{N}\log f(x_n;\theta) \to \mathrm{E}\left[\log f(X;\theta)\right] \tag{5.9}$$

が成り立つ．これより，データ数 N が十分大きいときは，対数尤度 $l(\theta)$ をデータ数 N で割った

$$\frac{1}{N}\sum_{n=1}^{N}\log f(x_n;\theta) = \frac{l(\theta)}{N} \tag{5.10}$$

によって平均対数尤度を推定することができる．つまりデータ数が十分に多い場合には，対数尤度 $l(\theta)$ を最大にすることで，近似的にカルバック–ライブラー情報量を最小にしていることになる．よって最尤法により，近似的に真の分布に最も近いパラメータを求めることができるのである．

5.2　自己回帰モデルの推定

5.2.1　自己回帰モデルの尤度

統計モデルとして自己回帰過程を用いる場合，これを**自己回帰モデル** (auto regressive model)，略して **AR モデル**という．次数 p の AR モデルを AR(p) と表す．AR(p) のパラメータ θ は，AR 係数 $a_1, a_2, \cdots, a_p$ と白色雑音の分散 σ_ε^2 である．つまり

$$\theta = \left[a_1, a_2, \cdots, a_p, \sigma_\varepsilon^2\right] \tag{5.11}$$

これらのパラメータを最尤法に基づいて求めるために，自己回帰モデル AR(p) の尤度を導こう．

自己回帰モデル AR(p) の尤度は，厳密には，時系列の同時分布 $f(x_1, x_2, \cdots, x_N; \theta)$ である．これは，ベイズの定理に従って，条件付き確率の積

$$\begin{aligned}L(\theta) &= f(x_1, x_2, \cdots, x_N; \theta) \\ &= f(x_1, x_2, \cdots, x_p) \prod_{n=p+1}^{N} f(x_n | x_{n-1}, x_{n-2}, \cdots; \theta)\end{aligned} \quad (5.12)$$

で表すことができる．予測誤差を $e_n = x_n - \sum_{j=1}^{p} a_j x_{n-j}$ で表すと，自己回帰過程であることから

$$\left. \begin{aligned} f(x_n | x_{n-1}, x_{n-2}, \cdots; \theta) &= f(x_n | x_{n-1}, x_{n-2}, \cdots, x_{n-p}; \theta) \\ &= \frac{1}{\sqrt{2\pi\sigma_\varepsilon^2}} \exp\left(-\frac{e_n^2}{2\sigma_\varepsilon^2}\right) \\ n = p+1, p+2, \cdots, N & \end{aligned} \right\} \quad (5.13)$$

となる．$f(x_1, x_2, \cdots, x_p)$ については，同様に分解して書こうとすると，e_n が $x_0, x_{-1}, \cdots$ を含むことになる．ところが，$x_0, x_{-1}, \cdots$ の値は未知であるので，これは推定には使えない．よって $f(x_1, x_2, \cdots, x_p)$ を除いた条件付き尤度

$$\begin{aligned}L_c(\theta) &= \prod_{n=p+1}^{N} f(x_n | x_{n-1}, x_{n-2}, \cdots, x_{n-p}; \theta) \\ &= (2\pi\sigma_\varepsilon^2)^{-\frac{N-p}{2}} \exp\left(-\frac{1}{2\sigma_\varepsilon^2} \sum_{n=p+1}^{N} e_n^2\right)\end{aligned} \quad (5.14)$$

を使い，この最大化によるパラメータ推定を考えることにしよう．

条件付き尤度 $L_c(\theta)$ の対数をとり，次の条件付き対数尤度 $l_c(\theta) = \log L_c(\theta)$ を得る．

$$l_c(\theta) = -\frac{N-p}{2} \log 2\pi\sigma_\varepsilon^2 - \frac{1}{2\sigma_\varepsilon^2} \sum_{n=p+1}^{N} e_n^2 \quad (5.15)$$

つまり，データ数 N が次数 p に比べて十分大きいとき ($N \gg p$) には，$f(x_1, x_2, \cdots, x_p)$ の $L(\theta)$ に対する影響は無視できる程度に小さいとして，

$$L(\theta) \simeq L_c(\theta), \qquad l(\theta) \simeq l_c(\theta) \quad (5.16)$$

と近似的に考えるのである．式 (5.14), (5.15) をそれぞれ自己回帰モデルの近

似尤度または近似対数尤度と呼ぶことにする．

5.2.2 最小二乗法

対数尤度関数 $l(\theta)$ をパラメータ θ について最大化すれば，パラメータの最尤推定値 $\hat{\theta}$ が得られる．ここでは式 (5.15) の近似対数尤度を最大にする場合を考える．パラメータ $\hat{\theta}$ がこのように尤度最大の値をとるときには，対数尤度をパラメータで微分したものが 0 に等しいという関係式

$$\left.\frac{dl(\theta)}{d\theta}\right|_{\theta=\hat{\theta}} = 0 \tag{5.17}$$

が成り立つ．この関係式を**尤度方程式** (likelihood equation) という．最尤推定値は，尤度方程式を解くことによって求めることができる．

まず，パラメータ θ のうち，分散 σ_ε^2 について最尤推定値を求めると，

$$\left.\frac{\partial l_c(\theta)}{\partial \sigma_\varepsilon^2}\right|_{\sigma_\varepsilon^2=\hat{\sigma}_\varepsilon^2} = -\frac{N-p}{2\hat{\sigma}_\varepsilon^2} + \frac{1}{2(\hat{\sigma}_\varepsilon^2)^2}\sum_{n=p+1}^N e_n^2 = 0 \tag{5.18}$$

であることから，

$$\hat{\sigma}_\varepsilon^2 = \frac{1}{N-p}\sum_{n=p+1}^N e_n^2 = \frac{1}{N-p}\sum_{n=p+1}^N \left(x_n - \sum_{j=1}^p a_j x_{n-j}\right)^2 \tag{5.19}$$

となることがわかる．これを，式 (5.15) の近似対数尤度の第 2 項に代入すれば，

$$l_c(\theta) = -\frac{N-p}{2}\left(\log 2\pi\hat{\sigma}_\varepsilon^2 + 1\right) \tag{5.20}$$

となる．式 (5.19) より AR 係数が与えられれば $\hat{\sigma}_\varepsilon^2$ の値も決まることから，式 (5.20) の近似対数尤度を最小にするには，式 (5.19) の分散 $\hat{\sigma}_\varepsilon^2$ を最小にする AR 係数を求めればよいことがわかる．

つまり，データの予測誤差の二乗和

$$\sum_{n=p+1}^N e_n^2 = \sum_{n=p+1}^N \left(x_n - \sum_{j=1}^p a_j x_{n-j}\right)^2 \tag{5.21}$$

を最小にするような AR 係数を求めることで，近似対数尤度を最大にするパラメータ $\hat{\theta}$ を求めることができる．

5.2.3 ユール–ウォーカー法

最小二乗法を用いずに，もっと簡単に AR モデルのパラメータを推定する方法はないだろうか．そのような方法として，**ユール–ウォーカー法** (Yule–Walker method) がある．そこでは，式 (4.96) にて得られた関係

$$
\begin{bmatrix} C_0 & C_1 & \cdots & C_{p-1} \\ C_1 & C_0 & \cdots & C_{p-2} \\ \vdots & & \ddots & \vdots \\ C_{p-1} & C_{p-2} & \cdots & C_0 \end{bmatrix} \begin{bmatrix} a_1 \\ a_2 \\ \vdots \\ a_p \end{bmatrix} = \begin{bmatrix} C_1 \\ C_2 \\ \vdots \\ C_p \end{bmatrix} \tag{5.22}
$$

を使って，自己回帰係数の推定値を求める．式 (5.22) を**ユール–ウォーカー方程式** (Yule–Walker equation) という．ユール–ウォーカー方程式において，自己共分散 C_τ の代わりに標本自己共分散 $\hat{C}_\tau$ を用いて，これを自己回帰係数について解くのである．

分散については，式 (4.93) の関係

$$
C_0 = \sum_{j=1}^{p} a_j C_j + \sigma_\varepsilon{}^2 \tag{5.23}
$$

を使う．自己回帰係数の場合と同様，自己共分散 C_τ の代わりに標本自己共分散 $\hat{C}_\tau$ を用いる．また自己回帰係数については，ユール–ウォーカー方程式を解いて得られた推定値 $\hat{a}_j$ を用いる．これを分散について解いた

$$
\hat{\sigma}_\varepsilon{}^2 = \hat{C}_0 - \sum_{j=1}^{p} \hat{a}_j \hat{C}_j \tag{5.24}
$$

により，分散の推定値 $\hat{\sigma}_\varepsilon{}^2$ を求めることができる．

以上の方法で，自己回帰係数と分散の最尤推定値の近似値が得られる．これを**ユール–ウォーカー推定値** (Yule–Walker estimate) という．

例題 5.1 2 次の自己回帰過程

$$
y_n = a_1 y_{n-1} + a_2 y_{n-2} + \varepsilon_n, \qquad \varepsilon_n \sim N(0, \sigma_\varepsilon{}^2) \tag{5.25}
$$

のデータ系列を生成せよ．生成したデータ系列のみを用いて，標本自己共分散関数 $\hat{C}_n$ を求めよ．ただし自己回帰過程のパラメータ値は

5.2 自己回帰モデルの推定

$$a_1 = 0.9\sqrt{3} \simeq 1.56, \qquad a_2 = -0.9^2 = -0.81, \qquad \sigma_\varepsilon^2 = 1.0 \quad (5.26)$$

とする.

解答 生成したデータ系列の例を図 5.1 に示す. またこのデータ系列から, 式 (3.88) により標本自己共分散関数を計算すると

$$\left.\begin{array}{ll} \hat{C}_0 = 9.333543, & \hat{C}_1 = 7.879308, \\ \hat{C}_2 = 4.500708, & \hat{C}_3 = 0.512286, \\ \hat{C}_4 = -2.906882, & \hat{C}_5 = -4.876834, \\ \hat{C}_6 = -5.100308, & \hat{C}_7 = -3.826481, \\ \quad\vdots & \end{array}\right\} \quad (5.27)$$

となり, これをグラフで表すと図 5.2 となる. □

図 5.1 AR(2) データ系列

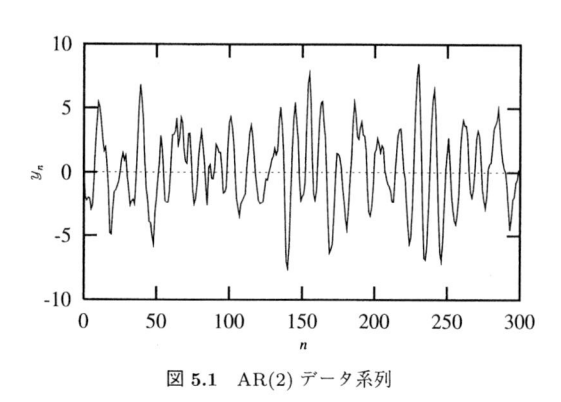

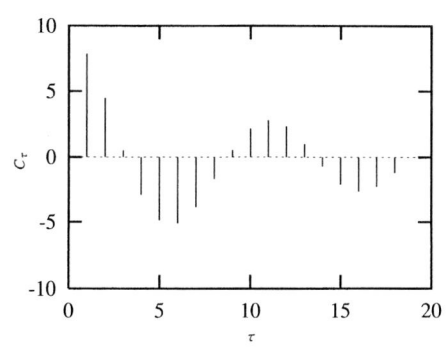

図 5.2 AR(2) データ系列の標本自己共分散関数

例題 5.2 式 (5.25) の自己回帰過程のパラメータ a_1, a_2, σ_ε^2 が未知であると仮定する．例題 5.1 で自己回帰過程のデータ系列から計算した標本自己共分散関数 $\hat{C}_\tau$ を使って，これらの未知パラメータをユール–ウォーカー法により推定せよ．

解答 例題 5.1 で計算した式 (5.27) の標本自己共分散関数の値より，ユール–ウォーカー方程式は

$$\begin{bmatrix} 9.333543 & 7.879308 \\ 7.879308 & 9.333543 \end{bmatrix} \begin{bmatrix} a_1 \\ a_2 \end{bmatrix} = \begin{bmatrix} 7.879308 \\ 4.500708 \end{bmatrix} \quad (5.28)$$

となる．これを解くと，自己回帰係数のユール–ウォーカー推定値

$$\hat{a}_1 = 1.521257, \quad \hat{a}_2 = -0.802026 \quad (5.29)$$

が得られる．また分散の推定値は，式 (5.24) より

$$\begin{aligned}\hat{\sigma}_\varepsilon^2 &= \hat{C}_0 - \hat{a}_1 \hat{C}_1 - \hat{a}_2 \hat{C}_2 \\ &= 9.333543 - 1.521257 \times 7.879308 - (-0.802026) \times 4.500708 \\ &= 0.956775 \end{aligned} \quad (5.30)$$

が得られる． □

5.3 モデル選択

5.3.1 情報量規準による次数の決定

自己回帰モデル AR(p) には，これまで推定の方法を学んできたパラメータ θ の他に，自己回帰次数 p が含まれている．現実のデータに対して自己回帰モデルを利用する場合には，この自己回帰次数 p も未知であり，何らかの方法で決めなければならない．自己回帰次数の決め方は，単純に考えればパラメータ推定と同様に，最大対数尤度 $l(\hat{\theta})$ の値が最大であるような次数を選択すればよいように思える．しかし現実のデータを解析してみると，次数を大きくすればするほど $l(\hat{\theta})$ がよくなっていくばかりである，ということがよくある．これは，より複雑なモデルを使えば，どんなデータでもあてはまりよく記述できるとい

5.3 モデル選択

うことである．しかしそのような複雑なモデルで将来の値を予測しようとすると，よい値が得られないことが多い．これは，与えられたデータにだけよくあてはまるモデルが得られたのであって，将来の予測ができるような，データの背後にある現象をきちんと説明したモデルが得られたのではないことを意味している．

このような理由から，最大対数尤度に基づいて次数を決定することはできない．では何に基づいて自己回帰次数を決めればよいのであろうか．これを明らかにするために，これまでの議論を少し整理することにしよう．まずカルバック–ライブラー情報量は真の分布との近さを計る規準であることから，カルバック–ライブラー情報量が最も小さくなるような次数を選択すればよい，というのは正しい．そしてカルバック–ライブラー情報量を最小にするには平均対数尤度を最大化すればよいので，平均対数尤度を最大にするような次数を選択すればよい，というのも正しい．最後に，大数の法則に従って，対数尤度によって平均対数尤度を推定しているが，実は，この箇所に問題のあることが，赤池によって示された．

具体的には，θ の代わりに 最尤推定 $\hat{\theta}$ を使うと，式 (5.10) の対数尤度が式 (5.8) の平均対数尤度の推定値として系統的に偏った値をとるのである．式に基づいて説明すると，式 (5.8) の平均対数尤度に最尤推定量 $\hat{\theta}(\boldsymbol{X})$ を代入すれば，

$$\mathrm{E}\left[\log f(y; \hat{\theta}(\boldsymbol{X}))\right] = \int \log\left\{f(y; \hat{\theta}(\boldsymbol{X}))\right\} g(y) dy \quad (5.31)$$

となり，期待値をとっている真の分布 $g(y)$ の y と標本 $\boldsymbol{X}$ とは無関係 (独立) である．しかし式 (5.10) の対数尤度に最尤推定値 $\hat{\theta}(\boldsymbol{x})$ を代入すると (これはつまり最大対数尤度である)，

$$\frac{1}{N} \sum_{n=1}^{N} \log f(x_n; \hat{\theta}(\boldsymbol{x})) \quad (5.32)$$

となり，(大数の法則に基づき) 期待値の近似となっている和の計算 (x_n を使っている) が，最尤推定値 $\hat{\theta}(\boldsymbol{x})$ を計算したのと同じデータ $\boldsymbol{x} = [x_1, x_2, \cdots, x_N]$ により行われている．このように，同じデータを 2 回使ったことから，式 (5.32)

の対数尤度は，式 (5.31) の平均対数尤度の推定値としては，偏ったものとなってしまうのである．

この偏りを評価すると，カイ二乗分布が現れる．カイ二乗分布は期待値がその自由度に等しいという性質を持つので，平均的にはパラメータ θ の自由度に等しい偏りが生じるのである．この偏りを修正したものとして，**赤池情報量規準** (**AIC**: Akaike information criterion)

$$\text{AIC} = -2 \times (\text{最大対数尤度}) + 2 \times (\text{自由パラメータ数}) \quad (5.33)$$

という，モデル選択 (次数選択) の規準が提案されている．第 1 項は式 (5.32) の $-2N$ 倍である．第 2 項が，平均対数尤度の推定値としての偏りを修正するものとなっている．

なお AIC による次数の選択には，**一致性** (consistency) と呼ばれるデータ数 $N \to \infty$ のときに真の次数に一致するという性質がない．しかしカルバック–ライブラー情報量を最小化しているという点からも想像がつくように，予測の意味ではよい次数を選択しており，特に予測に関しての**漸近有効性** (asymptotic efficiency) という性質では，最もよい次数を選んでいることになる．AIC はこのように予測に重きをおく規準であるが，予測の性能はあまり問わずに真の次数に一致する選択を行いたい場合には，**BIC** (Bayesian information criterion)

$$\text{BIC} = -2 \times (\text{最大対数尤度}) + (\text{自由パラメータ数}) \log N \quad (5.34)$$

のような，次数選択に重きをおいた規準を用いる方法もある．これは，モデルを記述する複雑さ (モデル表現の長さ) が最小のものが最もよいモデルであるという考えに基づいた **MDL** (minimum description length：**最小記述長**) 規準と形式的に同じものである．

5.3.2 レビンソン–ダービンアルゴリズム

AIC による次数選択をする場合には，候補となる次数全てについて最大対数尤度の値を求め，AIC の値を算出し，比較を行う．つまり，全ての次数についてパラメータを推定する必要がある．たとえば候補となる次数の上限を P としたとき，低い次数から順にユール–ウォーカー方程式を解いていく方法が考

えられよう．しかしこのように，各次数について独立に自己回帰係数を推定する (すなわち連立方程式を解く) のは，計算量が多い．計算の手間を省く方法として，低い次数での推定結果を利用して高い次数の推定を行うことが考えられる．そのような推定の方法として，次に示すレビンソン–ダービンアルゴリズム (Levinson–Durbin algorithm) がある．以降では，次数の異なる自己回帰モデルの間での係数の関係を表す式が出てくるので，次数 p の自己回帰モデルのパラメータを

$$a_1^{(p)}, a_2^{(p)}, \cdots, a_p^{(p)} \tag{5.35}$$

と，右肩に次数をつけて表すことにする．また分散についても σ_p^2 と，次数 p をつけて表すものとする．

レビンソン–ダービンアルゴリズム

1. $\hat{\sigma}_0^2 := \hat{C}_0$ とする．

2. $p = 1, 2, \cdots, P$ について，以下を繰り返す．

   2-1. $\hat{a}_p^{(p)} := \dfrac{1}{\hat{\sigma}_{p-1}^2} \left(\hat{C}_p - \sum_{j=1}^{p-1} \hat{a}_{p-j}^{(p-1)} \hat{C}_j \right)$

   2-2. $\hat{a}_j^{(p)} := \hat{a}_j^{(p-1)} - \hat{a}_p^{(p)} \hat{a}_{p-j}^{(p-1)}, \quad j = 1, 2, \cdots, p-1$

   2-3. $\hat{\sigma}_p^2 := \hat{\sigma}_{p-1}^2 \left(1 - \left(\hat{a}_p^{(p)} \right)^2 \right)$

レビンソン–ダービンアルゴリズムを導出してみよう．p 次の自己回帰係数を成分に持つベクトルを

$$\boldsymbol{a}_k^{(p)} \equiv \begin{bmatrix} a_1^{(p)} & a_2^{(p)} & \cdots & a_k^{(p)} \end{bmatrix}^t \tag{5.36}$$

とし，成分の順序を逆にしたベクトルを

$$\bar{\boldsymbol{a}}_k^{(p)} \equiv \begin{bmatrix} a_k^{(p)} & a_{k-1}^{(p)} & \cdots & a_1^{(p)} \end{bmatrix}^t \tag{5.37}$$

とする．また自己共分散を要素に持つ $p \times p$ の行列を

5. モデルの推定

$$\boldsymbol{C}_p \equiv \begin{bmatrix} C_0 & C_1 & \cdots & C_{p-1} \\ C_1 & C_0 & \cdots & C_{p-2} \\ \vdots & & \ddots & \vdots \\ C_{p-1} & C_{p-2} & \cdots & C_0 \end{bmatrix} \tag{5.38}$$

とし，自己共分散を要素に持つ p 次元ベクトルと，その成分の順序を逆転したベクトルを

$$\boldsymbol{c}_p \equiv [C_1 \ C_2 \ \cdots \ C_p]^t \tag{5.39}$$

$$\bar{\boldsymbol{c}}_p \equiv [C_p \ C_{p-1} \ \cdots \ C_1]^t \tag{5.40}$$

と定義する．

これらの行列およびベクトルを用いると，自己回帰次数が p の場合のユール–ウォーカー方程式 (5.22) は

$$\boldsymbol{C}_p \boldsymbol{a}_p^{(p)} = \boldsymbol{c}_p \tag{5.41}$$

と簡潔に表すことができる．また，式 (5.41) は

$$\begin{bmatrix} \boldsymbol{C}_{p-1} & \bar{\boldsymbol{c}}_{p-1} \\ \bar{\boldsymbol{c}}_{p-1}^t & C_0 \end{bmatrix} \begin{bmatrix} \boldsymbol{a}_{p-1}^{(p)} \\ a_p^{(p)} \end{bmatrix} = \begin{bmatrix} \boldsymbol{c}_{p-1} \\ C_p \end{bmatrix} \tag{5.42}$$

と表すこともできる．ここで，$\boldsymbol{A}$ を対称行列とすると

$$\begin{bmatrix} \boldsymbol{A} & \boldsymbol{B} \\ \boldsymbol{B}^t & \boldsymbol{C} \end{bmatrix}^{-1} = \begin{bmatrix} \boldsymbol{A}^{-1} + \boldsymbol{D}\boldsymbol{E}^{-1}\boldsymbol{D}^t & -\boldsymbol{D}\boldsymbol{E}^{-1} \\ -\boldsymbol{E}^{-1}\boldsymbol{D}^t & \boldsymbol{E}^{-1} \end{bmatrix} \tag{5.43}$$

$$\boldsymbol{D} = \boldsymbol{A}^{-1}\boldsymbol{B} \tag{5.44}$$

$$\boldsymbol{E} = \boldsymbol{C} - \boldsymbol{B}^t\boldsymbol{A}^{-1}\boldsymbol{B} = \boldsymbol{C} - \boldsymbol{B}^t\boldsymbol{D} \tag{5.45}$$

が成り立つので (各自確認せよ)，$\boldsymbol{A} = \boldsymbol{C}_{p-1}$，$\boldsymbol{B} = \bar{\boldsymbol{c}}_{p-1}$，$\boldsymbol{C} = C_0$ とおけば，式 (5.42) より

$$\begin{bmatrix} \boldsymbol{a}_{p-1}^{(p)} \\ a_p^{(p)} \end{bmatrix} = \begin{bmatrix} \boldsymbol{C}_{p-1} & \bar{\boldsymbol{c}}_{p-1} \\ \bar{\boldsymbol{c}}_{p-1}^t & C_0 \end{bmatrix}^{-1} \begin{bmatrix} \boldsymbol{c}_{p-1} \\ C_p \end{bmatrix}$$

5.3 モデル選択

$$= \begin{bmatrix} A^{-1} + DE^{-1}D^t & -DE^{-1} \\ -E^{-1}D^t & E^{-1} \end{bmatrix} \begin{bmatrix} c_{p-1} \\ C_p \end{bmatrix} \quad (5.46)$$

となる．D は，

$$D = A^{-1}B = C_{p-1}^{-1}\bar{c}_{p-1} = \bar{a}_{p-1}^{(p-1)} \quad (5.47)$$

と，$p-1$ 次のユール–ウォーカー方程式を解くことに相当し，E は

$$E = C_0 - \bar{c}_{p-1}^t \bar{a}_{p-1}^{(p-1)}$$
$$= C_0 - \sum_{j=1}^{p-1} C_j a_j^{(p-1)} = \sigma_{p-1}{}^2 \quad (5.48)$$

と，$p-1$ 次の分散を計算することに相当する．これらより，式 (5.46) の右辺は

$$= \begin{bmatrix} C_{p-1}^{-1} + \bar{a}_{p-1}^{(p-1)}\left(\bar{a}_{p-1}^{(p-1)}\right)^t \big/ \sigma_{p-1}{}^2 & -\bar{a}_{p-1}^{(p-1)} \big/ \sigma_{p-1}{}^2 \\ -\left(\bar{a}_{p-1}^{(p-1)}\right)^t \big/ \sigma_{p-1}{}^2 & 1\big/\sigma_{p-1}{}^2 \end{bmatrix} \begin{bmatrix} c_{p-1} \\ C_p \end{bmatrix}$$

$$= \begin{bmatrix} a_{p-1}^{(p-1)} + \dfrac{\bar{a}_{p-1}^{(p-1)}}{\sigma_{p-1}{}^2}\left\{\left(\bar{a}_{p-1}^{(p-1)}\right)^t c_{p-1} - C_p\right\} \\ -\dfrac{1}{\sigma_{p-1}{}^2}\left\{\left(\bar{a}_{p-1}^{(p-1)}\right)^t c_{p-1} - C_p\right\} \end{bmatrix} \quad (5.49)$$

となる．ここで

$$\left(\bar{a}_{p-1}^{(p-1)}\right)^t c_{p-1} = \sum_{j=1}^{p-1} a_{p-j}^{(p-1)} C_j \quad (5.50)$$

であるので，結局，式 (5.46) からは

$$a_{p-1}^{(p)} = a_{p-1}^{(p-1)} - \bar{a}_{p-1}^{(p-1)} \times \frac{1}{\sigma_{p-1}{}^2}\left(C_p - \sum_{j=1}^{p-1} a_{p-j}^{(p-1)} C_j\right) \quad (5.51)$$

$$a_p^{(p)} = \frac{1}{\sigma_{p-1}{}^2}\left(C_p - \sum_{j=1}^{p-1} a_{p-j}^{(p-1)} C_j\right) \quad (5.52)$$

という関係が得られたことになる．つまり p 次の自己回帰係数を求めるには，ま

ず式 (5.52) により最高次 (p 次) の係数 $a_p^{(p)}$ を求める．次に，$a_p^{(p)}$ を式 (5.51) に代入すれば，低い次数の係数を全て求めることができるのである．

このように，各次数における最高次の自己回帰係数 $\left\{a_p^{(p)} \mid p=1, 2, \cdots, P\right\}$ が重要な役割を持っている．この $a_p^{(p)}$ を，**偏自己相関係数** (partial autocorrelation coefficient) と呼ぶ．もしくは略して **PARCOR** と呼ぶこともある．こう呼ばれる理由について学ぶことにしよう．まずは偏相関の概念について考察するため，一旦時系列から離れて，互いに相関を持つ X, Y, Z の 3 つの確率変数がある場合を考えよう．X, Y, Z の分散はそれぞれ $\sigma_x^2, \sigma_y^2, \sigma_z^2$ であるとする．また簡単のため，これらの確率変数の平均は 0 であるものとする．X と Y との相関 $\mathrm{R}(X, Y)$ は，

$$\mathrm{R}(X, Y) \equiv \frac{\mathrm{Cov}[X, Y]}{\sigma_x \sigma_y} \tag{5.53}$$

と計算する．X と Z との間にも相関があり，また Y と Z との間にも相関があることから，この相関 $\mathrm{R}(X, Y)$ は，Z を介した関係を含む値となっている．Z を介した分を除いた相関を，Z を与えたときの X と Y との**偏相関** (partial correlation) といい，$\mathrm{R}_Z(X, Y)$ と表すことにする．偏相関 $\mathrm{R}_Z(X, Y)$ は，X のうちの Z との相関がない成分 ϵ_x と，Y のうちの Z との相関がない成分 ϵ_y から

$$\mathrm{R}_Z(X, Y) \equiv \frac{\mathrm{Cov}[\epsilon_x, \epsilon_y]}{\sigma_{\epsilon_x} \sigma_{\epsilon_y}} \tag{5.54}$$

と計算する．ただし，$\sigma_{\epsilon_x}^2, \sigma_{\epsilon_y}^2$ はそれぞれ ϵ_x と ϵ_y の分散である．

確率変数 ϵ_x, ϵ_y は，直交射影の考え方を使って定義すると，幾何学的にイメージできるので都合がよい．そこでは，おのおのの確率変数をユークリッド空間のベクトルのように扱う．2 つの確率変数の間に相関がない場合に，2 つの確率変数は直交していると考える．そして確率変数の分散は，ベクトルの大きさを表す．確率変数 X の，確率変数 Z への直交射影を $\mathrm{Proj}_Z[X]$ と表し，これはベクトル (実際には確率変数) X のうちの Z 方向の成分を表すものとみる．直交射影を用いれば，

$$\epsilon_x = X - \mathrm{Proj}_Z[X] \tag{5.55}$$

$$\epsilon_y = Y - \mathrm{Proj}_Z[Y] \tag{5.56}$$

と表すことができる.同様に,複数の確率変数 $Z_1, Z_2, \cdots, Z_p$ を与えたときは

$$\epsilon_x = X - \mathrm{Proj}_{Z_p}[X] \tag{5.57}$$

$$\epsilon_y = Y - \mathrm{Proj}_{Z_p}[Y] \tag{5.58}$$

と,ベクトル (実際には確率変数) $Z_1, Z_2, \cdots, Z_p$ の張る空間 $\boldsymbol{Z}_p$ への直交射影 $\mathrm{Proj}_{Z_p}[\cdot]$ で表される.これらの ϵ_x, ϵ_y を用いて,X と Y との偏相関は式 (5.54) により与えられる.

さて時系列の場合に戻って,偏自己相関係数について学ぶことにしよう.まず,p 次の自己回帰過程の係数を使って,確率変数

$$f_n^{(p)} = X_n - \sum_{j=1}^p a_j^{(p)} X_{n-j} \tag{5.59}$$

を得ることができる.これは,自己回帰過程に従う確率変数の系列 $\{X_n\}$ から派生して得られた新たな確率変数の系列で,異なる時刻の間は互いに直交している.この $\left\{f_n^{(p)}\right\}$ のことを,$\{X_n\}$ のイノベーション (innovation) と呼ぶ.次に,時間の順序を逆向きに回帰させた自己回帰過程

$$X_n = \sum_{j=1}^p d_j^{(p)} X_{n+j} + \eta_n^{(p)} \tag{5.60}$$

を考えることにする.この自己回帰過程についても,イノベーションを

$$b_n^{(p)} = X_n - \sum_{j=1}^p d_j^{(p)} X_{n+j} \tag{5.61}$$

と定義する.これら前向き/後向きの自己回帰過程によるイノベーションを区別するために,式 (5.59) を前向きイノベーションと呼び,式 (5.61) を後向きイノベーションと呼ぶことにする.なお証明は省略する (演習問題 5.3) が,定常な自己回帰過程の場合には (次数を p とする),自己回帰過程の係数は時刻 n によらず一定で,

$$a_j^{(p)} = d_j^{(p)}, \qquad j = 1, 2, \cdots, p \tag{5.62}$$

と前向き/後向きで一致し,イノベーションの分散は時刻によらず一定で

$$\mathrm{E}\left[\left(f_n^{(p)}\right)^2\right] = \mathrm{E}\left[\left(b_n^{(p)}\right)^2\right] = \sigma_p{}^2 \tag{5.63}$$

と，前向き/後向きともに等しく $\sigma_p{}^2$ となることが示せる．

次数が $p-1$ のときのイノベーションを使って，$X_{n-1}, X_{n-2}, \cdots, X_{n-p+1}$ が与えられたときの X_n と X_{n-p} との偏自己相関係数を求めてみよう．まず，与えられた $X_{n-1}, X_{n-2}, \cdots, X_{n-p+1}$ を使ったイノベーションとして，前向きイノベーションは

$$f_n^{(p-1)} = X_n - \sum_{j=1}^{p-1} a_j^{(p-1)} X_{n-j} \tag{5.64}$$

を考え，後向きイノベーションについては時刻が $n-p$ のときの

$$b_{n-p}^{(p-1)} = X_{n-p} - \sum_{j=1}^{p-1} d_j^{(p-1)} X_{n-p+j} \tag{5.65}$$

を考える．$X_{n-1}, X_{n-2}, \cdots, X_{n-p+1}$ を与えたときの X_n と X_{n-p} との偏自己相関係数は，式 (5.64) と式 (5.65) との相関係数

$$R\left(f_n^{(p-1)}, b_{n-p}^{(p-1)}\right) = \frac{\mathrm{E}\left[f_n^{(p-1)} b_{n-p}^{(p-1)}\right]}{\sigma_{p-1}{}^2} \tag{5.66}$$

である．これに，式 (5.65) の後向きイノベーションを代入し，また式 (5.64) より $f_n^{(p-1)}$ が $X_{n-1}, X_{n-2}, \cdots, X_{n-p+1}$ と直交していることを考慮すれば，

$$R\left(f_n^{(p-1)}, b_{n-p}^{(p-1)}\right) = \frac{\mathrm{E}\left[f_n^{(p-1)} X_{n-p}\right]}{\sigma_{p-1}{}^2} \tag{5.67}$$

となり，これに式 (5.64) を代入して

$$= \frac{\mathrm{E}\left[\left(X_n - \sum_{j=1}^{p-1} a_j^{(p-1)} X_{n-j}\right) X_{n-p}\right]}{\sigma_{p-1}{}^2} \tag{5.68}$$

が得られる．これが式 (5.52) の右辺に等しいことはすぐにわかる．よって

$$a_p^{(p)} = R\left(f_n^{(p-1)}, b_{n-p}^{(p-1)}\right) \tag{5.69}$$

が成立する．つまり $a_p^{(p)}$ は X_n と X_{n-p} との偏自己相関係数である．

5.3 モデル選択

レビンソン–ダービンアルゴリズムのうち，分散の式については，次数の異なる前向き/後向きイノベーションの間に成り立つ式

$$f_n^{(p)} = f_n^{(p-1)} - a_p^{(p)} b_{n-p}^{(p-1)} \tag{5.70}$$

$$b_{n-p}^{(p)} = b_{n-p}^{(p-1)} - a_p^{(p)} f_n^{(p-1)} \tag{5.71}$$

を使う．これらの式の証明は省略する (演習問題 5.4) が，基本的には直交射影の考え方を使って導くことができる．式 (5.70) の両辺の 2 乗の期待値をとれば

$$\mathrm{E}\left[\left|f_n^{(p)}\right|^2\right] = \mathrm{E}\left[\left|f_n^{(p-1)}\right|^2\right] - 2a_p^{(p)} \mathrm{E}\left[f_n^{(p-1)} b_{n-p}^{(p-1)}\right]$$

$$+ \left(a_p^{(p)}\right)^2 \mathrm{E}\left[\left|b_{n-p}^{(p-1)}\right|^2\right] \tag{5.72}$$

となるが，左辺は $\sigma_p{}^2$ であり，右辺の第 1 項および最後の項の期待値は $\sigma_{p-1}{}^2$ である．また式 (5.66) と式 (5.69) より

$$a_p^{(p)} = \frac{\mathrm{E}\left[f_n^{(p-1)} b_{n-p}^{(p-1)}\right]}{\sigma_{p-1}{}^2} \tag{5.73}$$

であるので，式 (5.72) から

$$\sigma_p{}^2 = \sigma_{p-1}{}^2 \left\{1 - \left(a_p^{(p)}\right)^2\right\} \tag{5.74}$$

が得られる．

式 (5.51), (5.52) において自己共分散 C_τ の代わりに標本自己共分散 $\hat{C}_\tau$ を用いたものと，式 (5.74) から，レビンソン–ダービンアルゴリズムが得られる．

レビンソン–ダービンアルゴリズムで推定された分散 $\hat{\sigma}_p{}^2$ の値から，最大対数尤度の値を求めることができ，これを使って AIC の値が求まる．AIC の値を使って次数選択する際に注意すべきことがある．それは，次数 p における最大対数尤度は式 (5.20) で得られるが，これは次数 p に依存した範囲のデータ $x_{p+1}, \cdots, x_N$ に対する尤度となっている点である．AIC により次数決定を行うためには，データの範囲が次数によって異ならないようにしなければならない．それには，式 (5.20) の $N - p$ を $N - P$ に置き換えた

$$l_c(\hat{\theta}) = -\frac{N-P}{2} \left(\log 2\pi \hat{\sigma}_p{}^2 + 1\right) \tag{5.75}$$

を用いればよい.よって AIC としては,

$$\text{AIC} = (N - P)\left(\log 2\pi \hat{\sigma}_p{}^2 + 1\right) + 2(p+1) \tag{5.76}$$

を使えばよいことになる.

例題 5.3 例題 5.1 で生成した 2 次の自己回帰過程のデータ系列について,レビンソン–ダービンアルゴリズムを使って自己回帰係数 a_j^p $(j = 1, 2 \cdots, p)$ および分散 σ_p^2 の推定値を,次数 $p = 0, 1, 2, \cdots$ について求めよ.

解答 アルゴリズムに従って,最初に $\hat{\sigma}_0{}^2$ を求める.

$$\hat{\sigma}_0{}^2 = \hat{C}_0 = 9.333543 \tag{5.77}$$

次に $p = 1$ のときの偏自己相関係数 $\hat{a}_1^{(1)}$ および分散の推定値 $\hat{\sigma}_1{}^2$ を求める.まず偏自己相関係数は

$$\hat{a}_1^{(1)} = \frac{\hat{C}_1}{\hat{\sigma}_0{}^2} = \frac{7.879308}{9.333543} \simeq 0.844193 \tag{5.78}$$

となる.次に分散は,偏自己相関係数 $\hat{a}_1^{(1)}$ を使って

$$\begin{aligned}
\hat{\sigma}_1{}^2 &= \hat{\sigma}_0{}^2 \left\{1 - \left(\hat{a}_1^{(1)}\right)^2\right\} \\
&= 9.333543\left\{1 - 0.844193^2\right\} \\
&\simeq 2.681883
\end{aligned} \tag{5.79}$$

となる.引続き,$p = 2$ のときの推定を行う.まず偏自己相関係数は,

$$\hat{a}_2^{(2)} = \frac{\hat{C}_2 - \hat{a}_1^{(1)}\hat{C}_1}{\hat{\sigma}_1{}^2} = \frac{4.500708 - 0.844193 \times 7.879308}{2.681883} \tag{5.80}$$
$$\simeq -0.802029$$

となる.次に $j < 2$ の自己回帰係数 $\hat{a}_j^{(2)}$ の $\hat{a}_1^{(2)}$ を

$$\begin{aligned}
\hat{a}_1^{(2)} &= \hat{a}_1^{(1)} - \hat{a}_2^{(2)} \hat{a}_1^{(1)} \\
&= 0.844193 - (-0.802029) \times 0.844193 \\
&\simeq 1.521260
\end{aligned} \tag{5.81}$$

と求める.そして分散を

$$\hat{\sigma}_2^2 = \hat{\sigma}_1^2 \left\{ 1 - \left(\hat{a}_2^{(2)}\right)^2 \right\}$$
$$= 2.681883 \left\{ 1 - (-0.802029)^2 \right\} \quad (5.82)$$
$$\simeq 0.956760$$

と求める．同様にして，$p = 3, 4, \cdots$ についても計算する．計算して得られた値を表 5.1 にまとめて示す．□

例題 5.4 例題 5.3 で求めた分散の推定値 $\hat{\sigma}_p^2$ から，式 (5.75) により各次数 p における最大対数尤度 $l_c(\hat{\theta})$ を求めよ．また求めた最大対数尤度から式 (5.76) の AIC を求め，最適な自己回帰次数 $\hat{p}$ を決定せよ．

解答 式 (5.75) により，分散の推定値 $\hat{\sigma}_p^2$ から最大対数尤度 $l_c(\hat{\theta})$ を求め，その -2 倍を表 5.2 に示した．また最大対数尤度 $l_c(\hat{\theta})$ から式 (5.76) により AIC

表 5.1 AR(2) データ系列の自己回帰係数と分散の推定値

次数 p	自己回帰係数					分散 $\hat{\sigma}^2$
	$\hat{a}_1$	$\hat{a}_2$	$\hat{a}_3$	$\hat{a}_4$	$\hat{a}_5$	
0						9.333543
1	0.844193					2.681883
2	1.521260	-0.802029				0.956760
3	1.508663	-0.778135	-0.015707			0.956524
4	1.507779	-0.821926	0.069196	-0.056277		0.953495
5	1.511270	-0.826219	0.120189	-0.149821	0.062041	0.949825
⋮	⋮	⋮	⋮	⋮	⋮	⋮

表 5.2 AR(2) データ系列の分散の推定値，最大対数尤度，AIC

p	$\hat{\sigma}_p^2$	$-2l_c(\hat{\theta})$	AIC
0	9.333543	1470.73	1472.73
1	2.681883	1109.07	1113.07
2	0.956760	810.17	816.17
3	0.956524	810.09	818.09
4	0.953495	809.17	819.17
5	0.949825	808.06	820.06
6	0.949759	808.04	822.04
7	0.949631	808.00	824.00
8	0.949505	807.96	825.96
9	0.949458	807.94	827.94
10	0.949132	807.84	829.84

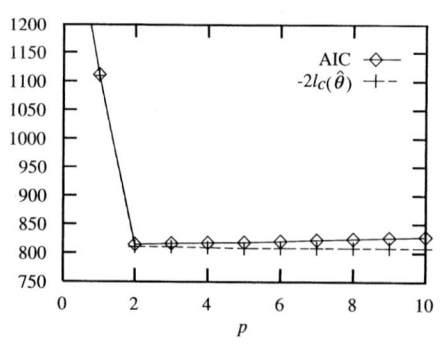

図 5.3 AR(2) データ系列の最大対数尤度と AIC

の値求め，これを表 5.2 に示した．なお表 5.2 中の最大対数尤度および AIC の数値は，小数第 2 位で四捨五入してある．これらの値をグラフで表したものを図 5.3 に示す．表と図を見ると，$-2 \times$ 最大対数尤度 は次数 p が増えるに従って減少していく一方であるが，AIC は次数 2 で極小となっていることがわかる．これより AIC に基づく最適な次数は 2 と決定することができる． □

5.4 その他の推定法

最尤法以外のパラメータ推定の方法を学ぶにあたって，パラメータに関する統計的推測の一般的な枠組を定義しておくと便利である．まずは本章の最初で若干学んだ事柄の復習も含めて，統計的推測の考え方について整理してみよう．次に最尤法以外のパラメータ推定の方法として，ベイズ推定について学ぶことにしよう．

5.4.1 統計的推測

データを生成する対象は一般的には未知であって，それがパラメータ θ によって定まる分布 $f(\boldsymbol{x}; \theta)$ により表されると仮定する．このとき対象として仮定した分布のことを**統計モデル**と呼ぶ．統計モデルがパラメータによって定まる場合を特に**パラメトリックモデル** (parametric model) と呼ぶ．

パラメトリックモデルでは，対象が未知な状況を，パラメータが未知であると仮定することにより表す．つまりパラメータの真の値 θ^* を知れば，我々の知

りたい対象の特性がわかると考えるのである．パラメータに関する情報が得られれば，統計モデルの分布，すなわち我々の仮定した未知の対象に関する事柄が結論できる．パラメータに関する情報を得ることを，**統計的推測** (statistical inference) という．特に，パラメータの値を定めることをいう場合には，これを**推定** (estimation) という．

パラメータの値に関する情報は観測値から得ることになる．観測値となるデータ $\boldsymbol{x} = (x_1, x_2, \cdots, x_n)$ は，真のパラメータ θ^* を持つ統計モデルの分布にしたがって得られた実現値であると考える．これらの実現値を生成する確率変数 $\boldsymbol{X} = (X_1, X_2, \cdots, X_n)$ を**標本** (sample) という．ここでは，統計モデルは $\boldsymbol{X}$ の分布を表すものとする．

標本 $\boldsymbol{X}$ の関数 $T(\boldsymbol{X})$ を**統計量** (statistic) といい，推定は統計量に基づいて行われる．パラメータの一つの値を統計量によって推定することを**点推定** (point estimation) といい，パラメータが属する区間を求めることを**区間推定** (interval estimation) という．このように統計量 $T(\boldsymbol{X})$ をパラメータ θ の推定として使う場合には，$T(\cdot)$ のことを**統計的推測関数** (statistical inference function) という．

統計的推測関数において，標本 $\boldsymbol{X}$ をそのまま使う場合と実現値 $\boldsymbol{x}$ を使う場合とが考えられ，$T(\boldsymbol{X})$ を**推定量** (estimator) といい，$T(\boldsymbol{x})$ を**推定値** (estimate) といって区別している．推定量は「推定の方法」のような意味合いを持つ．そして標本 $\boldsymbol{X}$ は確率変数であるから，$T(\boldsymbol{X})$ で得られるのはパラメータの分布である．これに対し，実現値 $\boldsymbol{x}$ は単なる数値であるから，推定値 $T(\boldsymbol{x})$ も一つの数値である．つまり，推定量は確率変数で，推定値はその実現値なのである．

実際に得られるのは観測値 $\boldsymbol{x} = (x_1, x_2, \cdots, x_n)$ であり，これに基づいてパラメータ θ の推定を $T(\boldsymbol{x})$ により行うことになる．しかし推定値 $T(\boldsymbol{x})$ は実現値であるから，標本の分布を考慮していないことになる．一方，推定量 $T(\boldsymbol{X})$ に基づけば，標本の分布を含むものとなり，推定の一般的性質を論じることができるようになる．

さて，以上の考え方に基づいて，統計的推測の性質を見てみよう．まず**推定誤差** (estimation error) を次のように定義する．

$$e = \theta^* - T(\boldsymbol{X}) \tag{5.83}$$

これも $T(\boldsymbol{X})$ を使っていることから，確率変数であることに注意しよう．

推定誤差の値に応じて非負の値を割り当て，その値を，誤った推定をした場合の損失とみなそう．この値の割り当てを，非負の値をとる関数 $l(e)$ により行うことにし，$l(e)$ を**損失関数** (loss function) と呼ぶ．損失関数の例としては

$$l(e) = e^2 \tag{5.84}$$

$$l(e) = |e| \tag{5.85}$$

$$l(e) = \begin{cases} 0, & |e| \leq \delta_e \\ 1, & |e| > \delta_e \end{cases} \tag{5.86}$$

などがあり，それぞれ**二乗誤差** (square error), **絶対誤差** (absolute error), **一様誤差** (uniform error) という．

損失関数の値は，$\boldsymbol{X}$ がどのような実現値 $\boldsymbol{x}$ をとるかによってさまざまに変わる．そこで，$\boldsymbol{X}$ の分布に関して，損失関数の平均的な値を

$$r(\theta, T) = \mathrm{E}\left[l(e)\right] = \int l\left(\theta - T(\boldsymbol{x})\right) f(\boldsymbol{x}; \theta) d\boldsymbol{x} \tag{5.87}$$

と求める．式 (5.87) を**リスク関数** (risk function) という．パラメータ θ の値がわかっていれば，統計量 T に対するリスク関数の値を得ることができる．この値が小さいほど，T はよい推定量であるといえる．しかし一般にはパラメータの真の値 θ^* は未知なので，推定量 T のよし悪しはリスク関数の値という一つの数値では決めることができない．θ が未知な状況で推定量 $T(\boldsymbol{X})$ のよさを計る一つの方法としては，全ての θ の値にわたってリスク関数の値が優れているものをよい推定量とみなす考え方がある．

たとえば2つの推定量 T_1 と T_2 が与えられたとき，全ての $\theta \in \Theta$ について $r(\theta, T_1) \leq r(\theta, T_2)$ で，$r(\theta, T_1) < r(\theta, T_2)$ となる θ が存在するとき，T_1 は T_2 に**優越** (dominate) するという．また，ある推定量 T があって，これに優越する統計量が存在しないとき，この統計量 T は**許容的** (admissible) であるという．一般的な状況では，許容的な統計量は存在しないことが知られている．よって許容的な統計量について議論したい場合には，許容的な統計量が存在するような仮定を設けることになる．たとえば統計量に対して不偏性を仮定すれ

ば，許容的な統計量が存在することが知られている．

5.4.2 ベイズ推定

最尤法以外のパラメータ推定の方法として，ベイズ推定について学ぼう．そこではパラメータ θ も確率変数であるとみなして，θ の分布を考え，ベイズの定理

$$p(\theta|\boldsymbol{x}) = \frac{f(\boldsymbol{x}|\theta)p(\theta)}{p(\boldsymbol{x})} \tag{5.88}$$

を使う．今まで統計モデルを $f(\boldsymbol{x};\theta)$ と表してきたが，ベイズ推定ではパラメータ θ もひとつの確率変数であることから $\boldsymbol{x}$ と同等に扱い，$f(\boldsymbol{x}|\theta)$ と条件付き分布により表す．式 (5.88) のベイズの定理において，$p(\theta|\boldsymbol{x})$ は，データ $\boldsymbol{x}$ が与えられたもとでのパラメータ θ の分布で，**事後分布** (posterior distribution) と呼ばれている．また，$p(\theta)$ は**事前分布** (prior distribution) という．パラメータ θ に関してあらかじめわかっている情報は，事前分布によって表される．またデータが与えられた後のパラメータに関する情報は，事後分布により表される．なお式 (5.88) の分母の $p(\boldsymbol{x})$ は

$$p(\boldsymbol{x}) = \int f(\boldsymbol{x},\theta)d\theta = \int f(\boldsymbol{x}|\theta)p(\theta)d\theta \tag{5.89}$$

と，分子の θ についての積分である．

式 (5.87) のリスク関数を，パラメータの事前分布 $p(\theta)$ に関して期待値をとった

$$r_B(T) = \int r(\theta,T)p(\theta)d\theta = \int p(\theta)d\theta \int l\left(\theta - T(\boldsymbol{x})\right)f(\boldsymbol{x}|\theta)d\boldsymbol{x} \tag{5.90}$$

を考える．これを**ベイズリスク** (Bayes risk) という．ベイズリスクを最小にする推定量を**ベイズ推定量** (Bayes estimate) といい，これに基づく推定をベイズ推定という．つまり，ベイズ推定ではパラメータの値の確からしさを事前分布により表し，リスク関数をこの確からしさに応じて重み付けしたものがベイズリスクであり，これを最小にする推定を行おうとするのである．

さて，データ $\boldsymbol{x}$ が与えられたときに，ベイズ推定値を求める方法についてみてみよう．式 (5.90) のベイズリスクに対して，ベイズの定理 (5.88) より

$$p(\theta|\boldsymbol{x})p(\boldsymbol{x}) = f(\boldsymbol{x}|\theta)p(\theta) \tag{5.91}$$

と置き換えると,

$$\begin{aligned} r_B(T) &= \int\int l\left(\theta - T(\boldsymbol{x})\right) f(\boldsymbol{x}|\theta)p(\theta)d\theta d\boldsymbol{x} \\ &= \int\int l\left(\theta - T(\boldsymbol{x})\right) p(\theta|\boldsymbol{x})p(\boldsymbol{x})d\theta d\boldsymbol{x} \end{aligned} \tag{5.92}$$

となる.

$$r_c(T|\boldsymbol{x}) \equiv \int l\left(\theta - T(\boldsymbol{x})\right) p(\theta|\boldsymbol{x})d\theta \tag{5.93}$$

とおき,これを**条件付きベイズリスク** (conditional Bayes risk) と呼ぶ. r_c を使えばベイズリスクは

$$r_B(T) = \int r_c(T|\boldsymbol{x})p(\boldsymbol{x})d\boldsymbol{x} \tag{5.94}$$

と書くことができる. $p(\boldsymbol{x}) \geq 0$ なので,これを r_c の各 $\boldsymbol{x}$ に対する重み値とみなせば,データ $\boldsymbol{x}$ 対して r_c が最小になるように T を決め,これを全てのデータについて行えば, $r_B(T)$ も最小になることがわかる.よって,データ $\boldsymbol{x}$ が与えられたもとでは,条件付きベイズリスク $r_c(T|\boldsymbol{x})$ を最小にする推定値を選べばよいことになる.

損失関数の決め方によって,ベイズ推定値が具体的にどのようになるか見てみよう.まず,損失関数が式 (5.84) の二乗誤差 $l(e) = e^2$ の場合には,条件付きベイズリスクは

$$r_c(T|\boldsymbol{x}) = \int (\theta - T(\boldsymbol{x}))^2 p(\theta|\boldsymbol{x})d\theta \tag{5.95}$$

となる.ここで

$$\bar{\theta} \equiv \mathrm{E}\left[\theta|\boldsymbol{x}\right] = \int \theta p(\theta|\boldsymbol{x})d\theta \tag{5.96}$$

とおけば,式 (5.95) は

$$\begin{aligned} &= \int \left(\theta - \bar{\theta} + \bar{\theta} - T(\boldsymbol{x})\right)^2 p(\theta|\boldsymbol{x})d\theta \\ &= \int \left(\theta - \bar{\theta}\right)^2 p(\theta|\boldsymbol{x})d\theta + \left(\bar{\theta} - T(\boldsymbol{x})\right)^2 \end{aligned} \tag{5.97}$$

となる．$T(\boldsymbol{x}) = \bar{\theta}$ のとき r_c が最小になるので，ベイズ推定値は式 (5.96)，すなわち事後分布の期待値となる．なお，二乗誤差の最小化は，分散の最小化とみることもできるので，式 (5.96) のベイズ推定値のことを**最小分散推定値** (minimum mean square estimate : MMSE) と呼ぶ．これを $\hat{\theta}_{\mathrm{MMSE}}(\boldsymbol{x})$ と表すことにしよう．また最小分散推定値は，θ の事後分布について期待値をとると

$$\mathrm{E}\left[\theta - \hat{\theta}_{\mathrm{MMSE}}(\boldsymbol{x})\right] = \mathrm{E}\left[\theta - \mathrm{E}\left[\theta|\boldsymbol{x}\right]\right] = 0 \qquad (5.98)$$

となり，**不偏推定値** (unbiased estimate) であることがわかる．

損失関数を式 (5.85) の絶対誤差 $l(e) = |e|$ とした場合には，条件付きベイズリスクは

$$r_c(T|\boldsymbol{x}) = \int |\theta - T(\boldsymbol{x})|p(\theta|\boldsymbol{x})d\theta \qquad (5.99)$$

となる．これを絶対値の中が正の場合と負の場合とに分けて書くと

$$r_c(T|\boldsymbol{x}) = \int_{T(\boldsymbol{x})}^{\infty} (\theta - T(\boldsymbol{x}))p(\theta|\boldsymbol{x})d\theta + \int_{-\infty}^{T(\boldsymbol{x})} (T(\boldsymbol{x}) - \theta)p(\theta|\boldsymbol{x})d\theta \qquad (5.100)$$

となる．これを最小にする T を求めるには，$dr_c/dT = 0$ から

$$\int_{T(\boldsymbol{x})}^{\infty} p(\theta|\boldsymbol{x})d\theta = \int_{-\infty}^{T(\boldsymbol{x})} p(\theta|\boldsymbol{x})d\theta \qquad (5.101)$$

を得るので，これを解けばよい．これより損失関数が絶対誤差の場合のベイズ推定値は，事後分布 $p(\theta|\boldsymbol{x})$ の**中央値** (メジアン，median) となる．これを $\theta_{\mathrm{ABS}}(\boldsymbol{x})$ と表すことにしよう (ABS は絶対誤差を表す)．

最後に，損失関数を式 (5.86) の一様誤差とした場合には，ベイズ推定値は事後分布 $p(\theta|\boldsymbol{x})$ の最大値，つまり**モード** (mode) となることが示せる．このときのベイズ推定値を $\theta_{\mathrm{MAP}}(\boldsymbol{x})$ と表し，これを **MAP 推定値** (maximum a posteriori estimate) という．なお事後確率の最大化は，ベイズの定理 (5.88) から，事後確率が

$$p(\theta|\boldsymbol{x}) \propto f(\boldsymbol{x}|\theta)p(\theta) \qquad (5.102)$$

と比例関係にあることから，$f(\boldsymbol{x}|\theta)p(\theta)$ を最大化するのと同じである．MAP

推定値を求めるには，$f(\boldsymbol{x}|\theta)p(\theta)$ の対数をとって微分し，これを0とおくと

$$\frac{\partial}{\partial \theta}\log f(\boldsymbol{x}|\theta) + \frac{\partial}{\partial \theta}\log p(\theta) = 0 \tag{5.103}$$

が得られる．今，事前分布 $p(\theta)$ がある連続な領域 Θ_c にて一様分布であるとする．この場合には，式 (5.103) の第2項は0となるので，

$$\frac{\partial}{\partial \theta}\log f(\boldsymbol{x}|\theta) = 0 \tag{5.104}$$

と尤度方程式と同じ式が得られ，この解が MAP 推定値となる．これは最尤推定値と同じであることに注意しよう．つまり最尤推定とは，ベイズ推定の特殊な場合と見ることができるのである．

演 習 問 題

問題 5.1 カルバック–ライブラー情報量 $I(g;f)$ が式 (5.6) の性質を持つことを証明せよ．

問題 5.2 式 (5.32) の対数尤度と式 (5.31) の平均対数尤度との (データ $\boldsymbol{x}$ についての) 平均的な偏りを評価し，式 (5.33) の AIC を導出せよ．

問題 5.3 定常な次数 p の前向き/後向き自己回帰過程にて，式 (5.62) で表されるように係数が一致し，式 (5.63) で表されるように分散も一致することを示せ．

問題 5.4 前向き/後向きイノベーションの間に成り立つ式 (5.70), (5.71) を証明せよ．

6 状態空間モデルと状態推定

　状態空間モデルと状態推定の方法は主に制御理論の分野で発展してきたものであるが，確率過程とその解析にも非常に有用であり，さまざまなモデルを統一的に表し，パラメータ推定を行うことができる．本章では，まず状態空間モデルの定義を学ぶ．次に状態空間モデルのうち線形でガウス型の場合について，状態推定の方法としてカルマンフィルタおよび平滑化を学ぶ．最後に状態空間モデルにより表される非定常時系列解析のためのさまざまなモデルを学ぶ．

6.1 状態空間モデル

　我々がその性質を知りたい対象が，次のように考えられるものとしよう．対象から時々刻々と観測されるデータ y_n は m_y 次元の実数ベクトルである (これを観測ベクトルと呼ぶ)．対象は動的システムであって，m_y より高い次元の内部状態を持っている．y_n の値はシステムの内部状態により定まり，これに観測誤差が何らかの形で加わったものとする．またシステムの内部状態は，(決定的および確率的な) ある規則に従って時間的に変化するものとする．

　このような状況は，**状態空間モデル** (state space model)

$$x_n = F(x_{n-1}, v_n) \tag{6.1}$$

$$y_n = H(x_n, w_n) \tag{6.2}$$

により表すことができる．これを図 6.1 に示す．x_n は l 次元のベクトルで，システムの内部状態を表しており，これを**状態ベクトル** (state vector) という．

　式 (6.1) は状態の時間変化を表しており，これを**システム方程式** (system

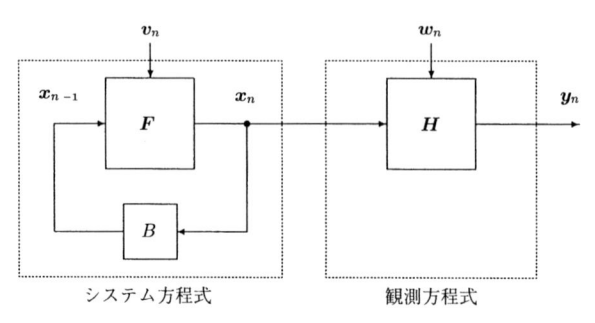

図 6.1 状態空間モデル

equation) と呼ぶ．状態の変化に際しては，**システムノイズ** (system noise) v_n により確率的な要素が加えられる．v_n は確率密度関数が $q(v;Q)$ の分布に独立に従う確率変数の系列であり，Q は密度関数 q を規定するパラメータである．なお v_n の次元は m で，これは状態ベクトル x_n の次元 l よりも大きくない，すなわち $m \leq l$ であるとする．

また式 (6.2) は状態から観測値を生成する仕組みを表し，これを**観測方程式** (observation equation) と呼ぶ．観測に際しては，**観測ノイズ** (observation noise) w_n が関数 H により定義された方法で加わることを想定している．w_n は，確率密度関数が $r(w;R)$ の分布に独立に従う確率変数の系列であり，R は密度関数 r を規定するパラメータである．なお w_n の次元は，観測値 y_n の次元 m_y と同じであるとする．

システム方程式および観測方程式が既知で，観測したデータ y_n から未知の状態 x_n を推定することを**状態推定** (state estimation) という．状態推定の詳細については 6.2 節で学ぶが，その前提として，F, H, Q および R は既知であるものとする．

状態遷移を表す関数 F や状態から観測値を生成する関数 H は，既知ではあるが時間的に変化する場合も考えられる．この場合には，状態空間モデルは

$$x_n = F_n(x_{n-1}, v_n) \tag{6.3}$$

$$y_n = H_n(x_n, w_n) \tag{6.4}$$

と，状態遷移と観測の関数 F, H に，それぞれ時刻 n をつけて表すものとす

る.またシステムノイズおよび観測ノイズのパラメータ $\boldsymbol{Q}$, $\boldsymbol{R}$ についても,既知ではあるが時間的に変化する場合を扱うため,それぞれ $\boldsymbol{Q}_n$, $\boldsymbol{R}_n$ と表すことがある.

式 (6.3), (6.4) の状態空間モデルは,状態ベクトル $\boldsymbol{x}_n$ や観測ベクトル $\boldsymbol{y}_n$ の分布という観点から見れば,

$$\boldsymbol{x}_n \sim f_n(\cdot|\boldsymbol{x}_{n-1}; \boldsymbol{Q}) \tag{6.5}$$

$$\boldsymbol{y}_n \sim h_n(\cdot|\boldsymbol{x}_n; \boldsymbol{R}) \tag{6.6}$$

と,それぞれのベクトルの条件付き分布を表している.つまり,システム方程式 (6.3) は,1時刻前の状態ベクトルの値が与えられたもとでの現時刻の状態ベクトルの条件付き分布 (式 (6.5)) を規定しており,観測方程式 (6.4) は,現時刻の状態ベクトルが与えられたもとでの観測ベクトルの条件付き分布 (式 (6.6)) を表している.また $\boldsymbol{Q}$, $\boldsymbol{R}$ はそれぞれの条件付き分布のパラメータとなる.なお,状態空間モデルが式 (6.1), (6.2) で $\boldsymbol{F}$, $\boldsymbol{H}$ が時間的に変化しない場合には,式 (6.5) の f_n は単に f となり,式 (6.6) の h_n も単に h と書けばよい.

システム方程式および観測方程式を線形演算に限定したもの

$$\boldsymbol{x}_n = \boldsymbol{F}_n \boldsymbol{x}_{n-1} + \boldsymbol{G}_n \boldsymbol{v}_n \tag{6.7}$$

$$\boldsymbol{y}_n = \boldsymbol{H}_n \boldsymbol{x}_n + \boldsymbol{w}_n \tag{6.8}$$

を**線形状態空間モデル** (linear state space model) という.これを図 6.2 に示す.システム方程式 (6.7) において,$\boldsymbol{F}_n$ は $l \times l$ の行列で,状態 $\boldsymbol{x}_n$ の時間変化を表すので状態遷移行列と呼ばれる.システムの状態変化に加わる確率的変動も線形であり,これを表すのが $l \times m$ の行列 $\boldsymbol{G}_n$ である.観測方程式 (6.8) では,$\boldsymbol{H}_n$ は $m_y \times l$ の行列で,状態ベクトルから観測をつくるので観測行列と呼ばれる.

さらに,式 (6.7), (6.8) の線形状態空間モデルのノイズの分布が正規分布に従う場合を考えよう.この場合を**線形ガウス型状態空間モデル** (linear Gaussian state space model) という.つまりシステムノイズ $\boldsymbol{v}_n$ は m 次元の正規分布 $N(\boldsymbol{0}, \boldsymbol{Q}_n)$ に従い,観測ノイズ $\boldsymbol{w}_n$ は正規分布 $N(\boldsymbol{0}, \boldsymbol{R}_n)$ に従う.ここで各正規分布の平均ベクトルは $\boldsymbol{0}$ としているが,それぞれ $\boldsymbol{m}_q$, $\boldsymbol{m}_r$ などと一般の平

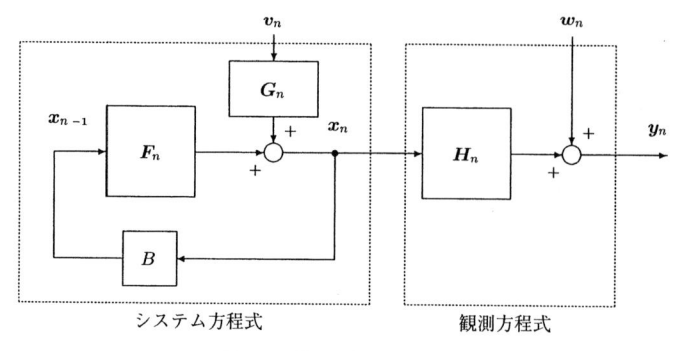

図 6.2 線形状態空間モデル

均ベクトルを与えてもよい．なお Q_n, R_n は，それぞれの正規分布の分散共分散行列である．

例題 6.1 状態ベクトルを

$$x_n = [y_n \ y_{n-1} \ \cdots \ y_{n-p+1}]^t \tag{6.9}$$

と p 時刻分の観測値からなるものとして，p 次の自己回帰過程 AR(p) を線形状態空間モデルにより表せ．

解答 状態遷移行列は

$$F_n = F = \begin{bmatrix} a_1 & a_2 & \cdots & a_{p-1} & a_p \\ 1 & 0 & & & 0 \\ 0 & 1 & & & 0 \\ \vdots & & \ddots & & \vdots \\ 0 & 0 & & 1 & 0 \end{bmatrix} \tag{6.10}$$

と，時間的に一定で，自己回帰係数を含むものとなる．また，システムノイズは

$$v_n = \varepsilon_n \tag{6.11}$$

と，自己回帰モデルの白色雑音のみからなるスカラーとなる．システムノイズを加える行列としては

$$G_n = G = [1 \ 0 \ 0 \ \cdots \ 0]^t \tag{6.12}$$

と時間的に一定な p 次元列ベクトルとなる．また観測行列は

6.1 状態空間モデル

$$\boldsymbol{H}_n = \boldsymbol{h} = [1\ 0\ \cdots\ 0] \tag{6.13}$$

と時間的に一定な p 次元行ベクトルとなる．観測ノイズは

$$\boldsymbol{w}_n = w_n = 0 \tag{6.14}$$

と，0 となる．

以上を用いて，式 (6.7), (6.8) の線形状態空間モデルを，これらの行列やベクトルの成分により表すと，システム方程式は

$$\begin{bmatrix} y_n \\ y_{n-1} \\ y_{n-2} \\ \vdots \\ y_{n-p+1} \end{bmatrix} = \begin{bmatrix} a_1 & a_2 & \cdots & a_{p-1} & a_p \\ 1 & 0 & & & 0 \\ 0 & 1 & & & 0 \\ \vdots & & \ddots & & \vdots \\ 0 & 0 & & 1 & 0 \end{bmatrix} \begin{bmatrix} y_{n-1} \\ y_{n-2} \\ y_{n-3} \\ \vdots \\ y_{n-p} \end{bmatrix} + \begin{bmatrix} 1 \\ 0 \\ 0 \\ \vdots \\ 0 \end{bmatrix} \varepsilon_n \tag{6.15}$$

となり，観測方程式は

$$y_n = [1\ 0\ \cdots\ 0] \begin{bmatrix} y_n \\ y_{n-1} \\ y_{n-2} \\ \vdots \\ y_{n-p+1} \end{bmatrix} \tag{6.16}$$

となる． □

例題の解の確認をしてみよう．式 (6.15) を各成分ごとの式で表すと，

$$\left. \begin{array}{l} y_n = a_1 y_{n-1} + a_2 y_{n-2} + \cdots + a_{p-1} y_{n-p+1} + a_p y_{n-p} + \varepsilon_n \\ y_{n-1} = y_{n-1} \\ y_{n-2} = y_{n-2} \\ \quad \vdots \\ y_{n-p+1} = y_{n-p+1} \end{array} \right\} \tag{6.17}$$

となる．式 (6.17) の第 1 式が p 次の自己回帰過程になっている．第 2 式以降は，状態ベクトルの成分を一つずつシフトしている．式 (6.16) の観測方程式も同様に成分の式で表せば，$y_n = y_n$ となる．これらより，状態空間モデルが p 次の自己回帰過程になっていることがわかる．

一般に，線形状態空間モデルによる表現は一意ではない．これは次のようにして確かめられる．状態ベクトルを正則な行列 T により変換されたものを

$$x_n = T\tilde{x}_n \tag{6.18}$$

としよう (T は正則 ($|T| \neq 0$) なので，逆行列 T^{-1} が存在する)．これを式 (6.7)，(6.8) の状態空間モデルに代入すると

$$T\tilde{x}_n = F_n T\tilde{x}_{n-1} + G_n v_n \tag{6.19}$$

$$y_n = H_n T\tilde{x}_n + w_n \tag{6.20}$$

となる．システム方程式 (6.19) に左から T^{-1} を掛けて，$\tilde{F}_n \equiv T^{-1} F_n T$，$\tilde{G}_n \equiv T^{-1} G_n$，$\tilde{H}_n \equiv H_n T$ と書き直せば，これらは式 (6.7)，(6.8) の線形状態空間モデルと同じ形式になる．

ここで簡単のため，線形過程のように白色ガウス雑音 (スカラー) を入力とし，スカラーの観測系列 y_n を出力する時間不変システムの場合に限定して考えよう．これを状態空間モデルにより表すと，例題 6.1 で見たように，行列 F，G，H は時刻 n に依存しないものとなる．また，G，H はベクトルとなる．状態遷移行列 F の固有値を $\nu_1, \nu_2, \cdots, \nu_l$ と表し，これらに対応する固有ベクトルを $r_1, r_2, \cdots, r_l$ と表すものとする．このとき変換 T として，固有ベクトルを並べた行列 $[r_1\ r_2\ \cdots\ r_l]$ を使うと，状態遷移行列 $\tilde{F}_n$ は固有値を対角要素に持つ対角行列となる．すなわち，システム方程式は

$$\begin{bmatrix} x_1^{(n)} \\ x_2^{(n)} \\ \vdots \\ x_l^{(n)} \end{bmatrix} = \begin{bmatrix} \nu_1 & & & \\ & \nu_2 & & \\ & & \ddots & \\ & & & \nu_l \end{bmatrix} \begin{bmatrix} x_1^{(n-1)} \\ x_2^{(n-1)} \\ \vdots \\ x_l^{(n-1)} \end{bmatrix} + \begin{bmatrix} g_1 \\ g_2 \\ \vdots \\ g_l \end{bmatrix} \varepsilon_n \tag{6.21}$$

となり，観測方程式は

6.1 状態空間モデル

$$y_n = [h_1 \ h_2 \ \cdots \ h_l] \begin{bmatrix} x_1^{(n)} \\ x_2^{(n)} \\ \vdots \\ x_l^{(n)} \end{bmatrix} \quad (6.22)$$

となる．これは，システム方程式が l 個の独立な式で表せることを意味する．線形状態空間モデルにおけるこの表現を，**対角標準形** (diagonal canonical form) と呼ぶことにする．ここで，もし $g_j = 0$ であれば，それに対応する状態ベクトルの要素 $x_j^{(n)}$ は入力 ε_n に影響されず，初期条件だけで定まるものとなる．つまり，入力によって $x_j^{(n)}$ の値を変えることができないのである．そのような要素がない場合，すなわち全ての g_j $(j=1,2,\cdots,l)$ が 0 でない場合，この状態空間モデルは**可制御** (controllable) であるという．また，もし $h_k = 0$ であれば，それに対応する状態ベクトルの要素 $x_k^{(n)}$ はシステムの出力 y_n に影響を与えていないので，y_n は $x_k^{(n)}$ についての情報を持っていないことになる．そのような要素がない場合，すなわち全ての h_k $(k=1,2,\cdots,l)$ が 0 でない場合，この状態空間モデルは**可観測** (observable) であるという．

可制御および可観測の概念は，多入力多出力の場合にも同様な考え方で定義できる．また，可制御または可観測かどうかの判定は，対角標準形に変換せずに，もとの状態空間モデルの表現のままで $\boldsymbol{F}, \boldsymbol{G}, \boldsymbol{H}$ を使って調べることができる．

例題 6.1 の解は，**制御器標準形** (controller canonical form) と呼ばれる形式である．これに対して，**観測器標準形** (observer canonical form) という形式もある．これら 2 つの標準形の特徴は，自己回帰係数が状態空間モデルにそのまま現れることである．また後で見るように，移動平均過程や自己回帰–移動平均過程を状態空間モデルで表現した場合にも，制御器標準形や観測器標準形では自己回帰係数と移動平均係数がそのまま現れる．

自己回帰過程を観測器標準形で表現しよう．この場合には，状態ベクトルは過去の観測値の系列には一致しなくなり，これを

$$\boldsymbol{x}_n = \begin{bmatrix} x_1^{(n)} & x_2^{(n)} & \cdots & x_{p-1}^{(n)} & x_p^{(n)} \end{bmatrix}^t \quad (6.23)$$

と表そう．状態遷移行列は，制御器標準形の F_n を転置したものとなる．つまりシステム方程式は

$$\begin{bmatrix} x_1^{(n)} \\ x_2^{(n)} \\ \vdots \\ x_{p-1}^{(n)} \\ x_p^{(n)} \end{bmatrix} = \begin{bmatrix} a_1 & 1 & 0 & \cdots & 0 \\ a_2 & 0 & 1 & & 0 \\ \vdots & & & \ddots & \\ a_{p-1} & & & & 1 \\ a_p & 0 & \cdots & 0 & 0 \end{bmatrix} \begin{bmatrix} x_1^{(n-1)} \\ x_2^{(n-1)} \\ \vdots \\ x_{p-1}^{(n-1)} \\ x_p^{(n-1)} \end{bmatrix} + \begin{bmatrix} 1 \\ 0 \\ \vdots \\ 0 \\ 0 \end{bmatrix} \varepsilon_n \quad (6.24)$$

となり，観測方程式は

$$y_n = \begin{bmatrix} 1 & 0 & \cdots & 0 & 0 \end{bmatrix} \begin{bmatrix} x_1^{(n)} \\ x_2^{(n)} \\ \vdots \\ x_{p-1}^{(n)} \\ x_p^{(n)} \end{bmatrix} \quad (6.25)$$

となる．この状態空間モデルによる表現が自己回帰過程になっていることを確認してみよう．システム方程式を状態ベクトルの成分ごとの方程式に展開してみると，

$$\left.\begin{aligned} x_1^{(n)} &= a_1 x_1^{(n-1)} + x_2^{(n-1)} + \varepsilon_n \\ x_2^{(n)} &= a_2 x_1^{(n-1)} + x_3^{(n-1)} \\ &\vdots \\ x_{p-1}^{(n)} &= a_{p-1} x_1^{(n-1)} + x_p^{(n-1)} \\ x_p^{(n)} &= a_p x_1^{(n-1)} \end{aligned}\right\} \quad (6.26)$$

となる．また観測方程式は

$$y_n = x_1^{(n)} \quad (6.27)$$

となる．式 (6.26) を下の式から順に見ていけば，$y_{n-1}\ (=x_1^{(n-1)})$ にまず最高次の自己回帰係数 a_p を掛けて $x_p^{(n)}$ に格納し，それに次の時刻で y_{n-1} に a_{p-1}

を掛けたものを加えて $x_{p-1}^{(n)}$ に格納し,次の時刻で $a_{p-2}y_{n-1}$ を加え,$\cdots$,という手順で自己回帰モデルの和の項の部分和 $\sum_{j=k}^{p} a_j y_{n-j}$ を k の大きい順に生成している.最後に $k=1$ となった時点 (第1式) で,ノイズ項 ε_n を加えて出力 y_n を得ている.

例題 6.2 状態ベクトルを

$$\boldsymbol{x}_n = [\varepsilon_n \ \varepsilon_{n-1} \ \cdots \ \varepsilon_{n-q}]^t \tag{6.28}$$

として,q 次の移動平均過程 MA(q) を線形状態空間モデルにより表せ.

解答 システム方程式は

$$\begin{bmatrix} \varepsilon_n \\ \varepsilon_{n-1} \\ \varepsilon_{n-2} \\ \vdots \\ \varepsilon_{n-q} \end{bmatrix} = \begin{bmatrix} 0 & 0 & \cdots & 0 & 0 \\ 1 & 0 & & & 0 \\ 0 & 1 & & & \vdots \\ \vdots & & \ddots & & 0 \\ 0 & 0 & & 1 & 0 \end{bmatrix} \begin{bmatrix} \varepsilon_{n-1} \\ \varepsilon_{n-2} \\ \varepsilon_{n-3} \\ \vdots \\ \varepsilon_{n-q-1} \end{bmatrix} + \begin{bmatrix} 1 \\ 0 \\ 0 \\ \vdots \\ 0 \end{bmatrix} \varepsilon_n \tag{6.29}$$

となり,観測方程式は

$$y_n = [1 \ b_1 \ b_2 \ \cdots \ b_q] \begin{bmatrix} \varepsilon_n \\ \varepsilon_{n-1} \\ \varepsilon_{n-2} \\ \vdots \\ \varepsilon_{n-q} \end{bmatrix} \tag{6.30}$$

となる. □

例題 6.2 の解は,移動平均過程 MA(q) の制御器標準形である.観測器標準形についても見てみることにしよう.この場合には,状態ベクトルは白色雑音の系列には一致しなくなり,これを

$$\boldsymbol{x}_n = \begin{bmatrix} x_0^{(n)} \ x_1^{(n)} \ \cdots \ x_{q-1}^{(n)} \ x_q^{(n)} \end{bmatrix}^t \tag{6.31}$$

と表そう.状態遷移行列は制御器標準形の行列を転置したものとなり,これよりシステム方程式は

$$\begin{bmatrix} x_0^{(n)} \\ x_1^{(n)} \\ \vdots \\ x_{q-1}^{(n)} \\ x_q^{(n)} \end{bmatrix} = \begin{bmatrix} 0 & 1 & 0 & \cdots & 0 \\ 0 & 0 & 1 & & 0 \\ \vdots & & & \ddots & \\ 0 & & & & 1 \\ 0 & 0 & \cdots & 0 & 0 \end{bmatrix} \begin{bmatrix} x_0^{(n-1)} \\ x_1^{(n-1)} \\ \vdots \\ x_{q-1}^{(n-1)} \\ x_q^{(n-1)} \end{bmatrix} + \begin{bmatrix} 1 \\ b_1 \\ \vdots \\ b_{q-1} \\ b_q \end{bmatrix} \varepsilon_n \quad (6.32)$$

となる．システムノイズに掛かる行列に移動平均係数が現れていることに注意しよう．観測方程式は

$$y_n = \begin{bmatrix} 1 & 0 & 0 & \cdots & 0 \end{bmatrix} \begin{bmatrix} x_0^{(n)} \\ x_1^{(n)} \\ \vdots \\ x_{q-1}^{(n)} \\ x_q^{(n)} \end{bmatrix} \quad (6.33)$$

となる．このように，移動平均過程の場合の方が，自己回帰過程の場合と比べ，制御器標準形と観測器標準形との違いがより明確である．制御器標準形では移動平均係数が観測方程式に現れたのに対して，観測器標準形では移動平均係数はシステム方程式に現れる．またすでに見たように，制御器標準形と観測器標準形との間では状態遷移行列が転置の関係になっている．

例題 6.3 自己回帰–移動平均過程 ARMA(p,q) を，線形状態空間モデルの制御器標準形および観測器標準形により表現せよ．

解答 状態ベクトルの次元は $l = \max(p, q+1)$ となる．まず観測器標準形は，システム方程式が

$$\begin{bmatrix} x_1^{(n)} \\ x_2^{(n)} \\ \vdots \\ x_{l-1}^{(n)} \\ x_l^{(n)} \end{bmatrix} = \begin{bmatrix} a_1 & 1 & 0 & \cdots & 0 \\ a_2 & 0 & 1 & & 0 \\ \vdots & & & \ddots & \\ a_{l-1} & & & & 1 \\ a_l & 0 & \cdots & 0 & 0 \end{bmatrix} \begin{bmatrix} x_1^{(n-1)} \\ x_2^{(n-1)} \\ \vdots \\ x_{l-1}^{(n-1)} \\ x_l^{(n-1)} \end{bmatrix} + \begin{bmatrix} 1 \\ b_1 \\ \vdots \\ b_{l-2} \\ b_{l-1} \end{bmatrix} \varepsilon_n \quad (6.34)$$

となり，観測方程式が

$$y_n = [1\ 0\ \cdots\ 0\ 0] \begin{bmatrix} x_1^{(n)} \\ x_2^{(n)} \\ \vdots \\ x_{l-1}^{(n)} \\ x_l^{(n)} \end{bmatrix} \quad (6.35)$$

となる.次に制御器標準形では,状態ベクトルを

$$\boldsymbol{x}_n = [z_n\ z_{n-1}\ \cdots\ z_{n-l}]^t \quad (6.36)$$

と表すことにする.状態空間モデルによる表現は,システム方程式が

$$\begin{bmatrix} z_n \\ z_{n-1} \\ z_{n-2} \\ \vdots \\ z_{n-l+1} \end{bmatrix} = \begin{bmatrix} a_1 & a_2 & \cdots & a_{l-1} & a_l \\ 1 & 0 & & & 0 \\ 0 & 1 & & & 0 \\ \vdots & & \ddots & & \vdots \\ 0 & 0 & & 1 & 0 \end{bmatrix} \begin{bmatrix} z_{n-1} \\ z_{n-2} \\ z_{n-3} \\ \vdots \\ z_{n-l} \end{bmatrix} + \begin{bmatrix} 1 \\ 0 \\ 0 \\ \vdots \\ 0 \end{bmatrix} \varepsilon_n \quad (6.37)$$

となり,観測方程式が

$$y_n = [1\ b_1\ b_2\ \cdots\ b_{l-1}] \begin{bmatrix} z_n \\ z_{n-1} \\ z_{n-2} \\ \vdots \\ z_{n-l+1} \end{bmatrix} \quad (6.38)$$

となる.ただしこれらの表現において,$p > q+1$ のときは $b_{q+1} = b_{q+2} = \cdots = b_p = 0$ とおき,$p < q+1$ のときは $a_{p+1} = a_{p+2} = \cdots = a_{q+1} = 0$ とおくものとする. □

6.2 状 態 推 定

時刻 n において時系列データ $\mathcal{Y}_n = \{y_1, y_2, \cdots, y_n\}$ が与えられるとき，状態 $\boldsymbol{x}_k$ の分布を推定する問題を考える．推定する状態の分布として，データが与えられたもとでの状態の事後確率を求めることにする．その理由は，5.4.2 項のベイズ推定において見てきたように，ベイズ推定値は損失関数によって事後確率の平均やモード，メジアンなどであったが，それらの推定値を求めるためにはまず事後確率が必要だからである．データ $\mathcal{Y}_n$ が与えられたもとでの状態の事後確率は，推定する状態の時刻 k によって，3 種類に分類することができる．

まず $k > n$，つまり，将来の状態を推定することを**予測** (prediction) という．次に，$k = n$ と，現在の状態を推定することを**ろ波** (フィルタリング，filtering) という．最後に，$k < n$ と過去の状態を推定することを**平滑化** (smoothing) という．予測のうち，時刻 n までの時系列データ $\mathcal{Y}_n$ が与えられたときの 1 時刻先の状態 $\boldsymbol{x}_{n+1}$ の推定を特に **1 期先予測** (one-step-ahead prediction) という．これらの推定における，与えられるデータの時刻と推定する状態の時刻との関係を図 6.3 に示す．

これらの推定は，データ $\mathcal{Y}_n$ が与えられたもとでの状態 $\boldsymbol{x}_k$ の条件付き確率の分布を求めることにより行われる．1 期先予測の分布は $p(\boldsymbol{x}_{n+1}|\mathcal{Y}_n)$ と表される．また，ろ波の分布は，時刻 n までの時系列データ $\mathcal{Y}_n$ が与えられたときの状態 $\boldsymbol{x}_n$ の分布なので，$p(\boldsymbol{x}_n|\mathcal{Y}_n)$ と表す．そして平滑化の分布は，時刻 n までの時系列データが与えられて，それより過去の時刻の状態 $\boldsymbol{x}_{n-\tau}$ の分布なので ($\tau > 0$ とする)，$p(\boldsymbol{x}_{n-\tau}|\mathcal{Y}_n)$ と表される．

1 期先予測，ろ波，平滑化の 3 種類の分布の間には，どのような関係があるか見てみよう．簡単のため，状態が 1 次元の場合について考えることにする．なお，状態が多次元の場合は，以下に現れる積分を全て多重積分にすればよい．まず時刻 $n-1$ における 1 期先予測の分布 $p(x_n|\mathcal{Y}_{n-1})$ について考えよう．$\mathcal{Y}_{n-1}$ が与えられたもとでの x_n と x_{n-1} との同時分布を x_{n-1} で積分すれば，x_n のみの分布 (x_n の周辺分布) が得られることから，

6.2 状態推定

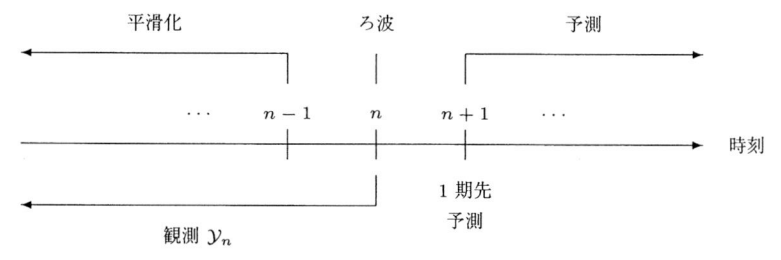

図6.3 予測, ろ波, 平滑化

$$p(x_n|\mathcal{Y}_{n-1}) = \int p(x_n, x_{n-1}|\mathcal{Y}_{n-1})dx_{n-1} \qquad (6.39)$$

と書くことができる．被積分関数の同時分布 $p(x_n, x_{n-1}|\mathcal{Y}_{n-1})$ を条件付き確率に書き直せば

$$p(x_n, x_{n-1}|\mathcal{Y}_{n-1}) = p(x_{n-1}|\mathcal{Y}_{n-1})p(x_n|x_{n-1}, \mathcal{Y}_{n-1}) \qquad (6.40)$$

となる．システム方程式が式 (6.5) の条件付き分布 $f(x_n|x_{n-1}; \boldsymbol{Q})$ を規定していることに注意すると，状態 x_n の条件付き分布は，x_{n-1} が与えられれば，その他の要素 (たとえば $\mathcal{Y}_{n-1}$) には依存しないことから

$$p(x_n|x_{n-1}, \mathcal{Y}_{n-1}) = f(x_n|x_{n-1}; \boldsymbol{Q}) \qquad (6.41)$$

となることがわかる．よって1期先予測の分布には

$$p(x_n|\mathcal{Y}_{n-1}) = \int p(x_{n-1}|\mathcal{Y}_{n-1})f(x_n|x_{n-1}; \boldsymbol{Q})dx_{n-1} \qquad (6.42)$$

が成り立つことがわかる．つまり，時刻 $n-1$ のろ波分布 $p(x_{n-1}|\mathcal{Y}_{n-1})$ と，システム方程式により規定される条件付き分布 $f(x_n|x_{n-1}; \boldsymbol{Q})$ との積の，x_{n-1} についての積分により，1期先予測の分布を求めることができる．

次にろ波の分布 $p(x_n|\mathcal{Y}_n)$ については，条件付き確率の性質を使って，

$$p(x_n|\mathcal{Y}_n) = p(x_n|\mathcal{Y}_{n-1}, y_n) = \frac{p(x_n, y_n|\mathcal{Y}_{n-1})}{p(y_n|\mathcal{Y}_{n-1})} \qquad (6.43)$$

と書くことができる．分子に対してさらに条件付き確率の性質を使えば，

$$p(x_n, y_n|\mathcal{Y}_{n-1}) = p(x_n|\mathcal{Y}_{n-1})p(y_n|x_n, \mathcal{Y}_{n-1}) \qquad (6.44)$$

となる．ここで式 (6.44) の右辺 2 つめの分布 $p(y_n|x_n, \mathcal{Y}_{n-1})$ は，観測方程式が式 (6.6) の条件付き分布 $h(y_n|x_n; \boldsymbol{R})$ を規定していることに注意すると，観測ベクトル y_n の条件付き分布は，状態 x_n が与えられれば，$n-1$ までの観測 $\mathcal{Y}_{n-1}$ には依存しない．つまり

$$p(y_n|x_n, \mathcal{Y}_{n-1}) = h(y_n|x_n; \boldsymbol{R}) \tag{6.45}$$

と書くことができる．よってろ波の分布は

$$p(x_n|\mathcal{Y}_n) = \frac{p(x_n|\mathcal{Y}_{n-1})h(y_n|x_n; \boldsymbol{R})}{p(y_n|\mathcal{Y}_{n-1})} \tag{6.46}$$

となる．なお式 (6.46) の分母は，分子を x_n で積分することにより得られる．

式 (6.46) より，ろ波の分布 $p(x_n|\mathcal{Y}_n)$ は，1 期先予測の分布 $p(x_n|\mathcal{Y}_{n-1})$ と観測方程式により規定される条件付き分布 $h(y_n|x_n; \boldsymbol{R})$ を使って求めることができる．なお，式 (6.46) はベイズの公式である．ここで観測方程式が規定する条件付き分布 $h(y_n|x_n; \boldsymbol{R})$ は，x_n をパラメータとする統計モデルとみなせば，観測値 y_n を代入しているので統計モデルの尤度関数値ということである．つまり，1 期先予測の分布 $p(x_n|\mathcal{Y}_{n-1})$ を事前分布とし，尤度を重みとしたベイズの公式によって求められる事後確率がろ波の分布 $p(x_n|\mathcal{Y}_n)$ なのである．

最後に平滑化の分布について見てみよう．データ $\mathcal{Y}_N$ が与えられたもとでの x_n の分布を考えることにする ($n < N$ とする)．これは

$$\begin{aligned} p(x_n|\mathcal{Y}_N) &= \int p(x_n, x_{n+1}|\mathcal{Y}_N) dx_{n+1} \\ &= \int p(x_{n+1}|\mathcal{Y}_N) p(x_n|x_{n+1}, \mathcal{Y}_N) dx_{n+1} \end{aligned} \tag{6.47}$$

となり，時刻 $n+1$ での平滑化の分布 $p(x_{n+1}|\mathcal{Y}_N)$ から計算できることがわかる．分布 $p(x_n|x_{n+1}, \mathcal{Y}_N)$ については，

$$p(x_n|x_{n+1}, \mathcal{Y}_N) = p(x_n|x_{n+1}, \mathcal{Y}_n) \tag{6.48}$$

が成り立つことが示せる．この証明は後にすることにして，式 (6.48) の関係を使えば，

$$p(x_n|x_{n+1}, \mathcal{Y}_N) = p(x_n|x_{n+1}, \mathcal{Y}_n)$$

$$= \frac{p(x_n, x_{n+1}|\mathcal{Y}_n)}{p(x_{n+1}|\mathcal{Y}_n)}$$
$$= \frac{p(x_n|\mathcal{Y}_n)f(x_{n+1}|x_n;\boldsymbol{Q})}{p(x_{n+1}|\mathcal{Y}_n)} \quad (6.49)$$

が成立する．これを式 (6.47) に代入すれば，

$$p(x_n|\mathcal{Y}_N) = p(x_n|\mathcal{Y}_n) \int p(x_{n+1}|\mathcal{Y}_N) \frac{f(x_{n+1}|x_n;\boldsymbol{Q})}{p(x_{n+1}|\mathcal{Y}_n)} dx_{n+1} \quad (6.50)$$

という関係が得られる．つまり平滑化の分布 $p(x_n|\mathcal{Y}_N)$ は，時刻 n におけるろ波の分布 $p(x_n|\mathcal{Y}_n)$, 1期先予測分布 $p(x_{n+1}|\mathcal{Y}_n)$, 時刻 $n+1$ の平滑化分布 $p(x_{n+1}|\mathcal{Y}_N)$, およびシステム方程式が規定する条件付き確率 $f(x_{n+1}|x_n;\boldsymbol{Q})$ から求めることができるのである．

以上の分布の間の関係を図 6.4 に示す．この関係を用いれば，データが時刻順に与えられた場合には，1期先予測分布 (図中の P) とろ波分布 (図中の F) を時刻順に交互に求めることができる．また平滑化 (後で学ぶ固定区間平滑化) については，データの末尾から時間的にさかのぼりながら，すでに求めた1期先予測とろ波の分布を用いて求めることができる (図中の S). ただし，式 (6.42), (6.46), および式 (6.50) は一般に解析的に計算できないので，何らかの近似的計算を用いるか，もしくは後で述べるように状態空間モデルを線形, ガウス型という狭いクラスに限定する必要がある．

式 (6.48) を証明してみよう．その前に便利な表記

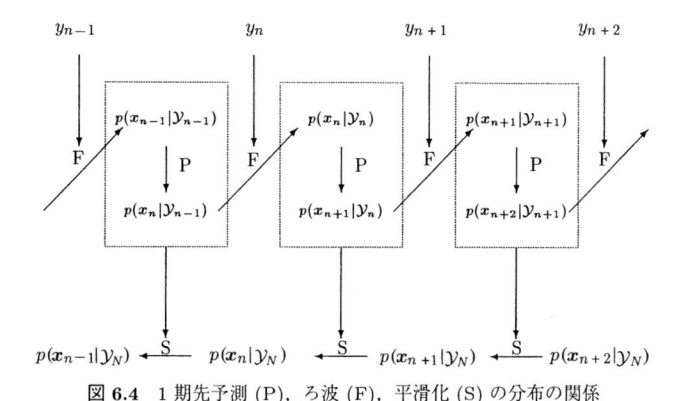

図 **6.4** 1 期先予測 (P), ろ波 (F), 平滑化 (S) の分布の関係

$$\mathcal{Y}_N^n = \{y_n, y_{n+1}, \cdots, y_N\} \tag{6.51}$$

を定義する．状態 x_n についても同様の表記をする．これらを使って，

$$\begin{aligned}
p(x_n|x_{n+1}, \mathcal{Y}_N) &= \frac{p(x_n, \mathcal{Y}_N^{n+1}|x_{n+1}, \mathcal{Y}_n)}{p(\mathcal{Y}_N^{n+1}|x_{n+1}, \mathcal{Y}_n)} \\
&= \frac{p(x_n|x_{n+1}, \mathcal{Y}_n)p(\mathcal{Y}_N^{n+1}|x_n, x_{n+1}, \mathcal{Y}_n)}{p(\mathcal{Y}_N^{n+1}|x_{n+1}, \mathcal{Y}_n)}
\end{aligned} \tag{6.52}$$

と書くことができる．ここで分子の2つめの分布は

$$\begin{aligned}
&p(\mathcal{Y}_N^{n+1}|x_n, x_{n+1}, \mathcal{Y}_n) \\
&= \int \cdots \int p(\mathcal{Y}_N^{n+1}, \mathcal{X}_N^{n+2}|x_n, x_{n+1}, \mathcal{Y}_n) dx_{n+2} \cdots dx_N \\
&= \int \cdots \int p(\mathcal{X}_N^{n+2}|x_n, x_{n+1}, \mathcal{Y}_n) p(\mathcal{Y}_N^{n+1}|\mathcal{X}_N^n, \mathcal{Y}_n) dx_{n+2} \cdots dx_N
\end{aligned} \tag{6.53}$$

となる．ここで積分されている2つの分布それぞれについて見てみると，一つめの分布 $p(\mathcal{X}_N^{n+2}|x_n, x_{n+1}, \mathcal{Y}_n)$ は，時刻 $n+2$ 以降の状態の条件付き分布であるから，条件として x_{n+1} が与えられれば，x_n は不要である．また2つめの分布 $p(\mathcal{Y}_N^{n+1}|\mathcal{X}_N^n, \mathcal{Y}_n)$ についても，時刻 $n+1$ 以降の観測の条件付き分布なので，条件として x_{n+1} が与えられれば，x_n は不要である．よって式 (6.53) において x_n は不要であり，

$$\begin{aligned}
&p(\mathcal{Y}_N^{n+1}|x_n, x_{n+1}, \mathcal{Y}_n) \\
&= \int \cdots \int p(\mathcal{X}_N^{n+2}|x_{n+1}, \mathcal{Y}_n) p(\mathcal{Y}_N^{n+1}|\mathcal{X}_N^{n+1}, \mathcal{Y}_n) dx_{n+2} \cdots dx_N \\
&= \int \cdots \int p(\mathcal{Y}_N^{n+1}, \mathcal{X}_N^{n+2}|x_{n+1}, \mathcal{Y}_n) dx_{n+2} \cdots dx_N \\
&= p(\mathcal{Y}_N^{n+1}|x_{n+1}, \mathcal{Y}_n)
\end{aligned} \tag{6.54}$$

となる．これを式 (6.52) に代入すれば，式 (6.48) の成り立つことが示せる．

6.2.1 カルマンフィルタ

線形状態空間モデル (式 (6.7), (6.8)) の状態推定について考えてみよう．簡単のため，線形ガウス型状態空間モデルの場合について，状態推定の方法を導

6.2 状態推定

出してみる．すなわちシステムノイズ v_n および観測ノイズ w_n がそれぞれ正規分布 $N(0, Q_n)$ $N(0, R_n)$ に従う白色雑音である場合を考える．初期状態 x_0 は確率変数 (ベクトル) として与えられていて，これが (多次元) 正規分布 $N(\bar{x}_0, V)$ に従うものとする．観測ノイズ w_n，システムノイズ v_n，および初期状態 x_0 は，互いに無相関 (それぞれ正規分布なので独立) であるとする．

このように，遷移前の状態 x_0 は正規分布に従い，状態遷移において加わるシステムノイズも正規分布に従っている．また状態遷移は線形演算により行われる．よって正規分布の**再生性** (reproductivity) により，遷移後の状態 x_1 の分布も正規分布となる．これを繰り返すので，状態 x_n の分布は全て正規分布となる．また観測方程式は線形で，観測ノイズが正規分布に従うことから，観測ベクトル y_n も正規分布に従うものとなる．これより，状態 x_n と観測 y_n の同時分布を考えると，それもやはり正規分布に従うものとなる．

このように状態と観測の同時分布が正規分布に従う場合には，観測が与えられたもとでの状態の条件付き分布は正規分布になることが知られている．よって，1期先予測 $p(x_n|\mathcal{Y}_{n-1})$，ろ波 $p(x_n|\mathcal{Y}_n)$，および平滑化 $p(x_{n-\tau}|\mathcal{Y}_n)$ の分布もまた (多次元) 正規分布となる．多次元正規分布は平均ベクトルと分散共分散行列を与えれば一意に定まることから，状態の分布を求めるためにはこれら平均ベクトルと分散共分散行列を求めるだけでよい．1期先予測とろ波の分布を求める方法は**カルマン** (R.E.Kalman) により提案されたことから，**カルマンフィルタ** (Kalman filter) と呼ばれ，広く利用されている．以下その具体的方法について学ぶことにしよう．

カルマンフィルタのアルゴリズムを導出してみよう．まず1期先予測の平均ベクトルおよび分散共分散行列を求める．時刻 $n-1$ におけるろ波の分布 $p(x_{n-1}|\mathcal{Y}_{n-1})$ はすでに推定されているものとし，この分布に従う確率変数 (ベクトル) を $x_{n-1|n-1}$ と表すことにする．また $x_{n-1|n-1}$ の平均ベクトルを $\hat{x}_{n-1|n-1}$，分散共分散行列を $V_{n-1|n-1}$ と表す．1期先予測の分布 $p(x_n|\mathcal{Y}_{n-1})$ に従う確率変数 (ベクトル) も同様に $x_{n|n-1}$ と表し，その平均ベクトルを $\hat{x}_{n|n-1}$，分散共分散行列を $V_{n|n-1}$ と表す．

1期先予測の分布を求めるには，式 (6.42) の積分を，先ほど定義した表記を用いて，状態をベクトルに一般化した

$$p(\boldsymbol{x}_{n|n-1}) = \int p(\boldsymbol{x}_{n-1|n-1}) f(\boldsymbol{x}_{n|n-1}|\boldsymbol{x}_{n-1|n-1};\boldsymbol{Q}_n) d\boldsymbol{x}_{n-1|n-1} \quad (6.55)$$

を計算すればよいが,これを直接計算せずに以下の方法をとることにしよう.式 (6.55) の積分は,

$$\boldsymbol{x}_{n|n-1} = \boldsymbol{F}_n \boldsymbol{x}_{n-1|n-1} + \boldsymbol{G}_n \boldsymbol{v}_n \quad (6.56)$$

と,確率変数 (ベクトル) $\boldsymbol{F}_n \boldsymbol{x}_{n-1|n-1}$ と $\boldsymbol{G}_n \boldsymbol{v}_n$ との和の分布を求める計算になっている.これは次の事実から確認できる.一般に確率変数 X, Y が与えられ,これらの確率密度関数がそれぞれ $p_x(x)$, $p_y(y)$ であるとき,それらの和 $Z = X + Y$ の分布の確率密度関数 $p_z(z)$ は

$$p_z(z) = \int p_x(x) p_y(z-x) dx \quad (6.57)$$

により求められる.式 (6.55) を

$$p(\boldsymbol{x}_{n|n-1}) = \int p(\boldsymbol{x}_{n-1|n-1}) p(\boldsymbol{x}_{n|n-1} - \boldsymbol{F}_n \boldsymbol{x}_{n-1|n-1};\boldsymbol{Q}_n) d\boldsymbol{x}_{n-1|n-1} \quad (6.58)$$

と書き直し,$p(\boldsymbol{x}_{n-1|n-1})$ を式 (6.57) の $p_x(x)$,$p(\boldsymbol{x}_{n|n-1} - \boldsymbol{F}_n \boldsymbol{x}_{n-1|n-1};\boldsymbol{Q}_n)$ を式 (6.57) の $p_y(z-x)$ とすれば確認できる.正規分布の再生性により,式 (6.56) の $\boldsymbol{x}_{n|n-1}$ も正規分布に従うので,$\boldsymbol{x}_{n|n-1}$ の平均ベクトルおよび分散共分散行列を求めれば,1 期先予測の状態推定ができる.これらを求めると,まず平均ベクトルは

$$\begin{aligned}\hat{\boldsymbol{x}}_{n|n-1} &= \mathrm{E}\left[\boldsymbol{x}_{n|n-1}\right] \\ &= \boldsymbol{F}_n \mathrm{E}\left[\boldsymbol{x}_{n-1|n-1}\right] + \boldsymbol{G}_n \mathrm{E}\left[\boldsymbol{v}_n\right] \\ &= \boldsymbol{F}_n \hat{\boldsymbol{x}}_{n-1|n-1} \end{aligned} \quad (6.59)$$

となり,分散共分散行列は

$$\begin{aligned}\boldsymbol{V}_{n|n-1} &= \mathrm{Var}\left[\boldsymbol{x}_{n|n-1}\right] \\ &= \boldsymbol{F}_n \mathrm{Var}\left[\boldsymbol{x}_{n-1|n-1}\right] \boldsymbol{F}_n^t + \boldsymbol{G}_n \mathrm{Var}\left[\boldsymbol{v}_n\right] \boldsymbol{G}_n^t \\ &= \boldsymbol{F}_n \boldsymbol{V}_{n-1|n-1} \boldsymbol{F}_n^t + \boldsymbol{G}_n \boldsymbol{Q}_n \boldsymbol{G}_n^t \end{aligned} \quad (6.60)$$

となる.なお2つめの等号では,システムノイズ v_n と初期状態 x_0 とは無相関なので,x_0 と $v_1, v_2, \cdots, v_{n-1}$ から生成される $x_{n-1|n-1}$ は v_n とは無相関であることを利用した.以上の結果をまとめよう.

> 1期先予測の分布の平均ベクトルと分散共分散行列は,
>
> $$\hat{x}_{n|n-1} = F_n \hat{x}_{n-1|n-1} \tag{6.61}$$
>
> $$V_{n|n-1} = F_n V_{n-1|n-1} F_n^t + G_n Q_n G_n^t \tag{6.62}$$
>
> と,時刻 $n-1$ のろ波の分布の平均ベクトル $\hat{x}_{n-1|n-1}$ および分散共分散行列 $V_{n-1|n-1}$ から求められる.

これらの式を見てみると,まず式 (6.61) では平均ベクトルは状態遷移行列 F_n に従って推移するようになっている.次に式 (6.62) では,分散共分散行列に状態遷移行列による変換が加わり (第1項),そしてシステムノイズの分散の影響を受けて値が大きくなる (第2項) ことがわかる.

ここで,観測の1期先予測の分布 $p(y_n|\mathcal{Y}_{n-1})$ を求めてみよう.これはベイズの式 (6.46) の分母であり,この式の分子を積分した

$$p(y_n|\mathcal{Y}_{n-1}) = \int p(x_n|\mathcal{Y}_{n-1}) h(y_n|x_n; R_n) dx_n \tag{6.63}$$

により得られる.これも式 (6.55) と同様,確率変数の和

$$y_{n|n-1} = H_n x_{n|n-1} + w_n \tag{6.64}$$

の分布を計算をしている.ここでも正規分布の再生性により,$y_{n|n-1}$ は正規分布に従うので,この平均ベクトルおよび分散共分散行列を求めれば $y_{n|n-1}$ の分布が定まる.これらを求めると,平均ベクトルは

$$\mathrm{E}\left[y_{n|n-1}\right] = H_n \mathrm{E}\left[x_{n|n-1}\right] + \mathrm{E}[w_n] = H_n \hat{x}_{n|n-1} \tag{6.65}$$

となり,分散共分散行列は

$$\begin{aligned} \mathrm{Var}\left[y_{n|n-1}\right] &= H_n \mathrm{Var}\left[x_{n|n-1}\right] H_n^t + \mathrm{Var}[w_n] \\ &= H_n V_{n|n-1} H_n^t + R_n \end{aligned} \tag{6.66}$$

となる. なお式 (6.66) の最初の等号では, 観測ノイズ w_n が v_n および x_0 とは無相関なので, x_0 と $v_1, v_2, \cdots, v_n$ から生成される $x_{n|n-1}$ は w_n とは無相関であることを利用した.

次に, ろ波分布の平均ベクトルおよび分散共分散行列を求める方法を見てみよう. それにはベイズの式 (6.46) を計算すればよいのであるが, まずはこれを一般化した

$$p(x|y) = \frac{p(x)p(y|x)}{p(y)} = \frac{p(x,y)}{p(y)} \tag{6.67}$$

について考えることにしよう. ここで x と y の同時分布 (密度関数は $p(x,y)$) は

$$\begin{bmatrix} x \\ y \end{bmatrix} \sim N\left(\begin{bmatrix} \bar{x} \\ \bar{y} \end{bmatrix}, \begin{bmatrix} \Sigma_{xx} & \Sigma_{xy} \\ \Sigma_{xy}^t & \Sigma_{yy} \end{bmatrix} \right) \tag{6.68}$$

と正規分布に従うものとする. このとき, 条件付き確率 $p(x|y)$ は正規分布に従い, その平均ベクトルおよび分散共分散行列がそれぞれ

$$\mathrm{E}[x|y] = \bar{x} + K(y - \bar{y}) \tag{6.69}$$

$$\mathrm{Var}[x|y] = \Sigma_{xx} - K\Sigma_{xy}^t \tag{6.70}$$

となることが示せる. ただし, 行列 K は,

$$K\Sigma_{yy} = \Sigma_{xy} \tag{6.71}$$

を満たすものである. Σ_{yy} が正則の場合には,

$$K = \Sigma_{xy}\Sigma_{yy}^{-1} \tag{6.72}$$

となる.

1期先予測の状態と観測の同時分布 $p(x_{n|n-1}, y_{n|n-1})$ が正規分布に従うことから, 以上の事実を状態推定にそのまま用いて, ろ波の分布 $p(x|\mathcal{Y}_n)$ が正規分布に従い, その平均ベクトルと分散共分散行列を求めることができる. 式 (6.68) に対応した $x_{n|n-1}$ と $y_{n|n-1}$ の同時分布の平均ベクトルと分散共分散行列を考えよう. まず平均ベクトルは, $x_{n|n-1}$ については

$$\bar{x} = \hat{x}_{n|n-1} \tag{6.73}$$

であり，$y_{n|n-1}$ については式 (6.65) より

$$\bar{y} = H_n \hat{x}_{n|n-1} \tag{6.74}$$

となる．また分散共分散行列のうち，Σ_{xx}, Σ_{yy} については

$$\Sigma_{xx} = V_{n|n-1} \tag{6.75}$$

および，式 (6.66) より

$$\Sigma_{yy} = H_n V_{n|n-1} H_n^t + R_n \tag{6.76}$$

となる．残る Σ_{xy} を求めよう．状態の予測誤差を

$$e_{n|n-1} = x_{n|n-1} - \bar{x} \tag{6.77}$$

と表すと，

$$\begin{aligned}
\Sigma_{xy} &= \mathrm{E}\left[(x_{n|n-1} - \bar{x})(y_{n|n-1} - \bar{y})^t\right] \\
&= \mathrm{E}\left[e_{n|n-1}(H_n e_{n|n-1} + w_n)^t\right] \\
&= \mathrm{E}\left[e_{n|n-1} e_{n|n-1}^t\right] H_n^t + \mathrm{E}\left[e_{n|n-1} w_n^t\right] \tag{6.78}
\end{aligned}$$

となるが，$x_{n|n-1}$ は w_n とは無相関なので，最後の項は 0 になることが示せる．よって

$$\Sigma_{xy} = \mathrm{E}\left[e_{n|n-1} e_{n|n-1}^t\right] H_n^t = V_{n|n-1} H_n^t \tag{6.79}$$

が得られる．以上をまとめると，式 (6.68) に対応した同時分布は

$$\begin{bmatrix} x_{n|n-1} \\ y_{n|n-1} \end{bmatrix} \sim N\left(\begin{bmatrix} \hat{x}_{n|n-1} \\ H_n \hat{x}_{n|n-1} \end{bmatrix}, \begin{bmatrix} V_{n|n-1} & V_{n|n-1} H_n^t \\ H_n V_{n|n-1} & H_n V_{n|n-1} H_n^t + R_n \end{bmatrix}\right) \tag{6.80}$$

となる．これより，式 (6.69), (6.70), (6.72) に対応して，以下が得られる．

ろ波の分布の平均ベクトルと分散共分散行列は，

$$\hat{x}_{n|n} = \hat{x}_{n|n-1} + K_n \left[y_n - H_n \hat{x}_{n|n-1}\right] \tag{6.81}$$

$$V_{n|n} = V_{n|n-1} - K_n H_n V_{n|n-1} \qquad (6.82)$$

と，一期先予測の平均ベクトル $\hat{x}_{n|n-1}$ と分散共分散行列 $V_{n|n-1}$，および観測ベクトル y_n から求められる．ここで

$$K_n = V_{n|n-1} H_n^t \left[H_n V_{n|n-1} H_n^t + R_n \right]^{-1} \qquad (6.83)$$

をカルマンゲイン (Kalman gain) という．

これらの式を見てみると，まず平均ベクトルの式 (6.81) では，右辺の括弧内は1期先予測の平均 $\hat{x}_{n|n-1}$ を使った予測の誤差である．これにカルマンゲイン K_n を掛けた値だけ平均ベクトルを修正したものを，ろ波の推定 $\hat{x}_{n|n}$ としている．次に分散共分散行列の式 (6.82) では，1期先予測の分散共分散行列 $V_{n|n-1}$ の値が，カルマンゲインと観測行列の積の分だけ減少するようになっている．つまり得られた観測に基づいて平均ベクトルが修正され，分散共分散行列については観測ノイズ分散に基づく量だけ小さくなる，すなわち推定の信頼性がその分増すのである．

6.2.2 平滑化

線形ガウス型状態空間モデルの平滑化分布の推定について学ぶことにしよう．平滑化の分布も正規分布であるから，分布の推定にはその平均ベクトルと分散共分散行列を求めればよい．ところで平滑化の分布は，整数 $\tau(>0)$ を用いて，$p(x_{n-\tau}|\mathcal{Y}_n)$ と表された．このとき n と τ との関係に応じて，平滑化は固定点平滑化，固定ラグ平滑化，および固定区間平滑化の3種類に分類して考えることができる．

固定点平滑化 (fixed point smoothing) は，現時刻を n として，ある固定された過去の時刻 $k(k<n)$ の状態の分布を，データ $\mathcal{Y}_n$ が時刻 n に従って逐次与えられる中で求めるもので，$n-\tau=k$ となるように τ をとる．次に**固定ラグ平滑化** (fixed lag smoothing) とは，現時刻を n として，τ を一定にして平滑化分布 $p(x_{n-\tau}|\mathcal{Y}_n)$ を求めることである．そして**固定区間平滑化** (fixed interval smoothing) は，観測 $\mathcal{Y}_N$ がすでに与えられているときに，時刻 $n=1,2,\cdots,N$ の全ての状態の平滑化分布を求めることである．つまり $p(x_{N-\tau}|\mathcal{Y}_N)$ を求め

6.2 状態推定

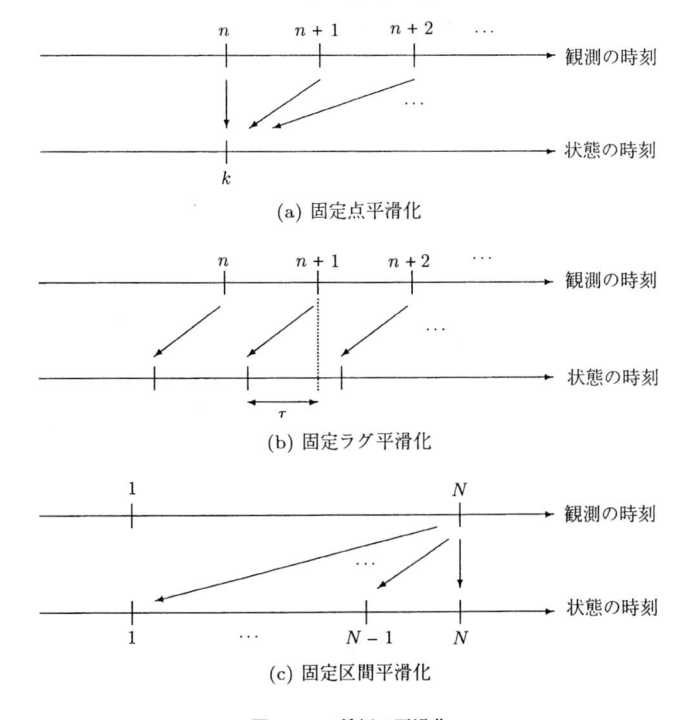

図 6.5 3種類の平滑化

(a) 固定点平滑化

(b) 固定ラグ平滑化

(c) 固定区間平滑化

るときに，$\tau = 1, 2, \cdots, N-1$ とする．これら3種類の平滑化における，与えられるデータの時刻と推定する状態の時刻との関係を図 6.5 に示す．

これら3種類の平滑化のうち，固定区間平滑化の計算方法について見てみよう．固定区間平滑化は，時刻 n をさかのぼりながら，次のように計算を行う．まず行列

$$A_n = V_{n|n} F^t_{n+1} V^{-1}_{n+1|n} \tag{6.84}$$

を求めておく．そして，この行列 A_n を使って，平滑化分布の平均ベクトルと分散共分散行列を

$$\left. \begin{array}{l} \hat{x}_{n|N} = \hat{x}_{n|n} + A_n \left[\hat{x}_{n+1|N} - \hat{x}_{n+1|n} \right] \\ V_{n|N} = V_{n|n} + A_n \left[V_{n+1|N} - V_{n+1|n} \right] A^t_n \end{array} \right\} \tag{6.85}$$

と求める．

6.3 非定常時系列のモデル

現実のデータには,定常性を必ずしも仮定できない場合も多く存在する.そのような非定常データを扱う方法をいくつか紹介する.最初にトレンドを推定する方法を説明し,トレンドモデルを紹介する.次に季節に依存した周期性を持つ成分とトレンドとを分離するモデルについて述べる.そして AR 係数が変化するモデルとして,データを区分し各区間では定常とみなす局所定常モデルと,自己回帰係数が各時刻ごとに変化する時変係数 AR モデルを説明する.

6.3.1 トレンドモデル

時系列データのトレンドを求めたい場合がよくある.たとえば経済においては,株価や経済指標の変動傾向を知りたい場合や,環境に関するデータの例では,気温の変動傾向から地球が温暖化しているのかどうか調べたい場合などがある.また定常モデルをあてはめて予測を行うために,まずはトレンドを求めてこれを除去し,系列を定常なものに変換してから定常モデルで解析して予測に役立てる,などが行われる.

時系列データのトレンドを求める方法の例を 2 つ説明しよう.最初の例は,単純なトレンドの場合に使われる方法で,1 次や 2 次など比較的低次の多項式や,経験的に知られているデータの性質を考慮した式のあてはめを行うものである.時系列データ $y(t)$ が与えられたとき,これを式 $f(t)$ とノイズ項 $e(t)$ との和

$$y(t) = f(t) + e(t) \tag{6.86}$$

で記述する.ここでノイズ項 $e(t)$ は適切な分布に従う確率過程で,$f(t)$ では説明し切れない部分を表している.$f(t)$ には

$$f(t) = c_0 + c_1 t + c_2 t^2 + \cdots + c_m t^m \tag{6.87}$$

のような m 次多項式を使うことがある.多項式以外の例としては,人口の増加を表す式として**ロジスティック曲線** (logistic curve)

$$f(t) = \frac{c}{1 + \exp(-a + bt)} \tag{6.88}$$

がある.また他にも,ヒトの成長など,たとえば身長の年齢に対する変化の場合には,その性質を考慮した**成長曲線** (growth curve) が使われる.成長曲線の例としては,**ゴンペルツ曲線** (Gompertz curve)

$$f(t) = \exp\{-\exp(a + bt)\} \tag{6.89}$$

などがある.

2つめの例は,低次の多項式では表しにくいやや複雑なトレンドの場合に使われる方法で,移動平均などの操作で滑らかな系列を得て,これをトレンドとみなすものである.すなわち時系列データ y_n に対して

$$z_n = \sum_{j=-m}^{m} w_j y_{n+j} \tag{6.90}$$

と (加重) 移動平均を求め,z_n をトレンドとみなす.しかし移動平均をとる項数をいくつにすればよいか,重み係数 w_j をどのようにとればよいか,などに恣意的な要素が残る.

以上の方法では,単純なトレンドしか扱えなかったり,特定の問題にしか適用できない,または恣意的な要素があるため客観的なデータ解析ができない,等の問題点が残っていた.これに対し,トレンドとは階差が滑らかであるとの仮定を式で表現し,あとは尤度に基づく客観的な方法で全てのパラメータを決定する方法として,次のトレンドモデルが考えられている.

$$\nabla^k t_n = v_n \tag{6.91}$$

$$y_n = t_n + w_n \tag{6.92}$$

システム方程式 (6.91) は,トレンド t_n の k 階差が,正規分布 $N(0, \tau^2)$ に従うシステムノイズ v_n と等しくなることを記述しており,階差パラメータ k と分散 τ^2 によりトレンドの滑らかさを決めている.観測方程式 (6.92) は,システム方程式で得られるトレンドに観測ノイズ w_n が加わって測定されることを示している.観測ノイズは正規分布 $N(0, \sigma^2)$ に従うものとし,ここにもパラメータとして観測ノイズの分散 σ^2 がある.

階差パラメータ k は, $k=1$ や $k=2$ などが用いられる. $k=1$ のときにはデータ系列の変化量が小さいと仮定していることになり, 状態空間モデルによる表現は

$$t_n = t_{n-1} + v_n \tag{6.93}$$

$$y_n = t_n + w_n \tag{6.94}$$

となる. $k=2$ のときには変化量の増減が小さいと仮定していることになり, 状態空間モデルによる表現は

$$\left.\begin{array}{l} \begin{bmatrix} t_n \\ t_{n-1} \end{bmatrix} = \begin{bmatrix} 2 & -1 \\ 1 & 0 \end{bmatrix} \begin{bmatrix} t_{n-1} \\ t_{n-2} \end{bmatrix} + \begin{bmatrix} 1 \\ 0 \end{bmatrix} v_n \\ y_n = \begin{bmatrix} 1 & 0 \end{bmatrix} \begin{bmatrix} t_n \\ t_{n-1} \end{bmatrix} + w_n \end{array}\right\} \tag{6.95}$$

となる. 観測ノイズの分散 σ^2 とシステムノイズの分散 τ^2 との間には, 次のようなトレードオフの関係がある. σ^2 を大きくとれば, データを大きな観測誤差で乱された系列とみなしていることになり, 推定されるトレンドは滑らかなものとなる. これとは逆に τ^2 を大きくとれば, トレンドの変化が大きいことを仮定していることになり, 相対的に観測誤差は小さいとみなすことを意味する.

例題 6.4 トレンドが

$$t_n = (x_n - 1)(x_n - 3)(x_n - 5) + 25, \quad x_n = n/30 \tag{6.96}$$

で, 観測ノイズが平均 0 分散 $\sigma^2 = 3$ の正規分布に従う人工データを $n=1 \sim 180$ について生成し, これに式 (6.95) のトレンドモデルを適用して, トレンドを推定せよ.

解答 生成したデータの例を図 6.6 に示す. トレンドの推定結果 (平均) およびデータを, ろ波については図 6.7 に, 固定区間平滑化については図 6.8 に, それぞれ示す. またトレンドの推定結果と真のトレンドを, ろ波については図 6.9 に, 固定区間平滑化については図 6.10 に, それぞれ示す. □

トレンドモデルをあてはめて, 推定値として MAP 推定値 (事後確率最大の値) を用いることは, 実は条件付き最小二乗法を適用していることに相当して

6.3 非定常時系列のモデル

図 6.6 トレンド人工データ

図 6.7 トレンドの推定結果 (ろ波) とデータ

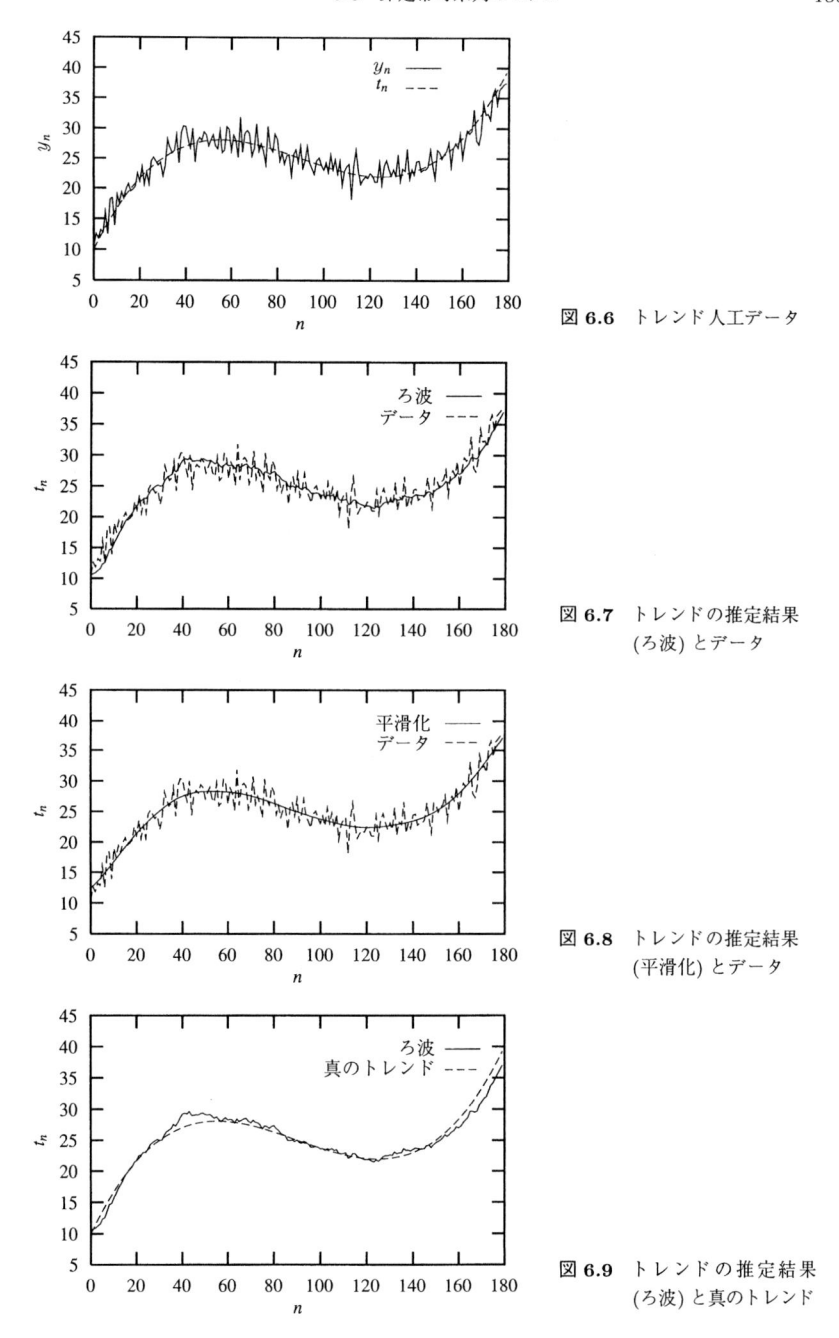

図 6.8 トレンドの推定結果 (平滑化) とデータ

図 6.9 トレンドの推定結果 (ろ波) と真のトレンド

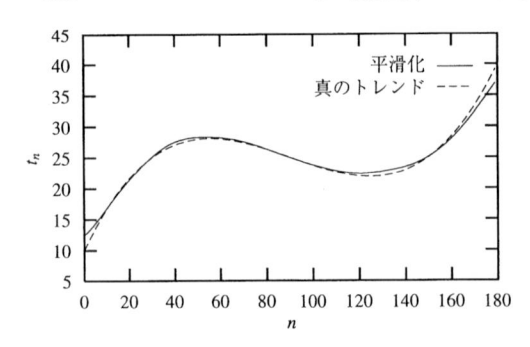

図 6.10 トレンドの推定結果 (平滑化) と真のトレンド

いる．以下それを詳しく学ぶことにしよう．簡単のため，階差 k が 1 の場合を考える．モデルは式 (6.93), (6.94) で表される．時刻 N までデータが与えられたとして，状態と観測をそれぞれ

$$\mathcal{T}_N = \{t_1, t_2, \cdots, t_N\}, \qquad \mathcal{Y}_N = \{y_1, y_2, \cdots, y_N\} \qquad (6.97)$$

と，まとめて表すことにしよう．状態推定により，データが与えられたもとでの状態 (トレンド) の条件付き分布 $p(\mathcal{T}_N|\mathcal{Y}_N)$ が得られるが，これは

$$p(\mathcal{T}_N|\mathcal{Y}_N) = \frac{p(\mathcal{T}_N)p(\mathcal{Y}_N|\mathcal{T}_N)}{p(\mathcal{Y}_N)} \qquad (6.98)$$

と，ベイズの公式で表すことができる．ここで，状態空間モデルによる表現が式 (6.5), (6.6) の分布を定めていることから，式 (6.98) の右辺の分子に現れる 2 つの分布 $p(\mathcal{T}_N)$, $p(\mathcal{Y}_N|\mathcal{T}_N)$ も，システム方程式 (6.93) および観測方程式 (6.94) により定まる．具体的には，式 (6.93) から条件付き分布の確率密度関数

$$f(t_n|t_{n-1}; \tau^2) = \frac{1}{\sqrt{2\pi\tau^2}} \exp\left(-\frac{(t_n - t_{n-1})^2}{2\tau^2}\right) \qquad (6.99)$$

が得られ，式 (6.94) からは条件付き分布の確率密度関数

$$f(y_n|t_n; \sigma^2) = \frac{1}{\sqrt{2\pi\sigma^2}} \exp\left(-\frac{(y_n - t_n)^2}{2\sigma^2}\right) \qquad (6.100)$$

が得られる．これらを使えば，式 (6.98) 右辺の分子の 2 つの分布の確率密度関数 $p(\mathcal{T}_N)$, $p(\mathcal{Y}_N|\mathcal{T}_N)$ は，

6.3 非定常時系列のモデル

$$p(\mathcal{T}_N) = \prod_{n=1}^{N} f(t_n|t_{n-1}; \tau^2) \tag{6.101}$$

$$p(\mathcal{Y}_N|\mathcal{T}_N) = \prod_{n=1}^{N} f(y_n|t_n; \sigma^2) \tag{6.102}$$

と表すことができる. ただし便宜上

$$f(t_1|t_0; \tau^2) = f(t_1) \tag{6.103}$$

とし, 初期分布 $f(t_1)$ は既知であるとする. これらの分布は, システムノイズおよび観測ノイズの分散パラメータ τ^2, σ^2 を持つので, ベイズの公式 (6.98) にそれを明示して

$$p(\mathcal{T}_N|\mathcal{Y}_N; \tau^2, \sigma^2) = \frac{p(\mathcal{T}_N; \tau^2) p(\mathcal{Y}_N|\mathcal{T}_N; \sigma^2)}{p(\mathcal{Y}_N; \tau^2, \sigma^2)} \tag{6.104}$$

と書き直すことにしよう. なお, 式 (6.98) または式 (6.104) の右辺分母は, 右辺分子を $\mathcal{T}_N$ で積分して得られる $\mathcal{Y}_N$ のみの分布 (周辺分布) に等しいことに注意しておこう.

さて, MAP 推定値を得るためには, 式 (6.104) の左辺が最大になる $\mathcal{T}_N$ の値を求めればよい. 右辺の分母は $\mathcal{T}_N$ には依存しないことから, MAP 推定値を求めるには右辺分子を $\mathcal{T}_N$ について最大化すればよいことがわかる. つまり

$$p(\mathcal{T}_N; \tau^2) p(\mathcal{Y}_N|\mathcal{T}_N; \sigma^2) \tag{6.105}$$

を $\mathcal{T}_N$ について最大化すればよい. 最尤法でも学んだように, 対数をとったものを最大化しても構わないので, 式 (6.105) の対数をとり

$$\log p(\mathcal{T}_N) + \log p(\mathcal{Y}_N|\mathcal{T}_N) = \sum_{n=1}^{N} \log f(t_n|t_{n-1}; \tau^2) + \sum_{n=1}^{N} \log f(y_n|t_n; \sigma^2)$$

$$= -\frac{N}{2} \log(2\pi\tau^2) - \sum_{n=1}^{N} \frac{(t_n - t_{n-1})^2}{2\tau^2} - \frac{N}{2} \log(2\pi\sigma^2) - \sum_{n=1}^{N} \frac{(y_n - t_n)^2}{2\sigma^2} \tag{6.106}$$

が得られる. つまりトレンドモデルにて MAP 推定値を求めることは, 式 (6.106) の対数の項と式 (6.103) の項を無視して得られる

$$J = \sum_{n=1}^{N}(y_n - t_n)^2 + \lambda \sum_{n=2}^{N}(t_n - t_{n-1})^2 \qquad (6.107)$$

を評価関数として，これを最小化することに相当していることがわかる．ここで λ は，データのあてはまりの度合を表す第1項と，トレンドの滑らかさを表す第2項とのトレードオフを決めるパラメータである．観測方程式 (6.94) における予測誤差 $y_n - t_n$ がノイズ項の正規分布に従うことから，式 (6.107) の第2項がない場合には単なる最小二乗法になる．しかし，推定すべきパラメータ数とデータの数が等しいので，このままでは信頼のおけるパラメータの推定ができない．そこでシステム方程式 (6.93) によりトレンドの隣接する時刻について制約条件を入れることで，トレンドの推定を可能にしている．システムノイズも正規分布に従うことから，ここでも二乗誤差 $(t_n - t_{n-1})^2$ の最小化が同時に行われることになる．これを表したのが評価関数の式 (6.107) である．それぞれの最小二乗法での分散は σ^2 と τ^2 であることから，$\lambda \propto \tau^2/\sigma^2$ という関係が成り立つことがわかる．

式 (6.107) のトレードオフパラメータ λ は，どのように決めればよいであろうか．これには赤池が尤度に基づく方法を提案している．ここでいう尤度とは，λ をパラメータとした関数を指し，我々が解析の主目的として推定するパラメータ (ここでは $\mathcal{T}_N$) の関数ではない．簡単のため，観測ノイズの分散 σ^2 は，事前の知識によりわかっているものとしよう．つまり，λ を決めるためには，システムノイズの分散 τ^2 をのみを決めればよい場合を考える．ところで τ^2 は，ベイズの公式 (6.104) では，$p(\mathcal{T}_N; \tau^2)$ と，$\mathcal{T}_N$ の分布のパラメータとなっている．5章において学んだように，ベイズ推定ではパラメータについて事前にわかっている情報を事前分布で表現し，データが与えられたもとでのパラメータの条件付き確率 (これを事後分布と呼んだ) を求める．今考えている式 (6.104) の分布 $p(\mathcal{T}_N; \tau^2)$ は事前分布であるが，τ^2 をそのパラメータとして持っている．このように，τ^2 はパラメータ $\mathcal{T}_N$ の分布のパラメータであることから，τ^2 のことを超パラメータ (hyper parameter) と呼んでいる．なお σ^2 のことも同様に超パラメータという．

超パラメータ τ^2 を決める方法を学ぶことにしよう．まず，ベイズの公式

6.3 非定常時系列のモデル

(6.104) の分子 (式 (6.105)) をパラメータ T_N について積分すれば，T_N をパラメータとしては持たず，超パラメータのみをパラメータとして持つ分布 $p(\mathcal{Y}_N;\tau^2,\sigma^2)$ が得られる (これは式 (6.104) の分母である). 次にこの分布は

$$p(\mathcal{Y}_N;\tau^2,\sigma^2) = \prod_{n=1}^{N} p(y_n|\mathcal{Y}_{n-1};\tau^2,\sigma^2) \qquad (6.108)$$

と書き直すことができる. データ $\mathcal{Y}_N$ が与えられたとき，式 (6.108) を超パラメータ τ^2 の関数とみなせば，超パラメータについての尤度関数が得られる. これを**周辺尤度** (marginal likelihood) という. この周辺尤度を最大化することで，データに基づく τ^2 の推定が可能になる. この最大化には，最尤法で学んだように，対数尤度を使うと便利である. 式 (6.108) の周辺尤度の対数をとり

$$\log p(\mathcal{Y}_N;\tau^2,\sigma^2) = \sum_{n=1}^{N} \log p(y_n|\mathcal{Y}_{n-1};\tau^2,\sigma^2) \qquad (6.109)$$

が得られる. よってトレンドモデルにおいて τ^2 の推定値 $\hat{\tau}^2$ を求めるには (σ^2 は与えられるものとする)，

$$\hat{\tau}^2 = \arg\max_{\tau^2} \sum_{n=1}^{N} \log p(y_n|\mathcal{Y}_{n-1};\tau^2,\sigma^2) \qquad (6.110)$$

とすればよい.

超パラメータに関して，AIC と同様の考え方をすれば，トレンドモデルのような**ベイズモデル** (Bayes model) の場合の情報量規準である **ABIC** (A Bayesian information criterion：ベイジアン情報量規準) が得られる. これは，超パラメータを一般化して λ (ベクトル) と書くことにすれば，

$$\begin{aligned}
\text{ABIC} &= -2\log p(\mathcal{Y}_N;\hat{\lambda}) + 2\times(\lambda \text{の自由度}) \\
&= -2\sum_{n=1}^{N} \log p(y_n|\mathcal{Y}_{n-1};\hat{\lambda}) + 2\times(\lambda \text{の自由度}) \qquad (6.111)
\end{aligned}$$

となる. なお $\hat{\lambda}$ は，周辺尤度最大化による λ の推定値である.

トレンドモデルの状態推定は，モデルが線形ガウス型であることから，カルマンフィルタにより行うことができる. ここで式 (6.98) または式 (6.104) の条件付き分布 $p(T_N|\mathcal{Y}_N)$ を，カルマンフィルタにより得られた分布から求める方

法について見てみよう. まず, この条件付き分布は

$$p(\mathcal{T}_N|\mathcal{Y}_N) = p(t_N|\mathcal{Y}_N)p(t_{N-1}|t_N,\mathcal{Y}_N)p(t_{N-2}|\mathcal{T}_N^{N-1},\mathcal{Y}_N)\cdots$$
$$\cdots p(t_2|\mathcal{T}_N^3,\mathcal{Y}_N)p(t_1|\mathcal{T}_N^2,\mathcal{Y}_N)$$
$$= p(t_N|\mathcal{Y}_N)\prod_{n=1}^{N-1} p(t_n|\mathcal{T}_N^{n+1},\mathcal{Y}_N) \tag{6.112}$$

となる. ここで $\mathcal{T}_N^{n+1}$ 等は式 (6.51) と同様の方法で表記している. 平滑化における式 (6.48) の証明と同様の方法で,

$$p(t_n|\mathcal{T}_N^{n+1},\mathcal{Y}_N) = p(t_n|\mathcal{T}_N^{n+1},\mathcal{Y}_n) \tag{6.113}$$

の成り立つことが示せる. またこの右辺は

$$p(t_n|\mathcal{T}_N^{n+1},\mathcal{Y}_n) = p(t_n,\mathcal{T}_N^{n+1}|\mathcal{Y}_n)/p(\mathcal{T}_N^{n+1}|\mathcal{Y}_n)$$
$$= p(\mathcal{T}_N^n|\mathcal{Y}_n)/p(\mathcal{T}_N^{n+1}|\mathcal{Y}_n) \tag{6.114}$$

であり, この分子と分母はそれぞれ

$$p(\mathcal{T}_N^n|\mathcal{Y}_n) = p(t_n|\mathcal{Y}_n)p(t_{n+1}|t_n,\mathcal{Y}_n)p(t_{n+2}|t_{n+1},t_n,\mathcal{Y}_n)\cdots$$
$$\cdots p(t_N|t_{N-1},\cdots,t_n,\mathcal{Y}_n)$$
$$= p(t_n|\mathcal{Y}_n)f(t_{n+1}|t_n)f(t_{n+2}|t_{n+1})\cdots f(t_N|t_{N-1})$$
$$\tag{6.115}$$

および

$$p(\mathcal{T}_N^{n+1}|\mathcal{Y}_n) = p(t_{n+1}|\mathcal{Y}_n)p(t_{n+2}|t_{n+1},\mathcal{Y}_n)p(t_{n+3}|t_{n+2},t_{n+1},\mathcal{Y}_n)\cdots$$
$$\cdots p(t_N|t_{N-1},\cdots,t_{n+1},\mathcal{Y}_n)$$
$$= p(t_{n+1}|\mathcal{Y}_n)f(t_{n+2}|t_{n+1})\cdots f(t_N|t_{N-1}) \tag{6.116}$$

と書けることから, 式 (6.114) は

$$p(t_n|\mathcal{T}_N^{n+1},\mathcal{Y}_n) = \frac{p(t_n|\mathcal{Y}_n)}{p(t_{n+1}|\mathcal{Y}_n)}f(t_{n+1}|t_n) \tag{6.117}$$

となる. これと式 (6.112) から,

$$p(\mathcal{T}_N|\mathcal{Y}_N) = p(t_N|\mathcal{Y}_N) \prod_{n=1}^{N-1} \frac{p(t_n|\mathcal{Y}_n)}{p(t_{n+1}|\mathcal{Y}_n)} f(t_{n+1}|t_n) \qquad (6.118)$$

が得られ, $p(\mathcal{T}_N|\mathcal{Y}_N)$ はろ波の分布 $p(t_n|\mathcal{Y}_n)$ と 1 期先予測の分布 $p(t_{n+1}|\mathcal{Y}_n)$ から求められることがわかる.

6.3.2 季節調整モデル

　毎月の売り上げを計量した経済時系列データなどでは，トレンドの他に，季節による売り上げの違いが現れる．たとえばビールの売り上げは暑い夏の方が多く冬は少ない，などである．このような季節に依存する変化を**季節変動**という．経済時系列から季節変動を除去する方法を**季節調整** (seasonal adjustment) と呼ぶ．季節調整法として有名なものは，米国商務省センサス局が開発した，移動平均を主に使った手続き的な方法の X11 がある．これは不備な面もあるものの，事実上の標準として使われている．このような手続き的な方法ではなく，モデルに基づく方法を以下で学ぶことにしよう．

　ベイズモデルによる季節調整の例を示そう．時系列データ y_n を毎月の観測であるとしよう．単一の時刻列 y_n を, トレンド成分 t_n, 季節成分 s_n, 不規則変動成分 ε_n の複数の成分に分解

$$y_n = t_n + s_n + \varepsilon_n \qquad (6.119)$$

するために, 以下のようなモデルが提案されている. まずトレンド成分については，前述のトレンドモデルと同様の滑らかさ

$$\nabla^k t_n = v_t^{(n)} \qquad (6.120)$$

を仮定する．次に季節成分については，12ヵ月を1周期とするので

$$\sum_{j=0}^{11} s_{n-j} = v_s^{(n)} \qquad (6.121)$$

と仮定できる．つまり,

$$s_n = -s_{n-1} - s_{n-2} - \cdots - s_{n-11} + v_s^{(n)} \qquad (6.122)$$

が成り立つと仮定するのである．

これらをまとめると，階差 k が 2 のときには，次のような状態空間モデルによる表現が得られる

$$\begin{bmatrix} t_n \\ t_{n-1} \\ s_n \\ s_{n-1} \\ s_{n-2} \\ \vdots \\ s_{n-10} \end{bmatrix} = \begin{bmatrix} 2 & -1 & & & & & \\ 1 & 0 & & & 0 & & \\ & & -1 & -1 & \cdots & & -1 \\ & & 1 & 0 & \cdots & & 0 \\ & 0 & 0 & 1 & \cdots & & 0 \\ & & & & \ddots & & \vdots \\ & & 0 & 0 & \cdots & 1 & 0 \end{bmatrix} \begin{bmatrix} t_{n-1} \\ t_{n-2} \\ s_{n-1} \\ s_{n-2} \\ s_{n-3} \\ \vdots \\ s_{n-11} \end{bmatrix}$$

$$+ \begin{bmatrix} 1 & 0 \\ 0 & 0 \\ 0 & 1 \\ 0 & 0 \\ \vdots & \vdots \\ 0 & 0 \end{bmatrix} \begin{bmatrix} v_t^{(n)} \\ v_s^{(n)} \end{bmatrix} \qquad (6.123)$$

$$y_n = [1\ 0\ 1\ 0\ \cdots\ 0] \begin{bmatrix} t_n \\ t_{n-1} \\ s_n \\ s_{n-1} \\ \vdots \\ s_{n-10} \end{bmatrix} + \varepsilon_n \qquad (6.124)$$

行列が大きなサイズになるので，表記の繁雑さを避けるために，各行列を部分的に表すことにしよう．まず状態遷移行列は，トレンド成分については

$$\boldsymbol{F}_t \equiv \begin{bmatrix} 2 & -1 \\ 1 & 0 \end{bmatrix} \qquad (6.125)$$

とし，季節成分については 11×11 行列を

6.3 非定常時系列のモデル

$$\boldsymbol{F}_s \equiv \begin{bmatrix} -1 & -1 & \cdots & & -1 \\ 1 & 0 & \cdots & & 0 \\ 0 & 1 & \cdots & & 0 \\ & & \ddots & & \vdots \\ 0 & 0 & \cdots & 1 & 0 \end{bmatrix} \tag{6.126}$$

と定義する．またシステムノイズに掛けるベクトルは，トレンド成分では

$$\boldsymbol{g}_t \equiv [1\ 0]^t \tag{6.127}$$

季節成分は 11 次元ベクトル

$$\boldsymbol{g}_s \equiv [1\ 0\ \cdots\ 0]^t \tag{6.128}$$

とする．そして観測行列については，トレンド成分は

$$\boldsymbol{h}_t \equiv [1\ 0] \tag{6.129}$$

季節成分は 11 次元ベクトル

$$\boldsymbol{h}_s \equiv [1\ 0\ \cdots\ 0] \tag{6.130}$$

とする．状態ベクトルを

$$\boldsymbol{x}_n \equiv \begin{bmatrix} \boldsymbol{x}_t^{(n)} \\ \boldsymbol{x}_s^{(n)} \end{bmatrix} \tag{6.131}$$

ただし

$$\boldsymbol{x}_t^{(n)} \equiv [t_n\ t_{n-1}]^t \tag{6.132}$$

$$\boldsymbol{x}_s^{(n)} \equiv [s_n\ s_{n-1}\ \cdots\ s_{n-10}]^t \tag{6.133}$$

とし，システムノイズベクトルを

$$\boldsymbol{v}_n = \begin{bmatrix} v_t^{(n)} & v_s^{(n)} \end{bmatrix}^t \tag{6.134}$$

と定義する．

これらの定義を使うと，式 (6.123) のシステム方程式は

と書けて，各行列は

$$F = \begin{bmatrix} F_t & 0 \\ 0 & F_s \end{bmatrix} \tag{6.136}$$

$$G = \begin{bmatrix} g_t & 0 \\ 0 & g_s \end{bmatrix} \tag{6.137}$$

となる．また式 (6.124) の観測方程式は

$$h = [h_t \ h_s] \tag{6.138}$$

により

$$y_n = hx_n + \varepsilon_n \tag{6.139}$$

と書ける．

例題 6.5 トレンドが式 (6.96)，季節成分が

$$\begin{aligned} &s_1 = -1.165, \quad s_2 = -0.1665, \quad s_3 = 4.835, \quad s_4 = 8.835, \\ &s_5 = 1.835, \quad s_6 = 0.3335, \quad s_7 = -3.165, \quad s_8 = -6.165, \\ &s_9 = -2.665, \quad s_{10} = 1.835, \quad s_{11} = -1.165, \quad s_{12} = -3.165 \end{aligned} \tag{6.140}$$

で，観測ノイズが平均 0 分散 $\sigma^2 = 3$ の正規分布に従う人工データを $n = 1 \sim 180$ について生成し，これに式 (6.123), (6.124) の季節調整モデルを適用して，トレンド成分および季節成分を推定せよ．

解答 生成したデータの例を図 6.11 に示す．トレンド成分の推定結果および真のトレンドを，ろ波については図 6.12 に，固定区間平滑化については図 6.13 に，それぞれ示す．また季節成分の推定結果と真の季節成分を，ろ波については図 6.14 に，固定区間平滑化については図 6.15 に，それぞれ示す．なお推定結果は平均を示した (図 6.12〜6.15 は p.196 を参照のこと)． □

月ごとの売り上げに注目している場合で，さらに細かい点をみると，それぞれの月に含まれている曜日の日数が月によって異なる点に注意が必要である．た

6.3 非定常時系列のモデル

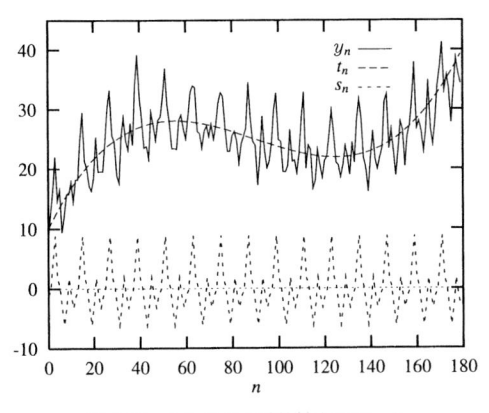

図 6.11 トレンド＋季節性人工データ

とえばデパートでは平日よりも土曜や日曜の方が客が多いので売り上げが多く，各月に含まれる土日曜日の数が異なれば，その分売り上げも違ってくると予想される．この影響を抽出し除去する方法を**曜日調整** (trading-day adjustment) という．これは，まず基準となる曜日を一つ決め，その曜日に対する他の曜日の売り上げの違いを係数 $\beta_1^{(n)}, \beta_2^{(n)}, \cdots, \beta_6^{(n)}$ により表す．これらの係数を状態ベクトルに含むモデルを想定する．つまり，システム方程式に

$$\begin{bmatrix} \beta_1^{(n)} \\ \beta_2^{(n)} \\ \vdots \\ \beta_6^{(n)} \end{bmatrix} = \begin{bmatrix} 1 & 0 & \cdots & 0 \\ 0 & 1 & \cdots & 0 \\ & & \ddots & \vdots \\ 0 & 0 & \cdots & 0 \end{bmatrix} \begin{bmatrix} \beta_1^{(n-1)} \\ \beta_2^{(n-1)} \\ \vdots \\ \beta_6^{(n-1)} \end{bmatrix} + \begin{bmatrix} 1 & 0 & \cdots & 0 \\ 0 & 1 & \cdots & 0 \\ \vdots & & & \\ 0 & 0 & \cdots & 1 \end{bmatrix} \begin{bmatrix} v_{d1}^{(n)} \\ v_{d2}^{(n)} \\ \vdots \\ v_{d6}^{(n)} \end{bmatrix}$$
(6.141)

を追加する．また観測方程式は

$$y_n = t_n + s_n + d_n + \varepsilon_n \tag{6.142}$$

と，**曜日効果** (trading day effect) の項 d_n を加える．d_n は次のように定義する．まず $c_1^{(n)}, c_2^{(n)}, \cdots, c_6^{(n)}$ を，第 n 月に含まれる各曜日の数から基準となる曜日の数を引いた値とする．たとえば月曜日～木曜日が 4 日，金曜日～日曜日が 5 日あったとしよう．月曜日を基準として，$c_1^{(n)}$ を火曜日，$c_2^{(n)}$ を水曜日，$\cdots c_6^{(n)}$ を日曜日とした場合には，$c_1^{(n)}$ は火曜日の数から月曜日の数を引いた

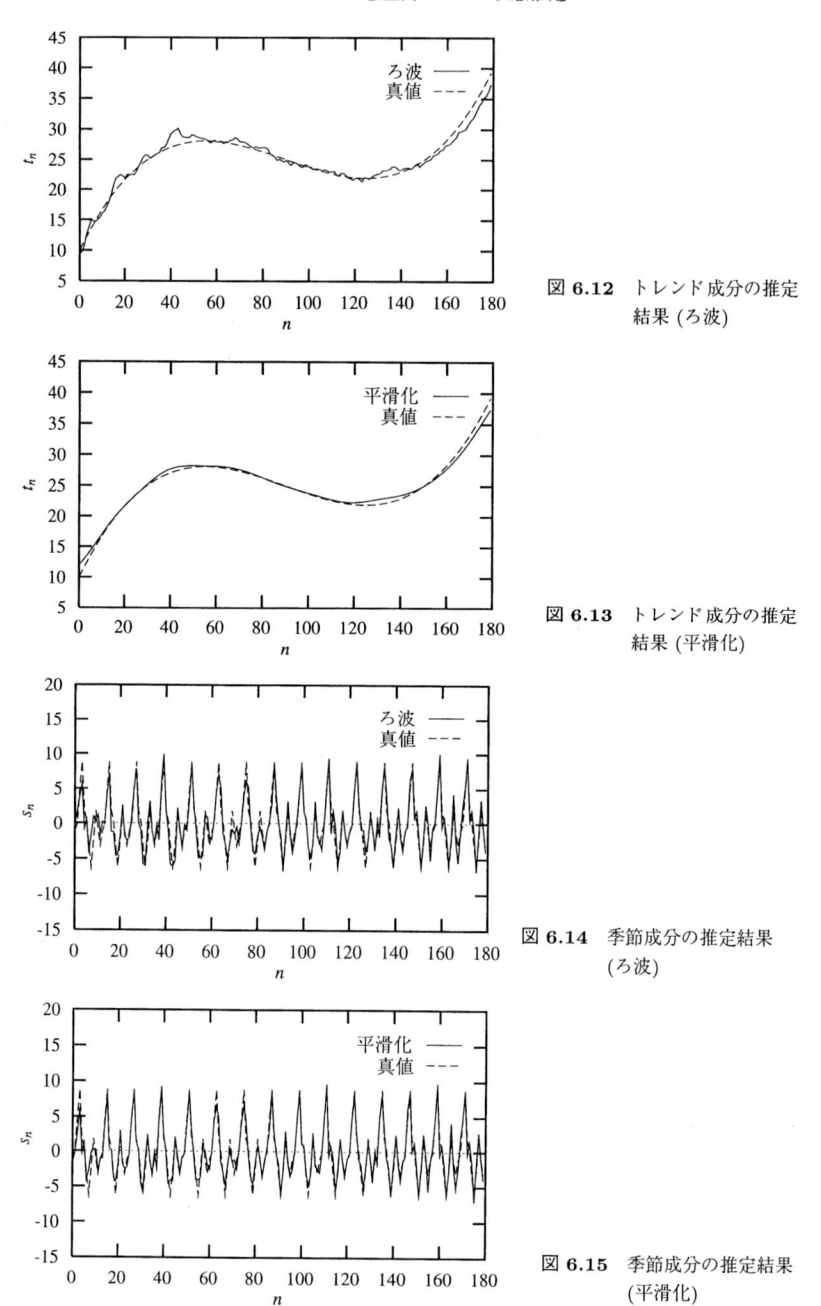

図 6.12　トレンド成分の推定結果 (ろ波)

図 6.13　トレンド成分の推定結果 (平滑化)

図 6.14　季節成分の推定結果 (ろ波)

図 6.15　季節成分の推定結果 (平滑化)

値 0 となり，$c_2^{(n)}$, $c_3^{(n)}$ も同様に 0 である．また $c_4^{(n)} \sim c_6^{(n)}$ は 1 となる．なお，基準となる曜日が 5 日あった場合には，$c_j^{(n)}$ のとる値は 0 または -1 となる．これらを使って，曜日効果の項 d_n は，

$$d_n = \sum_{j=1}^{6} c_j^{(n)} \beta_j^{(n)} \tag{6.143}$$

となる．

曜日効果を含む季節調整モデルを，状態空間モデルにより表すには，まず状態ベクトルに

$$\boldsymbol{x}_d^{(n)} \equiv \begin{bmatrix} \beta_1^{(n)} & \beta_2^{(n)} & \cdots & \beta_6^{(n)} \end{bmatrix}^t \tag{6.144}$$

を追加し

$$\boldsymbol{x}_n \equiv \begin{bmatrix} \boldsymbol{x}_t^{(n)} \\ \boldsymbol{x}_s^{(n)} \\ \boldsymbol{x}_d^{(n)} \end{bmatrix} \tag{6.145}$$

とし，次にシステムノイズベクトルを

$$\boldsymbol{v}_n = \begin{bmatrix} v_t^{(n)} & v_s^{(n)} & v_{d1}^{(n)} & \cdots & v_{d6}^{(n)} \end{bmatrix}^t \tag{6.146}$$

とする．そしてシステム方程式の各行列を

$$\boldsymbol{F} = \begin{bmatrix} \boldsymbol{F}_t & \boldsymbol{0} & \boldsymbol{0} \\ \boldsymbol{0} & \boldsymbol{F}_s & \boldsymbol{0} \\ \boldsymbol{0} & \boldsymbol{0} & \boldsymbol{I} \end{bmatrix} \tag{6.147}$$

$$\boldsymbol{G} = \begin{bmatrix} \boldsymbol{g}_t & \boldsymbol{0} & \boldsymbol{0} \\ \boldsymbol{0} & \boldsymbol{g}_s & \boldsymbol{0} \\ \boldsymbol{0} & \boldsymbol{0} & \boldsymbol{I} \end{bmatrix} \tag{6.148}$$

とする．観測行列 H_n は，時刻 n に依存した

$$\boldsymbol{h}_d^{(n)} \equiv \begin{bmatrix} c_1^{(n)} & c_2^{(n)} & \cdots & c_6^{(n)} \end{bmatrix} \tag{6.149}$$

を追加して

$$\boldsymbol{h}_n = \begin{bmatrix} \boldsymbol{h}_t & \boldsymbol{h}_s & \boldsymbol{h}_d^{(n)} \end{bmatrix} \quad (6.150)$$

とし，観測方程式は

$$y_n = \boldsymbol{h}_n \boldsymbol{x}_n + \varepsilon_n \quad (6.151)$$

となる．

6.3.3 時変係数 AR モデル

自己回帰モデルの係数が時間的に変化する場合を考えよう．まず素朴に考えられるのが，データを区分し，区分したデータは近似的に定常であるとみなして，各区分ごとに普通の (定常な) 自己回帰モデルをあてはめる方法である．これを**局所定常 AR モデル** (locally stationary AR model) という．

より高度な方法として，トレンドモデルや季節調整モデルで使われた滑らかさと同様な方法で，自己回帰係数に時間的滑らかさを仮定したモデルを考えることもできる．このようなモデルの一つに**時変係数 AR モデル** (time-varying coefficient AR model) があり，

$$\nabla^k \boldsymbol{a}_n = \boldsymbol{v}_n \quad (6.152)$$

$$y_n = \boldsymbol{y}_{n-1} \boldsymbol{a}_n + w_n \quad (6.153)$$

と定義できる．ただし $\boldsymbol{a}_n$ は時刻 n における時変 AR 係数のベクトル，$\boldsymbol{y}_{n-1}$ は時刻 $n-1$ から $n-p$ までの観測系列をまとめたベクトルで，それぞれ

$$\boldsymbol{a}_n = \begin{bmatrix} a_1^{(n)} & a_2^{(n)} & \cdots & a_p^{(n)} \end{bmatrix}^t \quad (6.154)$$

$$\boldsymbol{y}_{n-1} = [y_{n-1} \ y_{n-2} \ \cdots \ y_{n-p}] \quad (6.155)$$

である．ベクトルの成分で書けば，まずシステム方程式 (6.152) は，$k=1$ のときには

$$\begin{bmatrix} a_1^{(n)} \\ a_2^{(n)} \\ \vdots \\ a_p^{(n)} \end{bmatrix} = \begin{bmatrix} a_1^{(n-1)} \\ a_2^{(n-1)} \\ \vdots \\ a_p^{(n-1)} \end{bmatrix} + \begin{bmatrix} v_1^{(n)} \\ v_2^{(n)} \\ \vdots \\ v_p^{(n)} \end{bmatrix} \quad (6.156)$$

となり，$k=2$ のときには

$$\begin{bmatrix} a_1^{(n)} \\ a_2^{(n)} \\ \vdots \\ a_p^{(n)} \end{bmatrix} = 2 \begin{bmatrix} a_1^{(n-1)} \\ a_2^{(n-1)} \\ \vdots \\ a_p^{(n-1)} \end{bmatrix} - \begin{bmatrix} a_1^{(n-2)} \\ a_2^{(n-2)} \\ \vdots \\ a_p^{(n-2)} \end{bmatrix} + \begin{bmatrix} v_1^{(n)} \\ v_2^{(n)} \\ \vdots \\ v_p^{(n)} \end{bmatrix} \quad (6.157)$$

となる．また観測方程式 (6.153) は，

$$y_n = \begin{bmatrix} y_{n-1} & y_{n-2} & \cdots & y_{n-p} \end{bmatrix} \begin{bmatrix} a_1^{(n)} \\ a_2^{(n)} \\ \vdots \\ a_p^{(n)} \end{bmatrix} + w_n \quad (6.158)$$

となる．

演 習 問 題

問題 6.1 直線上を動く点の位置，速度，加速度を状態ベクトルに持ち，位置は 1 時刻前の位置に 1 時刻前の速度を加えたもので，速度は 1 時刻前の速度に 1 時刻前の加速度を加えたものであり，加速度はブラウン運動をする．点の位置のみが誤差を伴って観測されるとき，この状況を状態空間モデルにより表現せよ．

問題 6.2 問題 6.1 の状況を，隣接する 3 時刻の位置を状態ベクトルに持つ状態空間モデルにより表現せよ．

問題 6.3 自己回帰過程の状態空間モデルによる表現として，制御器標準形と観測器標準形があるが，これらの間の状態ベクトルの変換を行う行列を求めよ．また，移動平均過程についても同じ変換の行列を求めよ．

問題 6.4 式 (6.69), (6.70) が成り立つことを示せ．

演習問題の解答

1 章

問題 1.1 二項分布においてポアソン分布は，$np = \lambda = $ 一定 として $n \to \infty$ としたときの極限として求まった．同様にここでは，$p = $ 一定 としたうえで $n \to \infty$ としてみる．まず

スターリングの公式（Stirling's relation）

$$n! \sim \sqrt{2\pi} n^{n+\frac{1}{2}} e^{-(n-\frac{1}{12n})}$$

あるいは

$$n! \sim \sqrt{2\pi} n^{n+\frac{1}{2}} e^{-n}$$

のうち後者を用いて大きな n につき $b(k:n,p)$ を求めてみる．

$$b(k;n,p) \sim \left(\frac{n}{2\pi k(n-k)}\right)^{\frac{1}{2}} \left(\frac{np}{k}\right)^k \left(\frac{nq}{n-k}\right)^{n-k}$$

ここで np は n 回のうちの平均的な S の出る数であるから，これを中心にして新変数 $x = k - np$ を用いると

$$= \left(\frac{n}{2\pi(nn+x)(nq-x)}\right)^{\frac{1}{2}} \frac{1}{(1+\frac{x}{np})^{np+x}(1-\frac{x}{nq})^{nq+x}}$$

$\log(1+x) = x - (1/2)x^2 + \cdots$ なる級数展開を用いて変形すると

$$= \left(\frac{1}{2\pi npq}\right)^{\frac{1}{2}} \left(1+\frac{x}{np}\right)^{-\frac{1}{2}} \left(1-\frac{x}{nq}\right)^{-\frac{1}{2}}$$
$$\times \exp\left\{-(np+x)\log\left(1+\frac{x}{np}\right) - (nq-x)\log\left(1-\frac{x}{nq}\right)\right\}$$

$$= \left(\frac{1}{2\pi npq}\right)^{\frac{1}{2}} \left[1 - \frac{1}{2}\frac{x}{np} + o\left(\frac{x}{np}\right)\left\{1 + \frac{1}{2}\frac{x}{nq} + o\left(\frac{x}{nq}\right)\right\}\right] \times$$

$$\times \exp\left\{-\frac{x^2}{2n}\left(\frac{1}{pq}\right) + \frac{x^3}{6n^2}\left(\frac{q-p}{p^2 q^2}\right) + \cdots\right\}$$

よって $x^3/n^2 = (k-np)^3/n^2 \to 0$ $(n \to \infty)$ と仮定すると

$$\left|\frac{x}{n}\right| = \left\{\left(\frac{x}{n}\right)^3\right\}^{\frac{1}{3}} = \frac{1}{n^{\frac{1}{3}}}\left(\left|\frac{x^3}{n^2}\right|\right)^{\frac{1}{3}} \to 0 \quad n \to \infty$$

だから

$$b(k;n,p) \sim \frac{1}{\sqrt{2\pi npq}} \exp\left(\frac{x^2}{2npq}\right)$$

となる.よって $(k-np)3/n^2 \to 0$ $(n \to \infty)$ になるように $n, k \to \infty$ とすれば

$$b(k;n,p) \sim \frac{1}{\sqrt{npq}} \phi\left(\frac{k-np}{\sqrt{npq}}\right)$$

となり正規分布の密度分布に近づくことがわかる.

問題 1.2

$$P(t_1 \leq t \leq t_2 | t \geq t_0) = \frac{\int_{t_1}^{t_2} \alpha(t) dt}{\int_{t_0}^{\infty} \alpha(t) dt} = \frac{\int_{t_1}^{t_2} \lambda e^{-\lambda t} dt}{\int_{t_0}^{\infty} \lambda e^{\lambda t} dt}$$

$$= \left[-\frac{e^{-\lambda t}}{\lambda}\right]_{t_1}^{t_2} \bigg/ \left[-\frac{e^{-\lambda t}}{\lambda}\right]_{t_0}^{\infty} = \frac{e^{-\lambda t_1} - e^{-\lambda t_2}}{e^{-\lambda t_0}}$$

$$= e^{\lambda(t_0 - t_1)} - e^{\lambda(t_0 - t_2)}$$

問題 1.3

$$\int_{-\infty}^{\infty} f(x) dx = \int_{-\infty}^{\infty} \frac{1}{\sqrt{2\pi}\sigma} \exp\left(-\frac{(x-m)^2}{2\sigma^2}\right) dx$$

$((x-m)/\sqrt{2}\sigma = u$ とおくと, $dx = \sqrt{2}\sigma du$ であり)

$$= \int_{-\infty}^{\infty} \frac{1}{\sqrt{\pi}} e^{-u^2} du = \frac{2}{\sqrt{\pi}} \int_{0}^{\infty} e^{-u^2} du$$

$$= \frac{2}{\sqrt{\pi}} \left(\int_{0}^{\infty} e^{-u^2} du \int_{0}^{\infty} e^{-v^2} dv\right)^{\frac{1}{2}}$$

$$= \frac{2}{\sqrt{\pi}} \left(\int_0^\infty \int_0^\infty e^{-(u^2+v^2)} du dv \right)^{\frac{1}{2}}$$

($u = r\cos\theta, v = r\sin\theta$ とおくと $dudv = rdrd\theta$ であり)

$$= \frac{2}{\sqrt{\pi}} \left(\int_0^{\frac{\pi}{2}} \int_0^\infty e^{-r^2} r dr d\theta \right)^{\frac{1}{2}}$$

$$= \frac{2}{\sqrt{\pi}} \left(\int_0^{\frac{\pi}{2}} \left[-\frac{1}{2} e^{-r^2} \right]_0^\infty d\theta \right)^{\frac{1}{2}}$$

$$= \frac{2}{\sqrt{\pi}} \left(\frac{1}{2} \int_0^{\frac{\pi}{2}} d\theta \right)^{\frac{1}{2}} = \frac{2}{\sqrt{\pi}} \left(\frac{1}{2} \frac{\pi}{2} \right)^{\frac{1}{2}} = 1$$

$$\int_{-\infty}^\infty x f(x) dx = \int_{-\infty}^\infty x \frac{1}{\sqrt{2\pi}\sigma} \exp\left(-\frac{(x-m)^2}{2\sigma^2} \right) dx$$

($(x-m)/\sqrt{2}\sigma = u$ とおくと)

$$= \int_{-\infty}^\infty (\sqrt{2}\sigma u + m) \frac{1}{\sqrt{2}} e^{-u^2} du$$

$$= \frac{\sqrt{2}}{\sqrt{\pi}} \sigma \int_{-\infty}^\infty u e^{-u^2} du + \frac{m}{\sqrt{\pi}} \int_{-\infty}^\infty e^{-u^2} du$$

$$= m$$

$$\int_{-\infty}^\infty (x-m)^2 f(x) dx = \int_{-\infty}^\infty (x-m)^2 \frac{1}{\sqrt{2\pi}\sigma} \exp\left(-\frac{(x-m)^2}{2\sigma^2} \right) dx$$

($(x-m)/\sqrt{2}\sigma = u$ とおくと)

$$= \int_{-\infty}^\infty 2\sigma^2 u^2 \frac{1}{\sqrt{\pi}} e^{-u^2} du = \frac{2}{\sqrt{\pi}} \sigma^2 \int_{-\infty}^\infty u^2 e^{-u^2} du$$

$$= \frac{4}{\sqrt{\pi}} \sigma^2 \int_0^\infty u^2 e^{-u^2} du = \frac{4}{\sqrt{\pi}} \sigma^2 \int_0^\infty u \left(-\frac{1}{2} e^{-u^2} \right)' du$$

$$= \frac{4}{\sqrt{\pi}} \sigma^2 \left(\left[-\frac{u}{2} e^{-u^2} \right]_0^\infty + \int_0^\infty \frac{1}{2} e^{-u^2} du \right)$$

$$= \frac{2\sigma^2}{\sqrt{\pi}} \int_0^\infty e^{-u^2} du = \sigma^2$$

問題 1.4

$$\Gamma(\alpha) = \int_0^\infty u^{\alpha-1} e^{-u} du = \int_0^\infty \cdot u^{\alpha-1}(-e^{-u})' du$$
$$= \left[-u^{\alpha-1} e^{-u}\right]_0^\infty + \int_0^\infty (\alpha-1) u^{\alpha-2} e^{-u} du$$
$$= (\alpha-1) \int_0^\infty u^{(\alpha-1)-1} e^{-u} du$$
$$= (\alpha-1)\Gamma(\alpha-1) = (\alpha-1)(\alpha-2)\Gamma(\alpha-2)$$
$$= (\alpha-1)(\alpha-2)\cdots 1 \ \Gamma(1)$$
$$= (\alpha-1)! \int_0^\infty e^{-u} du = (\alpha-1)!\left[-e^{-u}\right]_0^\infty$$
$$= (\alpha-1)!$$

2 章

問題 2.1

$$H(p_1, p_2, \cdots, p_n) = -\sum_{i=1}^n p_i \log_2 p_i + \lambda \left(\sum_{i=1}^n p_i - 1\right)$$

$$\frac{\partial H}{\partial p_i} = -(\log_2 p_i + \log_2 e) + \lambda = 0$$

$$\lambda = \log_2 e p_i, \qquad p_i = e^{-1} 2^\lambda$$

$$\sum_{i=1}^n p_i = \frac{n}{e} 2^\lambda = 1$$

$$\therefore p_i = \frac{1}{n}$$

$$H_{\max} = H\left(\frac{1}{n}, \frac{1}{n}, \cdots, \frac{1}{n}\right) = -\sum_{i=1}^n \frac{1}{n} \log_2 \frac{1}{n} = \log_2 n$$

問題 2.2 $p_3 > 0$ の場合 iii) より

$$H_3(p_1, p_2, p_3) = H_2(p_1, 1 - p_1) + (1 - p_1) H_2\left(\frac{p_2}{1 - p_1}, \frac{p_3}{1 - p_1}\right)$$

$$H_3(p_2, p_1, p_3) = H_2(p_2, 1-p_2) + (1-p_2)H_2\left(\frac{p_1}{1-p_2}, \frac{p_3}{1-p_2}\right)$$

これら2式は ii) より等しい．また

$$H_2(p, 1-p) = h(p) \ (= h(1-p))$$

と略記すると上の2式より

$$h(p_1) + (1-p_1)h\left(\frac{p_2}{1-p_1}\right) = h(p_2) + (1-p_2)h\left(\frac{p_1}{1-p_2}\right)$$

(特に $p_1 = 0$ とすれば $h(0) + h(p_2) = h(p_2) + (1-p_2)h(0)$ より $h(0) = 0$ を得る．)

p_2 について 0 から $1-p_1$ まで積分すると（条件より積分は可能であることに注意）

$$(1-p_1)h(p_1) + (1-p_1)\int_0^{1-p_1} h\left(\frac{p_2}{1-p_1}\right)dp_2$$
$$= \int_0^{1-p_1} h(p_2)dp_2 + \int_0^{1-p_1}(1-p_2)h\left(\frac{p_1}{1-p_2}\right)dp_2$$
$$\therefore (1-p_1)h(p_1) + (1-p_1)^2\int_0^1 h(t)dt = \int_0^{1-p_1} h(t)dt + p_1{}^2\int_{p_1}^1 \frac{h(t)}{t^3}dt$$

これを $h(p_1)$ について整理すれば $h(p_1)$ は p_1 について微分可能なことがわかるので，この式の両辺を p_1 で微分すると

$$(1-p_1)h'(p_1) - h(p_1) - 2(1-p_1)\int_0^1 h(t)dt$$
$$= -h(1-p_1) + 2p_1\int_{p_1}^1 \frac{h(t)}{t^3}dt - \frac{h(p_1)}{p_1}$$
$$(1-p_1)h'(p_1) = 2(1-p_1)\int_0^1 h(t)dt + 2p_1\int_{p_1}^1 \frac{h(t)}{t^3}dt - \frac{h(p_1)}{p_1}$$

右辺より，左辺の $h'(p_1)$ は p_1 について微分可能なことがわかるので両辺を p_1 で微分して

$$-h'(p_1) + (1-p_1)h''(p_1)$$
$$= -2\int_0^1 h(t)dt + 2\int_{p_1}^1 \frac{h(t)}{t^3}dt - 2\frac{h(p_1)}{p_1{}^2} - \frac{h'(p_1)p_1 - h(p_1)}{p_1{}^2}$$

整理すると

$$h''(p_1) = \frac{-2}{p_1(1-p_1)} \int_0^1 h(t)dt$$

p_1 について 2 回積分をして

$$h(p) = -2\int_0^1 h(t)dt \{p\log p + (1-p)\log(1-p)\} + c_1 p + c_2$$

を得る．$h(p) = h(1-p)$ と $h(0) = 0$ より $c_1 = c_2 = 0$

$$\therefore h(p) = k\{p\log p + (1-p)\log(1-p)\}$$

i) より $h(1/2) = \log_2 2$ だから $k = -\log_2 e$ となり

$$h(p) = -p\log_2 p - (1-p)\log_2(1-p)$$

すなわち

$$H_2(p_1, p_2) = -p_1 \log_2 p_1 - p_2 \log_2 p_2$$

iii) と数学的帰納法により $H_n(p_1, p_2, \cdots, p_n) = -\sum_{i=1}^n p_i \log_2 p_i$.

問題 2.3 式 (2.29) について

$$\mu(E) = \mu((E\backslash F) \cup (E \cap F)) = \mu(E\backslash F) + \mu(E \cap F) + \lambda\mu(E\backslash F)\cdot\mu(E \cap F)$$

$$\mu(E\backslash F) = (\mu(E) - \mu(E \cap F))/(1 + \lambda\mu(E \cap F))$$

$$\therefore \mu(E \cup F) = \mu((E\backslash F) \cup F) = \mu(E\backslash F) + \mu(F) + \lambda\mu(E\backslash F)\cdot\mu(F)$$

$$= \frac{1}{1+\lambda\mu(E \cap F)}\{\mu(E) - \mu(E \cap F) + \mu(F) + \lambda\mu(F)\mu(E \cap F)$$

$$+ \lambda\mu(F)\mu(E) - \lambda\mu(F)\mu(E \cap F)\}$$

$$= \frac{1}{1+\lambda\mu(E \cap F)}\{\mu(E) + \mu(F) - \mu(E \cap F) + \lambda\mu(E)\mu(F)\}$$

式 (2.30) について[*1]

$$1 = \mu(\Omega) = \mu(E \cup E^c) = \mu(E) + \mu(E^c) + \lambda\mu(E)\cdot\mu(E^c)$$

[*1] $\lambda \in [0, \infty)$ のとき，右辺より 1 以下になるし左辺より正になることに注意（左辺 = 0 になる E があったとすると $\mu(E) = \mu(E^c) = 0$ であり，$1 = \mu(\Omega) = \mu(E \cup E^c) = \mu(E) + \mu(E^c) + \lambda\mu(E)\mu(E^c) = 0$ となり矛盾する）．

$$\therefore \mu(E) + \mu(E^c) = 1 - \lambda \mu(E)\mu(E^c) \in \begin{cases} [1,2), & \lambda \in (-1, 0] \\ (0,1], & \lambda \in [0, \infty) \end{cases}$$

問題 2.4 問題 2.1 の解と同様に計算すればよいので省略.

3 章

問題 3.1 時間パラメータ集合を $\mathcal{T} = \{1, 2, \cdots, N\}$ とし, 各時刻 n における確率空間 $(\Omega_n, \mathcal{F}_n, P_n)$ は時刻 n によらず同一であるので, 一括して $(\Omega_0, \mathcal{F}_0, P_0)$ と記し, これは

$$\Omega_0 = \{\text{裏裏}, \text{裏表}, \text{表裏}, \text{表表}\}$$
$$\mathcal{F}_0 = 2^{\Omega_0}$$
$$P_0(\text{裏裏}) = P_0(\text{裏表}) = P_0(\text{表裏}) = P_0(\text{表表}) = 1/4$$

となる. X_n は, ω が「裏裏」のときには値 0, ω が「裏表」または「表裏」のときには値 1, ω が「表表」のときには値 2 をとる関数とする.

問題 3.2 まず, 式 (3.59) で現れる確率の, 一般の場合 $P(D > t_0)$ を求めると, 指数分布の確率密度関数の式 (3.56) を積分して

$$P(D > t_0) = \int_{t_0}^{\infty} f(t)dt = \int_{t_0}^{\infty} \lambda e^{-\lambda t} dt = e^{-\lambda t_0}$$

が得られる. 次に, 式 (3.59) の左辺は, 条件付き確率の定義より

$$P(D > t_0 + \delta t | D > t_0) = \frac{P(D > t_0 + \delta t, D > t_0)}{P(D > t_0)} = \frac{P(D > t_0 + \delta t)}{P(D > t_0)}$$

となる. 最初に計算した確率から,

$$\frac{P(D > t_0 + \delta t)}{P(D > t_0)} = \frac{e^{-\lambda(t_0 + \delta t)}}{e^{-\lambda t_0}} = \frac{e^{-\lambda t_0} e^{-\lambda \delta t}}{e^{-\lambda t_0}} = e^{-\lambda \delta t} = P(D > \delta t)$$

となり, これは式 (3.59) の右辺と等しい. よって式 (3.59) が成立することが示せた.

問題 3.3 ある時刻 n におけるアンサンブル平均は, $\mathrm{E}[X_n] = \mathrm{E}[Y] = 0$ である. 一方 Y の実現値が値 $c \neq 0$ であったとすれば, 時間平均は 0 にはならない. よって X_n はエルゴード性を持たない.

4 章

問題 4.1 入力 $x_1^{(n)}$ に対する式 (4.8) のシステムの出力

$$y_1^{(n)} = \sum_{\tau=-\infty}^{\infty} x_1^{(\tau)} g_{n-\tau}$$

と，入力 $x_2^{(n)}$ に対する出力

$$y_2^{(n)} = \sum_{\tau=-\infty}^{\infty} x_2^{(\tau)} g_{n-\tau}$$

を考える．入力として $x_n \equiv a x_1^{(n)} + b x_2^{(n)}$ を加えたときの出力 y_n が，$a y_1^{(n)} + b y_2^{(n)}$ となれば，このシステムは線形性を持つ．これを確認すると，

$$y_n = \sum_{\tau=-\infty}^{\infty} x_\tau g_{n-\tau} = \sum_{\tau=-\infty}^{\infty} \left(a x_1^{(\tau)} + b x_2^{(\tau)} \right) g_{n-\tau}$$
$$= a \sum_{\tau=-\infty}^{\infty} x_1^{(\tau)} g_{n-\tau} + b \sum_{\tau=-\infty}^{\infty} x_2^{(\tau)} g_{n-\tau} = a y_1^{(n)} + b y_2^{(n)}$$

となり，線形性を持つことがわかる．

問題 4.2 $\{x_k\}$ を，l^1-空間に属する任意の信号とする．このとき

$$\lim_{k \to \infty} |x_k| = 0$$

となる．これより $k > K$ のとき $|x_k| < 1$ となる K が存在する．

$$s_n \equiv \sum_{k=1}^{n} x_k{}^2 = \sum_{k=1}^{n} |x_k|^2$$

と定義すると，

$$\lim_{n \to \infty} s_n = s_K + \lim_{n \to \infty} (s_n - s_K) = s_K + \lim_{n \to \infty} \left(\sum_{k=K+1}^{n} |x_k|^2 \right)$$
$$< s_K + \lim_{n \to \infty} \left(\sum_{k=K+1}^{n} |x_k| \right) < \infty$$

となり，$\{x_k\}$ は l^2-空間にも属する．

問題 4.3 MA(1) は

$$X_n = \varepsilon_n + b_1 \varepsilon_{n-1} = (1 + b_1 B)\varepsilon_n$$

とバックワードシフトオペレータ B を使って表され，これを変形すると

$$\frac{1}{1 + b_1 B} X_n = \varepsilon_n$$

と書ける．反転可能性より，特性方程式

$$1 + b_1 B = 0$$

の根 $B = -(1/b_1)$ は，

$$\left| -\frac{1}{b_1} \right| > 1$$

を満たす．よって $|b_1| < 1$ である．$|r| < 1$ のとき

$$\sum_{k=0}^{\infty} r^k = \frac{1}{1 - r}$$

であることから，

$$\frac{1}{1 + b_1 B} = \sum_{k=0}^{\infty} (-b_1 B)^k$$

と書ける．よって MA(1) は，

$$X_n = b_1 X_{n-1} - b_1{}^2 X_{n-2} + b_1{}^3 X_{n-3} - \cdots + \varepsilon_n$$

と AR(∞) で表される．

定常な AR(1) を MA(∞) で表すのも同様であるので省略する．

問題 4.4 特性方程式は

$$1 - a_1 B - a_2 B^2 = 0$$

であり，この解 μ は，

$$\mu = -\frac{a_1 \pm \sqrt{a_1{}^2 + 4a_2}}{2a_2}$$

である．重解，共役複素解，異なる実数解の 3 つの場合について，それぞれ係

数 a_1, a_2 にどのような条件が必要か見てみよう．
　まず重解の場合には，解の判別式
$$a_1{}^2 + 4a_2 = 0$$
から
$$a_2 = -\frac{1}{4}a_1{}^2$$
が得られ，a_1, a_2 がこの 2 次曲線上の組合せをとる場合に特性根が重解となることがわかる．また解は
$$\mu = -\frac{a_1}{2a_2} = \frac{2}{a_1}$$
となる．これが定常性の条件 $|\mu| > 1$ を満たすためには $|a_1| < 2$ となる必要がある ($a_1 \neq 0$ とする)．これより $-1 < a_2 < 0$ となる必要があることもわかる．
　次に共役複素根の場合には，解の判別式から
$$a_2 < -\frac{1}{4}a_1{}^2$$
を満たす．また解は
$$\mu = -\frac{a_1}{2a_2} \pm i \frac{\sqrt{-a_1{}^2 - 4a_2}}{2a_2}$$
であり，
$$|\mu|^2 = \frac{a_1{}^2}{4a_2{}^2} + \frac{-a_1{}^2 - 4a_2}{4a_2{}^2} = -\frac{1}{a_2}$$
となる．よって $|\mu| > 1$ となるためには
$$a_2 > -1$$
を満たす必要があることがわかった．
　最後に，異なる実数解を持つ場合を見てみよう．まず解の判別式から，
$$a_2 > -\frac{1}{4}a_1{}^2$$
を満たす．
　2 つの実数解を μ_1, μ_2 とする (定常性の条件より $|\mu_1| > 1$, $|\mu_2| > 1$ であ

る).簡単のため,特性方程式にて $s = 1/B$ とおくと

$$\bar{a}(s) \equiv s^2 - a_1 s - a_2 = 0$$

となり,この方程式も 2 つの異なる実数解 $\bar{\mu}_1 = 1/\mu_1, \bar{\mu}_2 = 1/\mu_2$ を持つ.よって定常性の条件を満たすには

$$|\bar{\mu}_1| < 1, \qquad |\bar{\mu}_2| < 1$$

であればよい.

$\bar{a}(s)$ は下に凸な 2 次関数であるから,上式を満たすためには

$$\bar{a}(1) > 0, \qquad \bar{a}(-1) > 0$$

であればよい.これより

$$a_2 < -a_1 + 1, \qquad a_2 < a_1 + 1$$

が得られる.

以上より,AR(2) が定常であるための係数の範囲は,図 4.3 の三角形の領域の内側であることがわかる.

5 章

問題 5.1 まず,$x > 0$ において

$$\log x \leq x - 1$$

が成り立ち,等号成立は $x = 1$ のときのみであることに注意しよう.次に $-\infty < x < \infty$ においてモデルの確率密度関数は $f(x) > 0$,真のモデルの確率密度関数は $g(x) > 0$ であるとする.このときカルバック–ライブラー情報量 $I(g; f)$ の符号を反転したものは

$$-I(g; f) = \int_{-\infty}^{\infty} \log\left\{\frac{f(x)}{g(x)}\right\} g(x) dx \leq \int_{-\infty}^{\infty} \left\{\frac{f(x)}{g(x)} - 1\right\} g(x) dx$$

$$= \int_{-\infty}^{\infty} f(x) dx - \int_{-\infty}^{\infty} g(x) dx = 0$$

となる.よって $I(g;f) \geq 0$. また等号成立は全ての x について $f(x) = g(x)$ となるときのみである.

問題 5.2 式 (5.31) と,式 (5.32) にてデータ x を確率変数 $\boldsymbol{X}$ に置き換えた式

$$\frac{1}{N}\sum_{n=1}^{N} \log f(X_n; \hat{\theta}(\boldsymbol{X}))$$

との,$\boldsymbol{X}$ についての平均的な偏りを求める.なお式 (5.31) の期待値 E は Y に関するものなので,Y を明示して

$$\mathrm{E}_Y\left[\log f(Y; \hat{\theta}(\boldsymbol{X}))\right]$$

と表す.同様に $\boldsymbol{X}$ についての期待値も $\mathrm{E}_{\boldsymbol{X}}$ と表すことにする.

式 (5.31) の平均対数尤度を最大にするパラメータの値を θ_0 と表すとき,偏りの期待値は

$$\begin{aligned}
b &= \mathrm{E}_{\boldsymbol{X}}\left[\mathrm{E}_Y\left[\log f(Y;\hat{\theta}(\boldsymbol{X}))\right] - \frac{1}{N}\sum_{n=1}^{N}\log f(X_n;\hat{\theta}(\boldsymbol{X}))\right] \\
&= \mathrm{E}_{\boldsymbol{X}}\left[\mathrm{E}_Y\left[\log f(Y;\hat{\theta}(\boldsymbol{X}))\right] - \mathrm{E}_Y\left[\log f(Y;\theta_0)\right]\right] \\
&\quad + \mathrm{E}_{\boldsymbol{X}}\left[\mathrm{E}_Y\left[\log f(Y;\theta_0)\right] - \frac{1}{N}\sum_{n=1}^{N}\log f(X_n;\theta_0)\right] \\
&\quad + \mathrm{E}_{\boldsymbol{X}}\left[\frac{1}{N}\sum_{n=1}^{N}\log f(X_n;\theta_0) - \frac{1}{N}\sum_{n=1}^{N}\log f(X_n;\hat{\theta}(\boldsymbol{X}))\right] \\
&\equiv b_1 + b_2 + b_3
\end{aligned}$$

と,3 つの項に分けて考えることができる.各項について見てみる.まず b_2 は,期待値をとっている式の第 1 項には $\boldsymbol{X}$ は含まれないことに注意し,

$$\begin{aligned}
b_2 &= \mathrm{E}_Y[\log f(Y;\theta_0)] - \frac{1}{N}\sum_{n=1}^{N}\mathrm{E}_{X_n}[\log f(X_n;\theta_0)] \\
&= \mathrm{E}_Y[\log f(Y;\theta_0)] - \mathrm{E}_Y[\log f(Y;\theta_0)] = 0
\end{aligned}$$

となる.次に b_1 については,期待値をとっている式の第 1 項を θ_0 の周りでテイラー展開して 2 次近似し,

$$E_Y\left[\log f(Y;\hat{\theta}(\boldsymbol{X}))\right] \simeq E_Y\left[\log f(Y;\theta_0)\right]$$
$$+(\hat{\theta}(\boldsymbol{X})-\theta_0)^t \nabla_{\theta=\theta_0} E_Y\left[\log f(Y;\theta)\right]$$
$$+\frac{1}{2}(\hat{\theta}(\boldsymbol{X})-\theta_0)^t \nabla^2_{\theta=\theta_0} E_Y\left[\log f(Y;\theta)\right](\hat{\theta}(\boldsymbol{X})-\theta_0)$$

を得る．ここで θ はベクトルであることに注意し，$\nabla_{\theta=\theta_0}$ は $\theta=\theta_0$ における勾配ベクトルを求める演算子，$\nabla^2_{\theta=\theta_0}$ は $\theta=\theta_0$ におけるヘッセ行列を求める演算子である．θ_0 の定義から，上式第 2 項は 0 となる．また第 3 項のヘッセ行列を $\boldsymbol{J}$ とおく．これらより，

$$b_1 \simeq \frac{1}{2}E_{\boldsymbol{X}}\left[(\hat{\theta}(\boldsymbol{X})-\theta_0)^t \boldsymbol{J}(\hat{\theta}(\boldsymbol{X})-\theta_0)\right]$$

を得る．最後に b_3 についても，期待値をとっている式の第 1 項を $\hat{\theta}\equiv\hat{\theta}(\boldsymbol{X})$ の周りでテイラー展開して 2 次近似し，

$$\frac{1}{N}\sum_{n=1}^N \log f(X_n;\theta_0) \simeq \frac{1}{N}\sum_{n=1}^N \log f(X_n;\hat{\theta})$$
$$+\frac{1}{N}(\theta_0-\hat{\theta})^t \sum_{n=1}^N \nabla_{\theta=\hat{\theta}}\log f(X_n;\theta)$$
$$+\frac{1}{2}(\theta_0-\hat{\theta})^t \left[\frac{1}{N}\sum_{n=1}^N \nabla^2_{\theta=\hat{\theta}}\log f(X_n;\theta)\right](\theta_0-\hat{\theta})$$

を得る．ここで $\hat{\theta}$ は最尤推定量であることから，上式第 2 項は 0 となる．また $N\to\infty$ のとき，$\hat{\theta}\to\theta_0$ に注意すると

$$\frac{1}{N}\sum_{n=1}^N \nabla^2_{\theta=\hat{\theta}}\log f(X_n;\theta) \to E_Y\left[\nabla^2_{\theta=\theta_0}\log f(Y;\theta)\right]=\boldsymbol{J}$$

となるので，

$$b_3 \simeq \frac{1}{2}E_{\boldsymbol{X}}\left[(\hat{\theta}(\boldsymbol{X})-\theta_0)^t \boldsymbol{J}(\hat{\theta}(\boldsymbol{X})-\theta_0)\right]$$

を得る．よって偏りの期待値 b は

$$b \simeq E_{\boldsymbol{X}}\left[(\hat{\theta}(\boldsymbol{X})-\theta_0)^t \boldsymbol{J}(\hat{\theta}(\boldsymbol{X})-\theta_0)\right]$$

となる．

最尤推定量 $\hat{\theta}$ の性質として, $N \to \infty$ のとき $\sqrt{N}(\hat{\theta} - \theta_0)$ は正規分布 $N(\mathbf{0}, \mathbf{I}^{-1})$ に従うことが知られている. ここで

$$\mathbf{I} = \mathrm{E}_Y \left[\{\nabla_{\theta=\theta_0} \log f(Y;\theta)\} \{\nabla_{\theta=\theta_0} \log f(Y;\theta)\}^t \right]$$

はフィッシャー情報行列と呼ばれる. 適当な条件のもとで, $\mathbf{I} \simeq \boldsymbol{J}$ が成り立つ. このことから, $N(\hat{\theta}(\boldsymbol{X}) - \theta_0)^t \boldsymbol{J}(\hat{\theta}(\boldsymbol{X}) - \theta_0)$ は, 自由度 $\#\theta$ のカイ二乗分布に近似的に従う (ただし $\#\theta$ は θ の次元を表すものとする). カイ二乗分布の期待値はその自由度に等しいので, 偏りの期待値 b は

$$b \simeq \#\theta/N$$

となる.

問題 5.3 前向きイノベーションの式 (5.59) に X_{n-k} ($k = 1, 2, \cdots, p$) を掛けて期待値をとると,

$$\mathrm{E}\left[f_n^{(p)} X_{n-k} \right] = \mathrm{E}\left[X_n X_{n-k} \right] - \sum_{j=1}^{p} a_j^{(p)} \mathrm{E}\left[X_{n-j} X_{n-k} \right]$$

となり, この左辺は 0 となることより

$$C_k = \sum_{j=1}^{p} a_j^{(p)} C_{k-j}, \qquad k = 1, 2, \cdots, p$$

が得られる. 同様に後向きイノベーションの式 (5.61) に X_{n+k} ($k = 1, 2, \cdots, p$) を掛けて期待値をとると,

$$\mathrm{E}\left[b_n^{(p)} X_{n+k} \right] = \mathrm{E}\left[X_n X_{n+k} \right] - \sum_{j=1}^{p} d_j^{(p)} \mathrm{E}\left[X_{n+j} X_{n+k} \right]$$

となり, 左辺は 0 であることから

$$C_{-k} = \sum_{j=1}^{p} d_j^{(p)} C_{j-k}, \qquad k = 1, 2, \cdots, p$$

が得られる. 自己共分散関数 C_τ は偶関数であるので,

$$C_k = \sum_{j=1}^{p} d_j^{(p)} C_{k-j}, \qquad k = 1, 2, \cdots, p$$

と書くこともできる．以上を式 (5.38), (5.39), (5.36) を使って表すと，

$$C_p a_p^{(p)} = c_p, \qquad C_p d_p^{(p)} = c_p$$

となる ($d_p^{(p)}$ も $a_p^{(p)}$ と同様に定義されるものとする)．よって $|C_p| \neq 0$ であれば，$a_p^{(p)} = d_p^{(p)}$ であることが示せた．

分散については，式 (5.59) に $f_n^{(p)}$ を掛けて期待値をとると，イノベーションであることに注意して

$$\mathrm{E}\left[\left|f_n^{(p)}\right|^2\right] = \mathrm{E}\left[X_n f_n^{(p)}\right] = \mathrm{E}\left[X_n \left(X_n - \sum_{j=1}^p a_j^{(p)} X_{n-j}\right)\right]$$

$$= C_0 - \sum_{j=1}^p a_j^{(p)} C_j$$

が得られ，式 (5.61) に $b_n^{(p)}$ を掛けて期待値をとり

$$\mathrm{E}\left[\left|b_n^{(p)}\right|^2\right] = \mathrm{E}\left[X_n b_n^{(p)}\right] = \mathrm{E}\left[X_n \left(X_n - \sum_{j=1}^p d_j^{(p)} X_{n+j}\right)\right]$$

$$= C_0 - \sum_{j=1}^p d_j^{(p)} C_j$$

が得られる．前向き係数と後向き係数が等しいことから，分散も前向きと後向きとで等しいことがわかる．

問題 5.4 式 (5.70) については，まず前向きイノベーションの式 (5.59) を，直交射影を使って表すと

$$f_n^{(p)} = X_n - \mathrm{Proj}_{n-1}^{n-p}[X_n]$$

となる．ここで $\mathrm{Proj}_{n-1}^{n-p}[\cdot]$ は $X_{n-1}, \cdots, X_{n-p}$ の張る空間への直交射影を表すものとする．$p-1$ 次の後向きイノベーション

$$\mathrm{b}_{n-p}^{(p-1)} = X_{n-p} - \sum_{j=1}^{p-1} \mathrm{d}_j^{(p-1)} X_{n-p+j} = X_{n-p} - \mathrm{Proj}_{n-1}^{n-p+1}[X_{x-p}]$$

を考えると，右辺第 2 項は，$X_{n-1}, \cdots, X_{n-p+1}$ への射影成分と $b_{n-p}^{(p-1)}$ への射影成分に分けられるので

$$f_n^{(p)} = X_n - \mathrm{Proj}_{n-1}^{n-p+1}[X_n] - \mathrm{Proj}_{b_{n-p}^{(p-1)}}[X_n]$$

となる. 右辺第1項と第2項は, 式 (5.64) の $p-1$ 次の前向きイノベーションに等しいので

$$f_n^{(p)} = f_n^{(p-1)} - \mathrm{Proj}_{b_{n-p}^{(p-1)}}[X_n]$$

が得られる. ここで再び式 (5.64) から,

$$X_n = f_n^{(p-1)} + \sum_{j=1}^{p-1} a_j^{(p-1)} X_{n-j}$$

となるので, これを代入して

$$f_n^{(p)} = f_n^{(p-1)} - \mathrm{Proj}_{b_{n-p}^{(p-1)}}\left[f_n^{(p-1)} + \sum_{j=1}^{p-1} a_j^{(p-1)} X_{n-j}\right]$$

が得られる. $b_{n-p}^{(p-1)}$ は $X_{n-p+1}, \cdots, X_{n-1}$ に直交していることから, 括弧内第2項は消去できて

$$f_n^{(p)} = f_n^{(p-1)} - \mathrm{Proj}_{b_{n-p}^{(p-1)}}\left[f_n^{(p-1)}\right]$$

を得る. この第2項がどうなるか見てみると, 直交射影であるから

$$\mathrm{Proj}_{b_{n-p}^{(p-1)}}\left[f_n^{(p-1)}\right] = \frac{\mathrm{E}\left[f_n^{(p-1)} b_{n-p}^{(p-1)}\right] b_{n-p}^{(p-1)}}{\left|b_{n-p}^{(p-1)}\right|^2}$$

$$= \frac{\mathrm{E}\left[f_n^{(p-1)} b_{n-p}^{(p-1)}\right] b_{n-p}^{(p-1)}}{\sigma_{p-1}^2}$$

が得られる. ここで偏自己相関係数 $a_p^{(p)}$ は, 式 (5.66), (5.69) より

$$a_p^{(p)} = \frac{\mathrm{E}\left[f_n^{(p-1)} b_{n-p}^{(p-1)}\right]}{\sigma_{p-1}^2}$$

であるので,

$$f_n^{(p)} = f_n^{(p-1)} - a_p^{(p)} b_{n-p}^{(p-1)}$$

となり, 式 (5.70) が得られた.

式 (5.71) についても同様にして証明することができる．

6 章

問題 6.1 時刻 n における位置を x_n，速度を s_n，加速度を a_n とする．設問より，位置については $x_n = x_{n-1}+s_{n-1}$，速度については $s_n = s_{n-1}+a_{n-1}$ となり，加速度はブラウン運動であるから，$a_n = a_{n-1}+v_n$(ただし $v_n \sim N(0,\tau^2)$) となる．これらをまとめると，システム方程式

$$\begin{bmatrix} x_n \\ s_n \\ a_n \end{bmatrix} = \begin{bmatrix} 1 & 1 & 0 \\ 0 & 1 & 1 \\ 0 & 0 & 1 \end{bmatrix} \begin{bmatrix} x_{n-1} \\ s_{n-1} \\ a_{n-1} \end{bmatrix} + \begin{bmatrix} 0 \\ 0 \\ 1 \end{bmatrix} v_n$$

が得られる．また観測される位置を y_n と表すとき，観測方程式は，$w_n \sim N(0,\sigma^2)$ を観測ノイズとして，

$$y_n = [1\ 0\ 0] \begin{bmatrix} x_n \\ s_n \\ a_n \end{bmatrix} + w_n$$

となる．

問題 6.2 問題 6.1 と同じ表記を用いるものとする．速度は位置を使って $s_{n-1} = x_n - x_{n-1}$，加速度は速度を使って $a_{n-1} = s_n - s_{n-1} = x_{n+1} - 2x_n + x_{n-1}$ と表される．これより，加速度のブラウン運動 $a_n = a_{n-1}+v_n$ は $x_{n+2} = 3x_{n+1} - 3x_n + x_{n-1} + v_n$ と書くことができる．よってシステム方程式は，時刻を適切にずらして，

$$\begin{bmatrix} x_n \\ x_{n-1} \\ x_{n-2} \end{bmatrix} = \begin{bmatrix} 3 & -3 & 1 \\ 1 & 0 & 0 \\ 0 & 1 & 0 \end{bmatrix} \begin{bmatrix} x_{n-1} \\ x_{n-2} \\ x_{n-3} \end{bmatrix} + \begin{bmatrix} 1 \\ 0 \\ 0 \end{bmatrix} v_n$$

となり，観測方程式は

$$y_n = [1\ 0\ 0] \begin{bmatrix} x_n \\ x_{n-1} \\ x_{n-2} \end{bmatrix} + w_n$$

となる.

問題 6.3 観測器標準形から制御器標準形への状態ベクトルの変換を行う行列は，自己回帰過程については

$$\begin{bmatrix} 1 & 0 & 0 & \cdots & 0 \\ 0 & a_2 & a_3 & \cdots & a_p \\ 0 & a_3 & \ddots & & a_p \\ \vdots & \vdots & a_p & & \\ 0 & a_p & & & \end{bmatrix}$$

となり，移動平均過程については

$$\begin{bmatrix} 1 & b_1 & b_2 & \cdots & b_q \\ b_1 & b_2 & & & b_q \\ b_2 & & b_q & & \\ \vdots & b_q & & & \\ b_q & & & & \end{bmatrix}$$

となる.

問題 6.4 まず $z = x - \bar{x} - K(y - \bar{y})$ を考える．x, y がそれぞれ正規分布に従うので，正規分布の再生性により z も正規分布に従う．その平均は

$$\mathrm{E}[z] = \mathrm{E}[x - \bar{x}] - K\mathrm{E}[y - \bar{y}] = 0$$

で，分散は

$$\begin{aligned} \mathrm{Var}[z] &= \mathrm{E}\left[\{(x - \bar{x}) - K(y - \bar{y})\}\{(x - \bar{x}) - K(y - \bar{y})\}^t\right] \\ &= \mathrm{E}\left[(x - \bar{x})(x - \bar{x})^t\right] - K\mathrm{E}\left[(y - \bar{y})(x - \bar{x})^t\right] \\ &\quad - \mathrm{E}\left[(x - \bar{x})(y - \bar{y})^t\right]K^t + K\mathrm{E}\left[(y - \bar{y})(y - \bar{y})^t\right]K^t \\ &= \Sigma_{xx} - K\Sigma_{xy}^t - \Sigma_{xy}K^t + K\Sigma_{yy}K^t \end{aligned}$$

となるが，K の定義から $K\Sigma_{yy} = \Sigma_{xy}$ であるので，

$$\mathrm{Var}[z] = \Sigma_{xx} - K\Sigma_{xy}^t \equiv \Sigma_{zz}$$

となる.次に z と y とは独立であることを示す.これは,共に正規分布に従うことから,z と y とが無相関であることを示せばよい.

$$\mathrm{E}\left[(z-\bar{z})(y-\bar{y})^t\right] = \mathrm{E}\left[(x-\bar{x})(y-\bar{y})^t - K(y-\bar{y})(y-\bar{y})^t\right]$$
$$= \Sigma_{xy} - K\Sigma_{yy}$$

となり,$K\Sigma_{yy} = \Sigma_{xy}$ より無相関であることわかる.最後に,y が与えられた下での z の特性関数を求める.なお,平均 $\bar{x}$,分散共分散行列 Σ_{xx} の正規分布に従う x の特性関数は,λ を適切な次元のベクトルとして,

$$\mathrm{E}\left[e^{i\lambda^t x}\right] = \exp\left(i\lambda^t \bar{x} - \frac{1}{2}\lambda^t \Sigma_{xx}^{-1}\lambda\right)$$

であることに注意する.y が与えられたもとでの z の特性関数は,z と y は独立であるから,

$$\mathrm{E}\left[e^{i\lambda^t z}\middle| y\right] = \exp\left(-\frac{1}{2}\lambda^t \Sigma_{zz}^{-1}\lambda\right)$$

となる.また $z = x - \bar{x} - K(y - \bar{y})$ であることから,

$$\mathrm{E}\left[e^{i\lambda^t z}\middle| y\right] = \mathrm{E}\left[e^{i\lambda^t x}\exp\left(-i\lambda^t\{\bar{x} + K(y-\bar{y})\}\right)\middle| y\right]$$
$$= \exp\left(-i\lambda^t\{\bar{x} + K(y-\bar{y})\}\right)\mathrm{E}\left[e^{i\lambda^t x}\middle| y\right]$$

が得られる.これらより

$$\exp\left(-\frac{1}{2}\lambda^t \Sigma_{zz}^{-1}\lambda\right) = \exp\left(-i\lambda^t\{\bar{x} + K(y-\bar{y})\}\right)\mathrm{E}\left[e^{i\lambda^t x}\middle| y\right]$$

が成り立つ.これを整理すると

$$\mathrm{E}\left[e^{i\lambda^t x}\middle| y\right] = \exp\left(i\lambda^t\{\bar{x} + K(y-\bar{y})\} - \frac{1}{2}\lambda^t \Sigma_{zz}^{-1}\lambda\right)$$

となるので,y が与えられたもとでの x は平均 $\bar{x} + K(y-\bar{y})$,分散共分散行列 $\Sigma_{zz} = \Sigma_{xx} - K\Sigma_{xy}^t$ の正規分布に従うことが示せた.

文　　献

○主な参考文献
伊藤　清：確率論，岩波書店，1953.
藤井光昭：時系列解析，コロナ社，1974.
有本　卓：カルマン・フィルター，産業図書，1977.
西尾真喜子：確率論，実教出版，1978.
中野道雄，美多　勉：制御基礎理論，昭晃堂，1982.
片山　徹：応用カルマンフィルタ，朝倉書店，1983.
坂元慶行，石黒真木夫，北川源四郎：情報量統計学，共立出版，1983.
川嶋弘尚，酒井英昭：現代スペクトル解析，森北出版，1989.
尾崎　統，北川源四郎 (編)：時系列解析の方法，朝倉書店，1998.
H.Akaike: Likelihood and the Bayes procedure. In *Bayesian Statistics*, J.M.Bernardo, M.H. de Groot, D.V.Lindley and A.F.M.Smith, eds., University Press, pp.143-166, 1980.
M.B.Priestley: *Spectral Analysis and Time Series*, Academic Press, 1981.

○解析学，ルベーグ積分，その他数学系
杉浦光夫：解析入門 I, II, 東京大学出版会，1980, 1985.
伊藤清三：ルベーグ積分入門，裳華房，1963.
中西シヅ：積分論，共立出版，1973.
柴垣和三雄：ルベーグ積分入門，森北出版，1979.
竹之内脩：ルベーグ積分，培風館，1980.
志賀徳造：ルベーグ積分から確率論，共立出版，2000.
鶴見　茂：測度と積分，理工学社，1965.
佐藤　坦：測度から確率へ，共立出版，1994.
折原明夫：測度と積分，裳華房，1997.
石川廣美：差分方程式入門，コロナ社，1976.

○確率論，ベイズ統計
北川敏男 (編)：確率過程論，共立出版，1966.
D.V. リンドレー (竹内　啓，新家健精訳)：確率統計入門―ベイズの方法による―第 2 統計的推測，培風館，1969.
野田一雄，宮岡悦良：数理統計学の基礎，共立出版，1992.

E.L.Lehmann: *Theory of Point Estimation*, John Wiley & Sons, 1983.
E.L.Lehmann: *Testing Statistical Hypotheses*, John Wiley & Sons, 1986.
S.J.Press: *Bayesian Statistics*, John Wiley & Sons, 1989.

○確率過程
小倉久直：確率過程論，コロナ社，1978.
砂原善文 (編)：確率システム理論 I, II, 朝倉書店, 1981, 1982.
中川正雄，真壁利明：確率過程，培風館，1987.
伏見正則：確率と確率過程，講談社，1987.
Athanasios Papoulis (垣原祐一郎, 根本 幾訳)：確率過程，東海大学出版会, 1989.
J.L.Doob: *Stochastic Process*, John Wiley & Sons, 1953.
M.S.Bartlett: *Stochastic Process*, Cambridge University Press, 1966.

○時系列
E.J.ハナン (細谷雄三訳)：時系列解析，培風館，1974.
北川源四郎：FORTRAN77 時系列解析プログラミング，岩波書店, 1993.
O.D.Anderson: *Time Series Analysis and Forecasting*, Butterworth, 1976.
G.E.P.Box, G.M.Jenkins: *Time Series Analysis Forecasting and Control*, Holden-day, 1976.

○線形フィルタ
B.D.O.Anderson, J.B.Moore: *Optimal Filtering*, Prentice-Hall, 1979.
T.Kailath: *Linear Systems*, Prentice-Hall, 1980.

○その他
芝 祐順，渡部 洋，石塚智一 (編)：統計用語辞典，新曜社，1984.
竹内 啓 (編)：統計学辞典，東洋経済新報社，1989.

索　引

δ 相関過程　60
λ ファジィ測度　30

ABIC　189
AIC　142
AR 過程　113
AR モデル　135
AR(p)　113, 135
ARMA 過程　124
ARMA (p,q)　124

BIC　142

CF　23

DS 測度　34

l^1-空間　102
l^2-空間　102

MA 過程　108
MA(q)　108
MAP 推定値　157
MB　23
MD　23
MDL 規準　142

PARCOR　146

r 次定常　66
r 次定常過程　66

r 次定常性　66
r 次の絶対モーメント　57
r 次の中心モーメント　57
r 次までの定常過程　66

z-変換　99

ア　行

あいまい測度　21
赤池情報量規準　142
アンサンブル平均　73
安定性　102

位相スペクトル　82
一様誤差　154
一様分布　13
1 期先予測　170
一致性　92, 142
一般線形過程　68, 104
移動平均　107
移動平均過程　107
移動平均係数　107
イノベーション　147
因果的なシステム　98
インパルス応答　96
インパルス応答関数　96

ウイナー過程　62
ウイナー–ヒンチンの定理　91
ウェーバー–フェヒナーの経験法則　25

224　　　　　　　索　　引

エネルギースペクトル　83
エルゴード性　73
エントロピー　24

大きさ N のランダム標本　61
重み付き直交増分過程　62
重み付け相加性　27

　　　　カ　行

ガウス過程　60
ガウス分布　60
下界確率　34
可観測　165
角周波数　75
角周波数応答関数　98, 101
確信子　23
確信度　21, 23
確度　34
確率　2, 17
確率過程　48
確率空間　18
確率測度　16, 18
確率分布　7, 54
確率変数　7
確率密度関数　9
確率連続　52
加重移動平均　108
可制御　165
可測関数　49
可測空間　16, 18
可能性測度　32
可能性分布　32
カラテオドリの拡張定理　54
カルバック–ライブラー情報量　134
カルマン　175
カルマンゲイン　180
カルマンフィルタ　175
完全加法性　18
完全加法族　17
観測器標準形　165
観測系列　52

観測ノイズ　160
観測方程式　160

幾何分布　11
季節調整　191
季節変動　191
基本確率　34
強定常　65
強定常過程　65
強定常性　65
局所定常 AR モデル　198
許容的　154
近似対数尤度　137
近似尤度　136

空間平均　73
空事象　2
区間推定　153
組合せ理論　22
組合せ論的確率　1

計数過程　63
原点まわりの r 次モーメント　57

更新過程　63
固定区間平滑化　180
固定点平滑化　180
固定ラグ平滑化　180
古典確率論　1
根元事象　1
混合形　9
ゴンペルツ曲線　183

　　　　サ　行

最小記述長規準　142
最小二乗法　137
最小分散推定値　157
再生性　61, 175
最大尤度法　132
最尤推定値　133
最尤推定量　134

索　引

最尤法　132
サンプリングタイム　100

時間不変システム　96
時間平均　73
時間領域　85
時系列　49
時系列データ　52
自己回帰–移動平均過程　123
自己回帰過程　113
自己回帰係数　113
自己回帰モデル　135
自己共分散　58
自己共分散関数　69
自己相関　59
自己相関関数　69
事後分布　155
事象　1
(移動平均) 次数　107, 124
(自己回帰) 次数　113, 124
指数分布　14
システムノイズ　160
システム方程式　159
事前分布　155
時変係数 AR モデル　198
時変システム　96
弱定常過程　66
弱定常性の条件　66
周波数　75
周波数応答関数　98, 101
周波数領域　85
周辺尤度　189
シュワルツの不等式　70
純粋状態　41
上界確率　34
条件付き確率　4
条件付きベイズリスク　156
常識推論　33
状態空間モデル　159
状態推定　160, 170
状態ベクトル　159
情報理論　24

初等確率論　1
振幅スペクトル　82

推定　153
推定誤差　153
推定値　153
推定量　153
スターリングの公式　201
スティルチェス積分　82
スペクトル　75, 81
スペクトルウインドウ　92
スペクトル表現　88
スペクトル分解　90

正規分布　14
制御器標準形　165
成長曲線　183
静的システム　94
積事象　2
積分スペクトル　82
積率　56
積率母関数　57
絶対誤差　154
全エネルギー　83
漸近有効性　142
線形ガウス型状態空間モデル　161
線形過程　104
線形システム　94
線形状態空間モデル　161
線形性　95
宣言型　18
全事象　1

測度論　17
損失関数　154

タ　行

対角標準形　165
大数の法則　72
対数尤度関数　133
畳み込み　96

単位インパルス 95
単調増加性 26
単調 (あいまい) 測度 29

中央値 157
超パラメータ 188
調和過程 67
直交増分過程 61

定常 123
定常ガウス過程 67
定常性 65
定常線形過程 105
手続き型 18
(ディラックの) デルタ (δ) 関数 9, 60
点推定 153
伝達関数 99, 101
デンプスター–シェーファ測度 34

統計的推測 152
統計的推測関数 153
統計モデル 132, 152
統計量 153
同時モーメント 59
動的システム 94
特性関数 58
特性根 112
特性値 56
特性方程式 112, 115
独立 7
独立で同一な分布に従う 60
ド・モルガンの法則 2
トレンド 107
トレンドモデル 182

ナ 行

二項分布 11
二乗誤差 154

ハ 行

排反事象 18

排反的 2
白色化 60
白色ガウス雑音 60
白色雑音 59, 93
パーシバルの等式 83
パスカル分布 11
バックワードシフトオペレータ 105
パラメトリックモデル 132, 152
パルス伝達関数 101
パワースペクトル 75, 84
パワースペクトル分布関数 84
パワースペクトル密度関数 84
反転可能 106, 123

必然的測度 33
標準偏差 56
標本 153
標本過程 52
標本関数 52
標本空間 1
標本自己共分散関数 74
標本自己相関関数 75
標本スペクトル 92
標本点 1
標本標準偏差 74
標本分散 73
標本平均 73
標本路 52
ピリオドグラム 92

ファジィ積分 29
ファジィ測度 28
フィッシャー情報行列 214
フィルタリング 170
複合事象 1
複素フーリエ係数 79
負の二項分布 12
不偏推定値 157
不偏性 74
不偏分散 74
ブラウン運動 14, 62

プランシュレルの定理　81
フーリエ逆変換　86
フーリエ級数展開　77
フーリエ係数　77
フーリエ積分　75, 81
フーリエ変換　85
分散　69
分布関数　8

平滑化　170, 180
平均　69
平均対数尤度　135
平均値まわりの r 次モーメント　57
平均連続　59
ベイズ推定　155
ベイズ推定量　155
ベイズの定理　6
ベイズモデル　189
ベイズリスク　155
ベータ分布　16
ベルヌーイの試行　10
偏自己相関係数　146
偏相関　146

ポアソン過程　63
ポアソン分布　12
包除原理　22
ほとんど確実に　52
ボホナーの定理　90
ボレル集合体　54

マ　行

マルコフ過程　62
マルコフ性　62

見本過程　52
見本関数　52

無記憶性　65

メジアン　157

モード　157
モーメント　56

ヤ　行

優越　154
尤度　34
尤度関数　132
尤度方程式　137
ユール–ウォーカー推定値　138
ユール–ウォーカー法　138
ユール–ウォーカー方程式　138

様相推論　34
曜日効果　195
曜日調整　195
余事象　2
予測　170

ラ　行

ラプラス変換　100

離散形　9
離散時間確率過程　49
離散時間フーリエ変換　86
離散時間フーリエ逆変換　86
リスク関数　154

零点　106
レビンソン–ダービンアルゴリズム　142
連続形　9
連続時間確率過程　49
連続性　27

ロジスティック曲線　182
ろ波　170

ワ　行

和事象　2

著者略歴

廣田　薫（ひろた　かおる）

1950 年　新潟県に生まれる
1979 年　東京工業大学大学院総合理工学研究科博士課程修了
現　在　東京工業大学大学院総合理工学研究科教授　博士(工学)
主　著　『知能工学概論』(昭晃堂)
　　　　 "Soft Computing in Mechatronics" (Springer-Verlag)

生駒哲一（いこま　のりかず）

1966 年　埼玉県に生まれる
1995 年　総合研究大学院大学数物科学研究科博士課程修了
現　在　九州工業大学工学部電気工学科講師　博士(学術)

数理工学基礎シリーズ 4
確率過程の数理

定価はカバーに表示

2001 年 10 月 5 日　初版第 1 刷
2004 年 3 月 20 日　　　第 2 刷

著　者　廣　田　　　薫
　　　　生　駒　哲　一
発行者　朝　倉　邦　造
発行所　株式会社　朝　倉　書　店
　　　　東京都新宿区新小川町6-29
　　　　郵便番号　１６２-８７０７
　　　　電　話　03 (3260) 0141
　　　　FAX　03 (3260) 0180
　　　　http://www.asakura.co.jp

〈検印省略〉

© 2001〈無断複写・転載を禁ず〉

三美印刷・渡辺製本

ISBN 4-254-28504-3　C3350　　Printed in Japan

◆ 数理工学基礎シリーズ ◆
数理論理的に深い思考を養成するための本格的シリーズ

早大 大石進一著
数理工学基礎シリーズ1
微積分とモデリングの数理
28501-9　C3350　　A5判 224頁 本体3200円

自然現象を解明しモデリングされた問題を数学を用いて巧みに解決する数理のうち，微積分の真髄を明解にする。〔内容〕数／関数と曲線／定積分／微分／微積分学の基本定理／初等関数と曲線／べき級数とテイラー展開／多変数関数／微分方程式

慶大 矢向高弘・慶大 村上俊之・慶大 大西公平著
数理工学基礎シリーズ5
コンピュータの数理
28505-1　C3350　　A5判 208頁 本体3200円

コンピュータを論理の中で動いている機械と見なし，その構造を論理的に数学的に理解することを主眼におく。ハードの基礎からCの活用までを解説。〔内容〕コンピュータハードウェアの基礎／計算のデータ表現と演算／プログラミングの基礎

◆ シリーズ〈現代人の数理〉〈全15巻〉 ◆
今野　浩・松原　望 編集

農工大 高木隆司著
シリーズ〈現代人の数理〉1
形　の　数　理
12604-2　C3341　　A5判 180頁 本体3700円

非常に多くの情報をもつ形の科学の数理的側面の体系化をめざしてまとめられたわが国初の成書。〔内容〕形の数理序説／形の定量化／空間の性質と幾何統計／平衡形とエネルギー原理／成長形の解析／形の変化と転移／形の科学の展望／他

東大 石谷　久・九工大 石川真澄著
シリーズ〈現代人の数理〉2
社会システム工学
12605-0　C3341　　A5判 208頁 本体3500円

複雑にいりくみながら変動していく社会現象の解明のために必要な社会システムの分析手法を，基礎的な理解が充分できるよう丁寧に解説。〔内容〕定性的モデル／準定量モデル／シミュレーションモデルによるシステム分析／評価の方法論／他

東大 岡部篤行・南山大 鈴木敦夫著
シリーズ〈現代人の数理〉3
最適配置の数理
12606-9　C3341　　A5判 184頁 本体3400円

ボロノイ図(130)を用いて高校程度の数学的素養があれば充分理解できるよう平易に解説。〔内容〕ポストの最適配置／中学校配置の評価／移動図書館問題／石焼いも屋問題／シュタイナー問題／定期市問題／バス停問題／アイスクリーム屋台問題

東工大 圓川隆夫・東工大 宮川雅巳著
シリーズ〈現代人の数理〉4
S　Q　C　理論と実際
12607-7　C3341　　A5判 200頁 本体3800円

〈問題解決・発見の科学〉として第二世代を迎えたSQCの最新の成果を取込み，バラエティに富んだ手法の理論と実際の使い方を例解のかたちでわかりやすく解説。〔内容〕基礎編／工程の管理・解析とSQC編／実験研究編(計画／解析)／他

中大 今野　浩著
シリーズ〈現代人の数理〉5
数理決定法入門
12608-5　C3341　　A5判 160頁 本体3500円

大学というコミュニティに発生する様々な意思決定問題を身近な例題（クラス編成問題，入学試験合格者数決定問題，通学ルート決定問題，親の仕送り問題，大人数クラスの運営法等）とORの七つ道具を用いて類をみない明快さで解説した入門書

筑波大 寺野隆雄著
シリーズ〈現代人の数理〉6
知識システム開発方法論
12609-3　C3341　　A5判 160頁 本体2700円

現在の技術レベルで達成可能な知識システムの構築方法論を解説。〔内容〕知識システム技術の現状分析／知識システム開発ツールの選択と評価／知識システム開発のライフサイクルと知識獲得活動／知識システム開発過程における品質評価／他

都立大 朝野煕彦著
シリーズ〈マーケティング・エンジニアリング〉1
マーケティング・リサーチ工学
29501-4 C3350　　A 5 判 192頁 本体3200円

目的に適ったデータを得るために実験計画的に調査を行う手法を解説。〔内容〕リサーチ/調査の企画と準備/データ解析/集計処理/統計的推測/相関係数と中央値/ポジショニング分析/コンジョイント分析/マーケティング・ディシジョン

木島正明・中川慶一郎・生田目崇編著
シリーズ〈マーケティング・エンジニアリング〉2
マーケティング・データ解析
—Excel／Accessによる—
29502-2 C3350　　A 5 判 192頁 本体3500円

実務家向けに，分析法を示し活用するための手段を解説〔内容〕固有値問題に帰着する分析手法/プロダクトマーケティングにおけるデータ分析/アカウントマーケティングにおけるデータ分析/顧客データの分析/インターネットマーケティング

都立大 朝野煕彦・KSP-SP 山中正彦著
シリーズ〈マーケティング・エンジニアリング〉4
新　製　品　開　発
29504-9 C3350　　A 5 判 216頁 本体3500円

企業・事業の戦略と新製品開発との関連を工学的立場から詳述。〔内容〕序章/開発プロセスとME手法/領域の設定/アイデア創出支援手法/計量的評価/コンジョイント・スタディによる製品設計/評価技法/マーケティング計画の作成/他

立大 守口　剛著
シリーズ〈マーケティング・エンジニアリング〉6
プロモーション効果分析
29506-5 C3350　　A 5 判 168頁 本体3200円

消費者の購買ならびに販売店の効率を刺激するマーケティング活動の基本的考え方から実際を詳述〔内容〕基本理解/測定の枠組み/データ/手法/利益視点とカテゴリー視点/データマイニング手法を利用した顧客別アプローチ方法の発見/課題

◆ 経営システム工学ライブラリー ◆
情報技術社会への対応を考慮し，実践的な特色をもたせた教科書シリーズ

慶大 小野桂之介・早大 根来龍之著
経営システム工学ライブラリー2
経 営 戦 略 と 企 業 革 新
27532-3 C3350　　A 5 判 160頁 本体2800円

経営者や経営幹部の仕事を目指そうとする若い人達が企業活動を根本から深く考え，独自の理念と思考の枠組みを作り上げるためのテキスト。〔内容〕企業活動の目的と企業革新/企業成長と競争戦略/戦略思考と経営革新/企業連携の戦略/他

東工大 蜂谷豊彦・横国大 中村博之著
経営システム工学ライブラリー5
企 業 経 営 の 財 務 と 会 計
27535-8 C3350　　A 5 判 224頁 本体3500円

エッセンスの図示化により直感的理解に配慮した"財務と会計の融合"を図った教科書。〔内容〕財務諸表とキャッシュ・フロー/コストおよびリスク-リターンの概念と計算/プランニングとコントロール/コスト・マネジメント/他

元玉川大 谷津　進著
経営システム工学ライブラリー6
技術力を高める　品 質 管 理 技 法
27536-6 C3350　　A 5 判 208頁 本体3200円

〔内容〕品質管理の役割/現物・現場の観察/問題解決に有効な手法/統計的データ解析の基礎/管理図法/相関・回帰分析/実験データの解析の考え方/要因実験によって得られたデータの解析/直交法を用いた実験/さらなる統計手法の活用

静岡大 徳山博于・東工大 曹　徳弼・キヤノンシステムソリューションズ 熊本和浩著
経営システム工学ライブラリー7
生 産 マ ネ ジ メ ン ト
27537-4 C3350　　A 5 判 216頁 本体3400円

各種の管理方式や手法のみの解説でなく"経営"の視点を含めたテキスト。〔内容〕生産管理の歴史/製販サイクル/需要予測/在庫管理/生産計画/大型プロジェクトの管理/物流管理/サプライチェーンマネジメント/生産管理と情報通信技術

早大 吉本一穂・早大 大成　尚・武工大 渡辺　健著
経営システム工学ライブラリー9
メソッドエンジニアリング
27539-0 C3350　　A 5 判 244頁 本体3600円

ムリ・ムダ・ムラのないシステムを構築するためのエンジニアリングアプローチをわかりやすく解説。〔内容〕メソッドメジャーメント（工程分析，作業分析，時間分析，動作分析）/メソッドデザイン（システム・生産プロセスの設計）/統計手法他

東大 髙橋伸夫著 シリーズ〈現代人の数理〉7	
組織の中の決定理論	統計的決定理論と近代組織論の連続性を一つの流れとして捉えたユニークな書。文科系も含めて高校卒業程度の数学的予備知識で充分理解できるよう平易に解説されている。〔内容〕決定理論の基礎/組織論での展開/決定理論の限界と人間/他
12610-7 C3341　A5判 180頁 本体3400円	

南山大 沢木勝茂著 シリーズ〈現代人の数理〉8	
ファイナンスの数理	〔内容〕資本市場と資産価格/ファイナンスのための数学/ポートフォリオ選択理論とCAPM/確率微分とファイナンスへの応用/派生証券の評価理論/債券の評価理論/系時的資産選択モデルとその評価理論/リスク尺度と資産運用モデル
12611-5 C3341　A5判 184頁 本体3900円	

中大 宮村鐵夫著 シリーズ〈現代人の数理〉9	
PL制度と製品安全技術	製品安全の立場から信頼性工学と品質管理の考え方と手法を基盤として、PL制度への前向きな対応を解説した意欲作。〔内容〕製造物責任制度と総合製品安全対策の体系/品質保証による製品安全への取組み/製品安全実現への具体的な方法論/他
12612-3 C3341　A5判 176頁 本体2900円	

東工大 圓川隆夫・東工大 伊藤謙治著 シリーズ〈現代人の数理〉10	
生産マネジメントの手法	〔内容〕生産管理のパラダイムシフト/生産計画・管理の方式/在庫理論/スケジューリングの体系化と伝統的解法・新解法/配送スケジューリング/大型プロジェクトの工程設計/シミュレーション技術の利用/ラインバランシング/他
12613-1 C3341　A5判 184頁 本体3800円	

中大 今野 浩・東大 中川淳司編 シリーズ〈現代人の数理〉11	
ソフトウェア/アルゴリズムの権利保護	日本7名、米国11名の学者・技術者と法律家が、ソフトウエアの権利保護をめぐる喫緊の諸問題に具体的に提言。〔内容〕ソフトウエア特許/アルゴリズムと特許/新しい提案(新たな法体系, 超流通による権利保護, 他)/バランスを求めて
12614-X C3341　A5判 208頁 本体3900円	

筑波大 山本芳嗣・東京商船大 久保幹雄著 シリーズ〈現代人の数理〉12	
巡回セールスマン問題への招待	対話形式と100枚の魅力的な図を用いて, 組合せ最適化問題の女王である本テーマについて初学者・実務家向けに解説。〔内容〕巡回セールスマン問題の歴史/計算量の理論とNP完全問題/精度保証のある近似算法/近似算法/最適巡回路を求めて
12615-8 C3341　A5判 184頁 本体3800円	

長岡技科大 中村和男・群馬大 富山慶典著 シリーズ〈現代人の数理〉13	
選 択 の 数 理 ―個人的選択と社会的選択―	〔内容〕選択の基礎/個人的選択(個人的選択場面と選択行動, 確定的な選択行動, 不確実な選択行動, あいまいな選択行動)/社会的選択(社会的選択問題と選択方式, 二肢選択方式, 多肢選択方式, マッチング方式)/今後に向けて/他
12616-6 C3341　A5判 168頁 本体3500円	

東京商船大 久保幹雄・東大 松井知己著 シリーズ〈現代人の数理〉14	
組合せ最適化[短編集]	解き方に焦点。〔内容〕オイラー閉路と中国郵便配達人問題/最短路問題/割当問題/クラス編成問題/ナップサック問題/スケジューリング問題/巡回セールスマン問題/メタヒューリスティック/最大クリーク問題/施設配置問題/他
12617-4 C3341　A5判 200頁 本体3900円	

南山大 穴太克則著 シリーズ〈現代人の数理〉15	
タイミングの数理 ―最適停止問題―	最適なタイミングを決定し、選択することについての理論-"最適停止問題"について明快に解説〔内容〕最適停止/有限期間問題/単調問題とOLA停止規則/様々な最適停止問題/秘書問題/秘書問題の拡張/Recordと預言者の不等式他
12618-2 C3341　A5判 176頁 本体3000円	

京大 福島雅夫著	
非線形最適化の基礎	コンピュータの飛躍的な発達で現実の問題解決の強力な手段として普及してきた非線形計画問題の最適化理論とその応用を多くの演習問題もまじえてていねいに解説。〔内容〕最適化問題とは/凸解析/最適性条件/双対性理論/均衡問題
28001-7 C3050　A5判 260頁 本体4800円	

上記価格(税別)は2004年2月現在